游戏

数值设计

肖勤◎著

U0196351

人民邮电出版社

北京

图书在版编目（CIP）数据

游戏数值设计 / 肖勤著. -- 北京：人民邮电出版
社，2021.5
ISBN 978-7-115-55416-1

Ⅰ. ①游… Ⅱ. ①肖… Ⅲ. ①游戏程序－程序设计
Ⅳ. ①TP317.6

中国版本图书馆CIP数据核字(2020)第233360号

内 容 提 要

本书系统地介绍游戏设计中与数值相关的基础知识、理论思想及实践课题，分为基础篇、思想篇、实践篇及拓展篇，涵盖游戏数值设计从入门到实践所需的知识，并穿插大量读者熟知的游戏案例进行辅助说明，力求帮助读者对游戏设计所需的必要知识建立认知，熟悉并掌握游戏研发的关键流程。

本书既适合游戏策划人员、游戏研发人员，以及想从事游戏行业的人员了解游戏策划设计意图，又适合对游戏设计感兴趣的人员阅读。

◆ 著　　　　肖　勤

责任编辑　张　涛

责任印制　王　郁　焦志炜

◆ 人民邮电出版社出版发行　　北京市丰台区成寿寺路 11 号

邮编　100164　　电子邮件　315@ptpress.com.cn

网址　https://www.ptpress.com.cn

三河市君旺印务有限公司印刷

◆ 开本：800×1000　1/16

印张：17.25　　　　　　　2021 年 5 月第 1 版

字数：383 千字　　　　　　2025 年 2 月河北第14次印刷

定价：89.90 元

读者服务热线：(010)81055410　印装质量热线：(010)81055316
反盗版热线：(010)81055315

前　言

20 世纪 80 年代，当一个个像素块构成的游戏通过游戏主机出现在电视机屏幕上时，人们开始体验电子游戏带来的乐趣，并为此着迷，游戏主机也迎来了前所未有的发展。在国内，随着个人计算机的普及以及网络的发展，网络游戏在娱乐市场中开始占据越来越重要的地位。

中国互联网自 21 世纪初开始"起飞"，到如今已经走进了 5G 时代。曾经大家在电视机前消磨时光，而如今年轻一代大多已经"住"在互联网上。国内游戏行业就是伴随着个人计算机、网络的普及发展起来的，"网络"这个痕迹牢牢地印在国内游戏上，也印在这一代玩家的身上。曾经，游戏对于国内玩家来说是稀缺品，任何一款新品游戏的发布会以极快的速度"攻占"每一座城市的每一个网吧。曾经，国内的游戏研发几乎是空白的，开发者经常按照市面上已有的网络游戏进行学习、模仿，同时创造了影响深远的免费游戏（Free to Play）模式，也就是现在的"内购"游戏模式，如今这种模式覆盖了 90%的网络游戏。免费游戏的出现让游戏的受众实现了量的飞跃。

游戏是什么？从某种程度上讲，游戏是一种创造性的思维活动，玩家在创造性的规则里完成创造性的活动，并享受结果。享受结果中包含了情绪的饱满性。情绪的饱满性是指有始有终的情感（愤怒、快乐、悲伤和惊奇等）体验，就如同阅读完一篇小说或者看完一部影视作品。这种活动与时间长短、财力强弱、智力高低无关，而与是否投入、是否专注、是否理解和融入创造性的思维活动之中有关。因此，游戏是任何人都可以参与尝试的以思维活动为主导的过程体验（见下图）。

熟悉规则与环境 ➡ 掌握和利用策略 ➡ 创造时机和优势 ➡ 赢得竞争

虽然游戏的目的是战胜竞争对手（可能是"对抗"其他玩家，也可能是对抗设计者出的谜题），但游戏是比现实中的竞争更纯粹的过程。

国内游戏行业从网络免费游戏的方式中获得了巨大的市场效益，但也因此在创意上付出了不小的代价，经过近 20 年的发展，现在，我们已经能看到：不少优秀的国产游戏厂商脱离了免费游戏的设计框架，开始关注游戏本身的表达；有很多加入游戏行业的新人选择了更具创造性的游戏类型作为自己投身的项目；很多游戏大厂商开始尝试完成一些具有创意性的项目。但这些远远不够，比起国外的游戏设计水平，我们还有很长的路要走。

我从 1999 年开始接触电子游戏，2009 年参与制作了第一款游戏。我参与过百人研发的项目，也完成过几个独立创作的游戏。本书是我从业十多年的总结，也是我多年来在游戏数值设计上的积淀。我希望将自己的积累传递给那些和我同样拥有梦想、想设计游戏的人，与大家互勉同行。

本书内容

本书从数值设计出发，首先系统介绍对游戏规则设计有帮助的博弈论、高等数学、概率论、经济学等知识，帮助读者建立一个立体的游戏设计思想体系。然后，本书以成长设计、游戏预设程序对抗数值设计、组合类系统的数值、游戏平衡、游戏价值体系设计为主要的实践论述点，从而让读者达到游戏设计思想和实践的结合。为了照顾各个学习阶段的读者，本书开篇将对游戏系统进行一些必要的分析，并将在拓展篇中适当讨论一些开发相关的内容。

游戏内容设计本身没有既定的方式，也没有真正固定的方法，本书最想传递的是数值设计的思路，或者说设计的思考方式，以帮助读者明白系统内部数值的变化逻辑、系统之间数值的"流动"过程。读者了解了数值的本质后，就能从容应对任何设计需求。

本书结构

本书从两个方面帮助读者树立游戏数值设计意识，并通过基础篇、思想篇、实践篇进行详细讲解；通过拓展篇补充游戏开发的内容，帮助读者了解更多知识。

基础篇

第 1 章和第 2 章为基础篇。为了让读者对游戏设计、游戏数值有比较直观的认识，基础篇主要介绍相关概念和游戏系统设计定义。

第 1 章简略地阐述作者对于游戏设计的态度和见解，包括游戏数值在游戏设计中的定位及作用。

第 2 章梳理关于游戏系统设计的基础知识，使读者对游戏系统设计有完整的了解，并能学习相关的游戏系统设计方法。

思想篇

第 3~6 章为思想篇，将系统梳理对游戏数值设计有帮助的知识点。

第 3 章论述博弈论与游戏数值的关系，包括博弈论的基础知识、经典案例，并详细讨论博弈论在游戏中的实际运用。作为帮助决策的知识，博弈论对游戏中策略的提供、平衡、优化改进起着重要的作用。了解基本的博弈论思想，更有利于设计者判断和分析玩家面对选择时可能出现的结果，使设计者在设计阶段避免很多无用的策略设计。

第 4 章介绍游戏数值设计所用到的高等数学基础知识，主要以数学公式为入口，用曲线变化的趋势进行分类分析，帮助设计者掌握公式特点，同时用一些易于理解的语言来讲解高等数学知识，希望读者对高等数学在游戏中的应用产生兴趣，从而提高设计者的规则设计能力。

第 5 章介绍游戏设计中必不可少的概率论。人们对某些事物会产生兴趣的原因之一就是对不确定性事物"美"的期待，而在游戏中加入概率元素就是实现这种期待的"捷径"之一。如何利用好这个强大的手段来提高游戏的趣味、增加玩家的期待，概率论是设计者需要好好学习和掌握的。

第 6 章涉及经济学的相关内容。经济学本身是社会科学中涉及面较广的一门学科，本书介绍了一些基础的概念和定义，用以论述游戏行为产生的经济效益或其等价影响，这有助于设计者从架构上为游戏经济打下良好的基础。

实践篇

第 7～11 章为实践篇，从成长系统、玩家与游戏预设程序对抗内容（在游戏界简称 PVE）的设计、装备系统、战斗平衡、经济平衡等多个方面进行详细讲解。

第 7 章详细分析玩家成长感获取的关键所在，同时复盘常见的游戏等级系统及数值设计过程，提出关键的时间成本度量。

第 8 章通过将战斗拆分为对称策略、非对称策略、数值对抗来梳理设计 PVE 战斗时所需要掌握的思路，最终帮助读者掌握并设计出 PVE 战斗所需要数据的方法。

第 9 章详细分析组合类系统的数值设计，如装备、宝石、符文等可以拆卸、组合搭配的数值内容，通过这类系统与随机概率可以设计出具有吸引力的玩法，让玩家有极好的体验。

第 10 章讨论我们经常提及的游戏平衡，从多个维度阐述游戏中所涉及的平衡——系统平衡、经济平衡和战斗平衡。本书将对战斗平衡进行更深入的讨论，详细分析战斗平衡的两个维度，以及设计和调整战斗平衡的思路。

第 11 章从游戏价值体系的角度建立统一的游戏内价值体系，使游戏内的行为、货币等都能拥有合理而稳定的价值，这对游戏内容的稳定、游戏生命周期的延长有着重要的作用。

拓展篇

第 12～15 章为拓展篇，主要介绍游戏开发的拓展内容。

第 12 章介绍游戏引擎和相关的开发工具，这些是游戏制作入门时必须了解的基础知识。

第 13 章介绍可发布的游戏所需要的完整内容。一个可以发布的游戏所需要具备的要素繁多，当设计人员完成游戏的核心玩法后，开发人员必须了解应该完成哪些相关工作才能将其变为完整的游戏并发布。

第 14 章讨论游戏发布后如何进行运营、维护与更新，使游戏能以更好的方式和玩家"相处"，从而获得更长的生命周期。

第 15 章简单阐述未来游戏发展的诸多可能，开拓读者的思路，也期待读者在未来为游戏的发展贡献自己的智慧。

希望阅读本书的读者能从中有所收获。

本书的目标读者

- ❑ 所有热爱游戏、期望知晓隐藏在游戏逻辑之中的设计思路的初学者。
- ❑ 准备加入游戏行业的人员。
- ❑ 已经在游戏行业工作的策划人员、程序员和美术人员等。
- ❑ 渴望从零开始设计出优秀游戏的制作者。

本书的阅读要求

阅读本书不需要有深厚的数学功底，但如果读者接触过高等数学将会更好地理解本书内容。本书部分内容需要一些高等数学知识，但不具备这些知识，也不会影响对整体思路的理解。

注：本书中一些名词或术语是基于游戏界常用的表述进行写作的，以便于业界读者好理解，特此说明。

阅读本书的收获

如果你是玩家，能通过本书了解游戏数值设置的秘密。

如果你是对游戏设计好奇、期待加入游戏行业的读者，能通过本书感受游戏设计的魅力。

如果你是游戏行业的从业者（程序员、美术人员、运营人员或测试人员等），能通过本书知晓游戏规则和数据的关联性，在工作中能更好地理解设计意图，从而更好地满足制作需求。

如果你是游戏策划人员，能通过本书掌握游戏内事物之间隐秘关联的线——数值，并熟练地将数值串联到游戏中。

如果你是游戏独立开发者，能通过阅读本书拥有完成完整游戏设计必需的数值方面的能力，做出体验更佳的游戏作品。

反馈方式

读者在阅读本书的过程中如有任何意见或建议，可以通过 QQ 联系作者（QQ：810660987）。本书编辑联系邮箱为 zhangtao@ptpress.com.cn。

致谢

感谢我的家人、带我接触游戏的儿时伙伴、曾经的同事、人民邮电出版社的编辑，以及玩过我制作的独立游戏的玩家，是大家给了我写作本书的动力和信心。

肖　勤

目　　录

第一篇　基础篇

第二篇　思想篇

第三篇　实践篇

第四篇 拓展篇

第一篇

基础篇

第1章　给游戏世界增加一点"计算"

这个世界从来不缺少计算。数学是一切科学的根源，是研究世界客观规律的基础。日常生活也离不开数学——开车会有速度和加速度，吃饭会有饭量，衣服会有尺码，住房会有大小，有消费记录习惯的人会定时统计自己的出账和进账情况……现实世界如此，游戏世界也是如此。

在游戏世界里，玩家看不见的运行逻辑，如画面显示的算法、事件推送的算法、非玩家控制角色（下文简称 NPC）的移动算法等，都是基于数学计算而呈现出来的。同样，在玩家能看得到的游戏内容中，数学也无处不在，无论是消除类游戏分数的奖励，还是角色扮演类游戏（下文简称 RPG）中角色的攻击力，抑或是沙盒游戏中砍树所需要挥舞斧头的次数……这些行为都和数学有着各种各样的关系。这些和数学相关的内容，在游戏设计中被统称为"游戏数值"。

一个完整的游戏往往是由玩家感性体验和玩家看不见的逻辑构成的。其中，感性体验包括游戏美术表现、游戏交互界面、游戏音乐，看不见的逻辑则是系统规则和数值逻辑。前 5 分钟的感性体验决定了玩家对这个游戏的基础好感度，这部分内容对一个完成度很高的游戏来说，就好比对人的第一印象，是很难改变的。看不见的逻辑如同人的性格、态度，是玩家深入体验游戏后，影响和改变其对待游戏态度的部分，这部分内容可以在游戏项目中后期根据需要不断调整。

毫不夸张地说，对于一个已经成型的游戏，要使这个游戏的体验变得更好，去增加或者优化这个游戏的数值内容肯定没错。如果游戏体验很糟糕，那么毫无疑问，除了其他问题，这个游戏的数值系统也一定是有问题的。

游戏数值对游戏的重要性不言而喻，但是游戏数值如何界定、如何划分数值设计的职责、如何培养数值的思维方式、如何根据游戏类型设计有效的数值模型等问题不断地从游戏从业者口中问出，有专业的策划人员、好奇的美术人员、实现逻辑的程序员、独立游戏制作者……这些显然不是寥寥几句就能回答的，但是也没有复杂到无法说清楚的地步。其实只需要用良好的心态，想着为自己创造的游戏世界增加一些可计算的成分，便迈出了游戏数值设计的第一步，这也是游戏数值设计的核心思想所在。

1.1 游戏——为了创造体验而生

作者在不同的书中看到过关于游戏的不同定义或论述,本书中也出现了多种对游戏定义的描述。我们可以从游戏的规则角度、参与角度、过程角度、结果角度来表述什么是游戏,而且从这些角度都能诠释出游戏的魅力。如果要说游戏中最具有魅力的部分,那一定是参与游戏所获得的具有创造性的体验过程。

1. 独立于马斯洛需求层次理论外的另一种需求

著名的马斯洛需求层次理论将人的追求分为 5
个层次,分别是生理需求、安全需求、社交需求、尊
重需求以及自我实现需求,如图 1-1 所示。

在马斯洛的论述中,可以通过衡量一个人处于何
种需求状态来采取合适的方式,对其进行激励和鼓
舞,从而使其在大部分时间处于积极的工作状态,创
造更高的价值。因为这个理论所涵盖的最高需求通常
代表了人的最高需求,因此很多时候便将其作为人的
普适需求,但除此之外还有一种需求贯穿整个追求本
身,那就是人格释放需求(见图 1-2)。

▲图 1-1　马斯洛需求层次理论的 5 种需求

▲图 1-2　人格释放需求是在任何阶段都需要的

人格释放需求是在任何阶段都需要的,无论在什么需求层次、什么角色人格的扮演中,我们都需要释放和回归自我。这很像通常说的劳逸结合或张弛有度,通过释放人格来消除人们在实现追求中产生的倦怠,从而让人们更好地调整和再出发。

正因为如此,人们想出了很多的方式来满足人格释放需求,影响范围最大、持续时间最长的大概是民俗节日。在不同的国家或地区,都会有各种节日作为正当的"借口",让人们通过庆典达到调整自我的目的,这是无论处于何种需求层次的人都会采取的人格释放方式。本书所讲的游戏则是另一种满足人格释放需求的方式。

2. 无处不在的游戏

几乎没有人会拒绝游戏。

即使你不喜欢,从小到大也经历过不少游戏。例如,你和小朋友的互动行为,从小时候玩的丢沙包、跳绳到传统体育项目等。更大范围的,比如竞选学生会主席、研究股市规则等,这些内容都包括了规则、参与人、过程和结果——这些因素是游戏构成的关键内容。图 1-3 所示为广义游戏涵盖的各个方面,包括但不限于体育、竞赛、棋牌、模拟、博弈等。

游戏的出现甚至早于文明的出现,原始的狩猎竞赛、占山圈地也可以说是一种游戏。当文明出现后,游戏的创造和传播变得更为容易。我们遵循规则行事,和其他

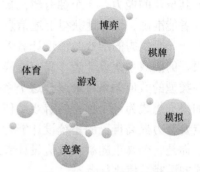

▲图 1-3　广义游戏涵盖的方面

参与人协作或者竞争,去争取一个更好的结果,可能为了一个假想情境,也可能为了现实利益,甚至可能事关生死。不过本书中讨论的是娱乐情境,这些娱乐情景的设计其实也来自生活。

3.“人格释放需求”的满足:游戏

参与游戏所需要的专注和投入,可以极大程度地让人“忘却”其他状态,从而达到扮演角色人格的目的。在这个过程中,我们可以体验未曾扮演过的角色,就如同阅读一本书、看一场话剧,只不过游戏会让我们拥有更多的互动,也就有了更多的“忘却”。这种“忘却”太令人着迷,如果我们不加以节制,就会因沉迷而无法自拔。游戏同其他娱乐形式一样,也有正面和负面的影响;即使是书籍或电影,也有遭人诟病的不良书籍或垃圾电影。虽然沉迷是创作者和接受者共同选择的结果,但更多的责任应该由创作者来承担,因为他们无节制地满足和利用接受者的情绪,这在电子游戏中极为突出。

游戏制作人员应该怎样满足玩家的需求,又应该怎样限制玩家的过度参与,目前并没有很好的参考方法。如果能尽量以给予玩家从未获得的全新体验为目的进行创作,往往可以达到让玩家既不会过度沉迷,又能够暂时“忘却”的目的。希望每一个创作人员都可以尽情进行全新的创作,然后利用本书的数值内容打磨和完善每一个具有新意的创作。

1.2　游戏数值知识综述

游戏设计本身就是一个综合性很强的职业,我们能接触的一切知识都可能在某个时候被运用到游戏设计中。例如,与足球相关的规则对足球模拟类游戏是必不可少的,足球比赛的晋级淘汰规则对设计一个对抗比赛模型很有参考价值。更专业一点的知识,如心理学可以很好地帮助设计者理解人类是如何从五官感受获取信息并转化成何种心理感受的,这对游戏画面、游戏内容、游戏奖励和惩罚机制的设计具有一定的影响。

数值设计包括核心机制、系统设计、数学基础、策略博弈、概率基础、供需基础、平衡细节等,如图 1-4 所示,这些都需要花费精力。关注这些内容,能在很大程度上提高设计者的数值敏感度。所谓“数值敏感度”,就是设计者对抽象化游戏规则的策略、奖惩、系统耦合程度

及其量化的能力。一个拥有较高数值敏感度的设计者能准确、快速地获得上述信息的关键所在。

一个优秀的游戏数值设计者首先一定是一个很好的游戏系统设计者，只有这样，才能明白何种类型的数值关系是最适合这个系统的。所以，如果你想成为一个优秀的游戏数值设计者，就一定要努力提高自己的系统设计能力，因为这将决定你是一个真正的游戏数值设计者还是一个填表式的游戏数值执行者。

▲图1-4　数值设计包括的诸多内容

博弈论通过可分析的数学理论将竞争现象模型化，用英文表示是 Game Theory，直译过来就是"游戏理论"，对游戏设计十分重要。数值设计者至少需要弄懂一些经典的博弈模型，才可以很好地培养自己的策略选择思维。游戏的乐趣之一就是不断地做出"选择"，所以分析玩家如何"选择"对于数值策略的设计是十分有帮助的。

数学基础和数值分析是数学性比较强的内容，我们在设计时可以通过数学手段更精确和严谨地获取系统所需的数值参数，从而在大规模测试前完成初步的数据检查和调优。设计本身用到的数学知识其实没有想象的那么复杂，只有在游戏内容复杂度较高或者模拟性参数较多的情况下才会用到超出高中数学的知识。例如，有类似经济性、物理性、最优化解决方案（资源分配利用）等模拟性很强的系统时，很多数值分析算法可以帮助建立游戏数值模型，并快速进入调优、验证阶段。

概率论在一定程度上是研究自然界偶发现象的一种数学表述的理论，其研究对象就是大家所说的"随机"现象。作为一个数值设计者，需要掌握基础的概率计算。早先，国内数值设计者都会被问这样的问题："强化物品时，1 级升 2 级的概率为 100%，之后每升 1 级成功的概率降低 5%，但 5 级以后会有至少 30% 的概率升级失败，并且后续每级升级失败的概率提高 5%，问从 1 级升级到 10 级需要进行总升级次数的数学期望是多少？"因为我们现在设计的很多内容需要考虑玩家的感受，并且希望他们能明白怎么 100% 成功，所以这种并无多大意义的问题就越来越少了，但是基础的概率定理、条件概率、独立事件的判定、集合运算等是必须掌握的。了解概率的发生规律会让我们敢利用规律制作游戏内容，而学会控制规律则会进一步巩固这个对于游戏设计来说非常重要的知识点。

经济学帮助人类社会完成了从原始盲目的供需到高效率配置资源的飞跃。在社交类游戏、模拟类游戏中，很多游戏有货币系统，当我们需要考虑产出和消耗时，就可以用这方面的内容来帮助设计。我们在设计系统架构时，可以参考宏观经济学理论来规划如何设定资源的产出途径和消耗途径、如何推进游戏进程、如何构建资源流动体系、如何通过利益产生更复杂的行为变化等。相对地，使用微观经济学可以细致地观察玩家资源获取和消耗的平衡性、道具资源流动的合理性、资源使用的频繁性等，这些也属于细化审视游戏的过程。所以，运用经济学规律来帮助我们建立一些基础结构，可以有效地简化设计——不需要从感受层面再次去验证了，这些经济规律的运作是有效的。

　　以上没有列举的很多知识也对游戏设计有用，但上述知识体系对建立游戏模型、提高数值敏感度更有帮助。后续我们将具体分析如何将上述知识在数值设计中进行有效利用。我们不求精通所有的知识门类，但至少应该知道在需要的时候如何通过查阅资料来进行知识的补充和利用。

　　另外，除了一些基础知识的补充和储备外，我们还需要对诸多游戏中展现出来的优秀设计方式进行学习和实践，这是后续需要着重掌握和练习的。如何利用掌握的知识来完善和提高设计能力也是本书需要解决的问题。例如，如何决定是否增加某个属性、如何精简游戏的系统或者增加新的系统、是否应该增加第二货币、如何在保持平衡的情况下增加新的角色、如何给予玩家更持久的乐趣等，这些都是游戏内核的缔造者不得不面对和解决的问题。本书写作的出发点是希望对读者解决这些问题有所启发。

1.3 游戏数值应用范围

　　严格来说，不需要数值支撑的游戏并不存在。游戏是由规则支撑的特有行为，而数值可对规则逻辑进行完善。在篮球游戏中，罚球和在三分线内、三分线外投篮获得的分数有严格的区分。在任天堂的横版跳跃游戏《超级马里奥》中，马里奥的跳跃距离、跳跃高度、通关分数等都是数值的直接体现。历史悠久的传统纸牌，也依托数值大小的比较而保有游戏活力。当然，数值体现更明显的是那些战斗对抗类的游戏，其战斗实力的高低都是依托数值实现的。

　　本书将介绍多种维度的游戏数值设计知识。

1.3.1　构建和完善规则

　　规则是游戏内容的高度概括，但若只有规则而没有数值的体现，是无法满足游戏所需的量化要求的。不论是电子游戏还是传统游戏，都需要通过量化来帮助实施规则。

1. 构建规则

　　制定游戏规则本身就包含数值的量化。例如，电子竞技决赛时采取的五局三胜制，或者象棋中棋子每次可以移动的距离，这些量化都和规则紧紧地绑在一起，修改数值就是修改规则本身。

2. 完善规则

　　完善规则是在规则的基础上增加对数值范围的限定。例如，我们熟知的即时战术竞技游戏就有等级上限的设定，《王者荣耀》中英雄等级上限是 15 级，《英雄联盟》中英雄等级上限是 18 级。

1.3.2　引导和梳理行为

　　游戏的规则需要让玩家知道和掌握，而这个过程往往是通过数值的设计来引导和帮助玩家进行梳理和调整的。

1. 引导玩家

引导玩家即引导玩家朝着设计者期望其选择的策略进行选择,或者让玩家的选择变得更为丰富,比如调整某些任务的奖励来提高玩家的参与积极性。

2. 梳理策略

梳理策略即常说的数值平衡,大多数情况下可以通过调整数值来改变玩家策略选择的权重,而不用修改规则,比如削弱某些过于厉害的技能让玩家在进攻的时候可以有更多的选择。

1.3.3　内容投放和丰富体验

对于那些依托玩家通过角色成长变强的游戏来说,游戏数值的设计是十分重要的。《魔兽世界》每次更新资料片都会伴随着等级上限的提高,这也是一种游戏数值设计。此外,玩家追求的装备、技能等也都可以视为游戏中令玩家着迷的游戏数值设计。当玩家在游戏中的行为目的达成后,落到实处的数值改变会让他们的体验更加丰富。

1.3.4　小结

对于游戏来说,数值往往藏在框架和规则之下。我们在描述一个游戏的时候不会刻意提到数值,可是一旦玩起游戏,便会发现数值蕴含在规则、内容之中。

1.4　思考与练习

1. 思考

梳理自己对游戏的认知,整理出自己认为合适的关于游戏的定义。

2. 练习

写下自己对于数值学习的期望,并在完成第 2~6 章的学习后看看自己的期望是否被满足。

第 2 章 游戏系统设计基础

　　　　游戏系统设计，往大了说，需要我们从游戏整体架构层面来设定每一个系统的存在和定位；往小了说，需要我们将系统的文字、图标等都用心调整到最佳显示状态。系统设计有助于我们实现游戏逻辑的执行思路和规范要求。在宏观设计层面需要注意系统间的协调性，在微观设计层面需要注意系统内部的合理性和必要性，保证各个点、线、面之间有很好的关联，避免出现"臃肿"的设计。

　　如何设计游戏系统并没有定式，游戏系统设计最具有魅力的地方就在于不拘一格，这也是电子游戏通过短短几十年的发展便诞生了数十种玩法迥异的游戏类型的原因。本章并不会过多讨论如何设计玩法机制，而是主要进行基础内容的讲解。

　　本章将规范和系统设计相关的定义，为后续内容定下统一的指代名词。在此基础上，读者可以学习如何用有条理的方式来分析其他成功的游戏系统，并通过一些经典而有效的设计思路和准则来系统地理解"系统设计"的含义。

　　在实际的设计中，系统设计和数值设计其实是不可分割的，但为了方便读者理解，作者将数值设计过程单独作为设计的一环着重描述。读者在实际操作的时候并不一定要拘泥于这种步骤，在系统设计的过程中随时进行数值设计也是可以的。

　　我们先从系统结构的分析开始学习。

2.1　核心系统拆分规则

📖导读

　　我们在分析一个游戏的时候，往往会先从系统层面和数值层面去看这个游戏是怎么设计的，然后进行亮点分析，最后吸收和利用一些优秀的设计。下面我们先来看看怎么进行系统拆分。

　　单机游戏也好，网游也罢，任何游戏的核心系统都必然由能力获得系统和能力释放系统构成，如图 2-1 所示。

　　从图 2-1 中我们可以看出，能力获得系统是由那些会随着游戏进行逐步提高、需要玩家持续投入精力（学习技能、装备搭配等）的游戏知识和技巧组成的，包括装备、技能、属性、外观等系统；能力释放系统是由玩家获得游戏中的装备、技能等后可参与的玩法组成的，包括可重复内容和不可重复内容。

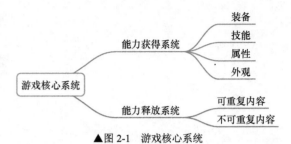

▲图 2-1　游戏核心系统

2.1.1　能力获得系统

以风靡全球的游戏《绝地求生》为例，能力获得系统包括装备（枪械）系统、补给道具系统、载具系统、外观收集系统等。因为这是一款竞技类游戏，所以养成程度基本为零，所有的内容都是只需要获取而不需要养成的。经典的大型多人角色扮演在线游戏（下文简称 MMORPG）《魔兽世界》的能力获得系统包括装备系统、天赋系统、技能系统、神器养成系统等，其中装备系统最为复杂，又可以衍生出附魔系统、套装系统、宝石系统、幻化系统等，如图 2-2 所示。

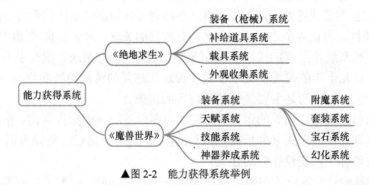

▲图 2-2　能力获得系统举例

通俗地说，能力获得系统包括纵深数值养成需求、熟练度练习需求、横向元素收集需求 3 个方面，如图 2-3 所示。设计一个新的能力获得系统时，往往也需要从这几个方面进行考虑。需要注意的是，在单一的系统内，这 3 个方面往往是互相牵制的——它们在一定范围内是呈现互斥关系的。例如，设计一个数值积累性的系统时，对熟练度、收集力度等设计都需要相应减少，这样玩家才能专注于数值的积累，而不至于将精力花费在练习或者收集上，导致设计意图无法正常被获取。

▲图 2-3　能力获得系统的 3 个设计方向

以《英雄联盟》早期的符文系统为例，符文系统只有三阶等级，并且全符文后游戏战斗并不会产生质变。对于玩家来说，这个系统没有很深的数值深度或者需要学习的使用技巧，主要强调的是玩家的收集数量（有 30 个孔位，并且有多种属性的符文需要玩家持续收集），增加玩家的金币消耗途径。数值层面的三阶等级只是为了循序渐进地投放符文而已，玩家一旦弄明白符文系统后就会无视前两阶符文，直接收集第三阶的符文，然后进行符文的组合搭配。

在设计系统时，将纵深数值养成需求、熟练度练习需求、横向元素收集需求中的一个作为重点，其他两个则根据实际需要弱化或者适当取舍。一个优秀的游戏在能力获得系统上可以让玩家有十分自然的增长曲线。我们常说的"易于上手、难于精通"就是一个优秀的能力获得系统应该表现出来的特性。良好的能力获得曲线如图2-4所示。

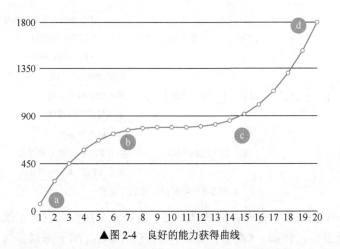

▲图2-4　良好的能力获得曲线

良好的能力获得曲线中反映出来的内容如下。

- ❑ a～b阶段的增长速率是很快的，是大部分人能达到的水平。
- ❑ b～c阶段是学习的平缓期，又叫"高原期"，大部分人停留在这个阶段，需要玩家开始认真钻研。
- ❑ c～d阶段是少数人通过天赋或大量练习后能达到的阶段，和其他玩家有明显的差距，这会给他们很大的成就感。需要注意的是，对数值积累类系统和付费系统进行相关性设计后，会有不一样的曲线预期。

2.1.2　能力释放系统

能力释放系统是指玩家获得装备、技能等后可以参与的游戏玩法，我们分析某个游戏有什么能力释放系统的过程就是看玩家在玩什么、体验何种游戏的过程。能力释放系统占据玩家游戏时间最多，可以细分为可重复内容和不可重复内容。

1. 可重复内容

可重复内容大多以"局"为单位，通过随机元素使每次的游戏体验不一样，从而达成可重复体验的目的。例如，多人在线战术竞技（MOBA）类游戏、街机对战类游戏、死亡随机（Roguelike）类游戏，它们都有很强的可重玩性。以《绝地求生》为例，能力释放系统只有一个，就是在战场中成为最后的生还者。在此期间，玩家会多次获得新武器、新装备等道具，从而在求生竞赛中存活下去，并随着每次玩游戏不断锻炼和提升游戏技巧。在这个游戏中，因为每次降落的地点、可能获得的道具不一样，所以每次玩游戏都是新的体验。

可重复内容有 3 个基本要素, 如图 2-5 所示。其一, 准备阶段有丰富的可预设组合, 包括双方参战人员的动态变化、丰富的临场选择、良好的配合预期; 其二, 过程中有丰富的事件发生, 包括资源竞争的常态化、随机偶然事件频繁、运气与实力的均衡; 其三, 结果有自主的胜利策略, 包括唯一的胜利条件, 拥有多种打击对手的方式、拥有多种自我变强的方式。

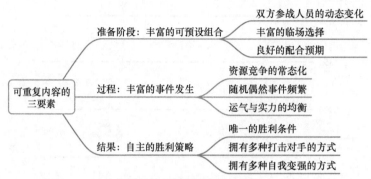

▲图 2-5 可重复内容的三要素

当然, 并不是所有的可重复内容都具有上述所有特点。我们在设计系统时需要根据实际情况避重就轻或扬长避短, 例如,《魔兽世界》里的奥山战场, 除了每局参与的玩家不同外, 其他内容变化都不够丰富, 对战局对抗过程影响不够大, 与所需的参与时间 (往往需要 60 分钟以上) 相比, 其过程变化与惊喜不足以和现在的一些 MOBA 类、战术生存类、Roguelike 类游戏的可重复内容相比, 即使如此, 当年诸多玩家也乐此不疲地参与其中, 因为这是当时为数不多的能体验大规模 PVP 的游戏。

2. 不可重复内容

不可重复内容大多是剧情、关卡等固定流程、固定形式的游戏内容。单机游戏的剧情体验基本是不可重复内容, 而网络游戏中的剧情也是不可重复的。例如,《魔兽世界》有很多能力释放系统, 其中每一个系统都有大量的内容供玩家消耗时间, 任务、副本、成就大多是不可重复的, 但通过奖励可使玩家愿意去完成重复的日常任务。

不可重复内容在增加游戏身临其境的带入感、培养玩家的情感等方面有着无与伦比的重要性。不论是以剧情为核心的角色扮演游戏还是剧情冒险的游戏, 任何类型的游戏都可以加入不可重复内容。例如,《魔兽争霸 3》是一个具有可重复内容的游戏, 是以 "局" 对战为核心的, 但其厂商制作了丰富的单机剧情, 塑造了一个无与伦比的魔幻世界, 所以《魔兽争霸 3》的单机战役至今被人津津乐道。在图 2-6 所示的界面中选择 "单人模式", 便可以体验官方制作的精良剧情。

除了剧情, 以关卡解谜为主要内容的游戏, 整体上都属于不可重复内容, 线性而固定是这类游戏的特点, 但传递的乐趣和惊喜是其他类型的游戏无法比拟的。当然, 不可重复内容并不是绝对不可重复, 而是指在内容体验上, 第一遍具有不可比拟的优势。就像优秀的影视作品, 我们会不断地重复观看、体会, 但第一遍观看时的那种感受显然是不可复刻的。

▲图 2-6 《魔兽争霸 3》开始游戏选择界面

2.1.3 小结

任何游戏都可以从获得和释放两个方面来分析核心架构，包括单机剧情类型的游戏。掌握上述定义后，我们可以很容易地分辨任何游戏的能力获得系统和能力释放系统，不过这只是系统分析的第一步。准确判断出上述两部分内容后，便可以分析系统存在的合理性了。当然，一个游戏除了能力获得系统和能力释放系统外，还包括数值设计相关、社交相关的系统等，它们会从另一个层面为玩家提供重要的体验。

2.2 核心系统分析方法论述

导读

拆分好一个研究对象的核心系统后，我们需要进一步分析核心系统存在的必要性和合理性，这样我们才能真正明白这个系统对游戏的定位是什么，以及设计目的是否能有效达成。

2.2.1 核心系统的必要性

必要性是指对某些事物是必不可少的。

在一个优秀的游戏中，核心系统一定有其存在的必要性。例如，以"局"为核心释放系统的游戏必然需要存在大量的预设内容和随机元素，以支撑每局体验的唯一性；战术生存类游戏的随机跳伞点、丰富的枪械、随机的道具刷新位置等都是玩家获得最终胜利必不可少的条件。在《英雄联盟》中，大量的可选择英雄角色、优秀的匹配系统、丰富的临场选择策略等都是玩家取得胜利必不可少的条件。

不同类型的游戏有着不同的核心内容，这些核心内容让游戏的特点得以突出展示。下面列举一些类型的游戏必不可少的系统。

1. 角色扮演（RPG）类游戏

❑ 等级系统，获得类系统。通过等级投放角色能力，合理的等级提升点可以让玩家显性地感受到成长。同样，通过控制玩家等级的变化，可以精确地控制玩家的能力获得过程和游戏内容的解锁步骤。可以说，所有的等级系统都是用来把控游戏内容的投放节奏的。在第 7 章中，我们将详细分析"等级"这一关键设计要素。

❑ 技能系统，获得类系统。技能系统是角色扮演类游戏里直接体现角色能力的地方。有些技能是跟随等级开放的，有些技能是需要练习才能掌握的。这类系统是战斗平衡的核心关注点所在，我们将在第 10 章详细分析"战斗平衡"相关的内容。

❑ 剧情系统，释放类系统。剧情系统可以使玩家直观获得游戏内容，它可以建立起玩家和游戏间深刻的联系。

❑ 关卡系统，释放类系统。网络游戏里"副本"也可以理解为游戏的关卡内容。在单机游戏中，关卡系统是必不可少的内容，部分单机游戏中也有允许玩家重复挑战关卡来获取资源的设定，这可以根据游戏灵活处理。

代表游戏：《博德之门 2》《最终幻想 7》《巫师 3》《魔兽世界》。

2. 多人在线战术竞技（MOBA）类游戏

❑ 英雄系统，获得类系统。每一个"英雄"都有不同的能力和成长速度，需要玩家多加练习。每局开场的时候需要进行选择，不可重复选择，保证了每一局参战单位都千变万化。英雄系统是 MOBA 类游戏必不可少且单位数量不能太少的核心系统。

❑ 对战资源系统，获得类系统。对战资源可以理解为金币和经验。金币转化为数值成长，经验转化为战斗技能。调整金币、经验的获取方式，可以衍生出不同对战节奏的MOBA 游戏。

❑ 地图系统，释放类系统。地图系统划定了玩家活动的场所，也展示了游戏对抗过程中的非英雄元素。有限的地图资源（如固定位置的野外怪物、固定线路的小兵、有限的塔防建筑等）限制了玩家可以采取的行为策略，也聚焦了玩家冲突的可能行为：争夺野外资源、对线压制或者摧毁敌方建筑赢得最后的胜利。不同的 MOBA 游戏在地图资源上的不同设计将导致玩家不同的行为取舍。

代表游戏：《DOTA2》《英雄联盟》《守望先锋》。

3. 即时战略（RTS）类游戏

❑ 资源采集系统，获得类系统。资源是指在地图上可以被寻找和采集的、可以用于建造的矿石和能源等。

❑ 生产系统，获得类系统。生产系统消耗矿石和能源，建造有各种功能的建筑，招募或者生产具有差异化战斗能力的单元，从而在有限的时间内（通常是 15～30 分钟）打造一支拥有独特战斗能力的"军队"。

- 地图系统，释放类系统。在有限的空间内，通过打造自己的"军队"，摧毁敌方地图上所有的建筑、士兵，从而取得游戏的胜利。

代表游戏：《星际争霸》《红色警戒 3》《帝国时代 3》。

4. 战争策略（SLG）类游戏

- 城建系统，获得类系统。建造各种模拟军事活动需要的建筑，从而积累军事活动所需的战备资源。
- 资源系统，获得类系统。资源系统产出所需的部分材料，如铁、木材、粮食、金钱等。一般有两种以上的核心资源作为不同阶段和不同行为的核心追求，并适当区分不同阵营之间的建筑能力构成。
- 城占系统，释放类系统。SLG 类游戏的终极目标就是占领对方的所有领地，成为地图上唯一的统治者。

代表游戏：《文明 6》《三国志》《全面战争》。

5. 动作（ACT）类游戏

- 连招系统，获得类系统。玩家通过操作，可以释放不同的连续技能，这些连续技能往往是由几个简单动作组合而成的。
- 首领对战系统，释放类系统。在这类游戏中，首领对战往往是游戏的核心。设计一场经典的首领对战往往需要有一个"狡黠"的对战逻辑以及一个优秀的故事背景。

代表游戏：《忍者龙剑传 3》《鬼泣 3》《战神 3》《地下城与勇士》。

6. 沙盒（Sandbox）类游戏

- 创造系统，获得类系统。创造系统是沙盒游戏的核心，包括两个部分：一是可见即可用，即所有出现在玩家眼前的内容都是可以获得并使用的，这类设计的代表是《侠盗猎车手》系列，尤其是该作品的第五代；二是可制作全新的道具，即利用收集的原始材料，通过组合产生可能具有全新用途的道具，这类设计的代表是《我的世界》，它完美地诠释了如何用最简单的方块道具来表达想象力和创造力。
- 生存系统，释放类系统。沙盒类游戏的另一特点是有人为的结局，这个结局便是角色的死亡。在沙盒类游戏中，往往会有各种威胁角色生存的恶性事件。玩家需要通过创造系统，收集和制作能帮助自己渡过难关的道具而生存下去。

代表游戏：《侠盗猎车手》《我的世界》《塞尔达传说：荒野之息》。

通过这些游戏可以看出，不同类型的游戏其核心系统是完全不同的，带给玩家的感受各异，每类游戏的核心系统都独具特色。这些核心系统是区分游戏类型的关键，表现出来的细节决定了其在同类游戏中的差异性。

　　因此，我们根据一个游戏的核心系统可以快速判断这个游戏属于什么类型，从而站在一个合理的角度来审视它的各个系统是不是都设计得契合这个游戏类型。一般来说，任意一个系统都应该是能够服务于游戏类型主题玩法的，所以我们去考量和学习一些优秀的系统时必须注意这些系统所属的游戏类型，这样得到的信息才会是正确的。

2.2.2　核心系统的合理性

　　一个优秀的核心系统一定是符合游戏本身特色的。在《绝地求生》这种以传统的第一人称射击（以下简称 FPS）为背景的游戏中，我们肯定不能接受"超能力"，但我们能接受平底锅挡子弹的设定，因为这是写实类游戏。《守望先锋》同样有枪械射击，我们却可以接受天使、导弹，因为它是一个超现实世界的游戏。

注意

　　合理性往往不是我们衡量一个游戏的主要标准，但是精妙的设计往往体现在合理性上，而不是必要性上。

　　必要性是设计目的，而合理性是目的的最佳表现方式。例如，在角色扮演类游戏中，数值的养成变化可以通过很多方式进行，其中装备系统是契合这一目的的重要方式。也有很多游戏是以分配属性点的方式进行的，还有些游戏是以符文的方式进行的。

　　在合理性方面，我们需要提高系统包装能力。一个具有充分合理性的系统在很大程度上是对游戏主题的升华，可以极大地提升玩家体验，获得玩家更高的忠诚度。

2.2.3　必要性与合理性的辩证关系

　　对倾向规则玩法的游戏来说，必要性优先于合理性。这里的优先是指系统构建时需要首先考虑的要素。

　　合理性优先时，我们首先要考虑系统包装层面的东西，这部分内容是不会破坏游戏氛围或者游戏世界观的。例如，《绝地求生》要增加一个魔法棒似的可以释放"元素伤害"的武器，一定要慎重考虑，优先考虑合理性。在合理性的前提下，我们再来分析魔法棒的表现本质，可以将其设计为多种类型的电击枪、火焰枪、消防喷头等，使其融合电、火、水等元素，达到类似魔法的效果。

　　必要性优先时，则往往是优先构造游戏的玩法规则内容。在必要的时候，我们需要修改核心表现元素来迎合必要性内容。以《魔兽世界》为例，进入战场的前 1 分钟是双方的准备时间，在这个时间内，拥有巨大约束力的空气墙将一切可能的位移行为都封锁在这个狭小空间内，从而保证双方的公平。在竞技场中，公平是第一位的，所以用一些超限制的方式来达到这一目的是必要的，也是为玩家所接受的。

2.2.4　小结

　　必要性分析是我们理解游戏系统设计目的的关键，而合理性分析是我们学习优秀设计方法的有效方式。二者对提高游戏设计能力都有着不可或缺的帮助。通过分析其他游戏,我们在设计游戏的时候可以有更具象的参照标准,从而做出更准确的判断。

2.3 设计获得类系统的三要素

导读

分析游戏系统可以获得其他游戏的优秀设计思路。不同的游戏类型各种能力获得系统表现出来的结果也各不相同,但在设计系统时我们需要遵循几个基本的设计原则。首先我们来看看获得类系统的设计三要素。

获得类系统的三要素包括获得感、成长节奏、学习难度。

2.3.1 获得感设计

获得类系统的核心目的是帮助玩家获得参与游戏的能力,所以第一要素是获得感设计。我们可以从两个方面设计获得感:结构性能力和数值成长。

1. 结构性能力

结构性能力可以让玩家的能力从无到有产生质变,是一种游戏机制的体现,如获得新技能、开启装备系统、获得附魔能力、解锁新的镶嵌空位等。设计结构性能力可以让玩家获得极大的新鲜感,合理的投放节奏还可以使玩家产生对后续游戏内容的期待。

结构性能力是游戏内容中非常重要的因素,因为玩家随时会尝试用这些能力去解决游戏中的疑问和难点。例如,《纪念碑谷》中旋转的行为、RPG 类游戏的战斗能力等。在众多游戏类型中,RPG 类游戏是受结构性能力影响较大的,因为这个品类需要玩家投入的游戏时间较长,所以在成长内容和成长能力方面相对来说也是较多的。图 2-7 所示为 RPG 类游戏常用的结构性能力,包括但不限于新的布阵策略、新宝石镶嵌孔、装备附魔、新的随从/宠物、新的天赋点、新技能、新装备位置、新的属性点等。

▲图 2-7 RPG 类游戏常用的结构性能力

设计结构性能力时,我们需要注意结构性能力的数量、趣味性、可组合性。

- ❑ 合理的结构性能力数量。结构性能力需要和游戏表现的性质有高度的契合度,这样才能为游戏加分,但并非越多越好。《鬼泣》系列的第三代游戏的核心是武器系统,每一次在战胜不同的首领怪物后都会解锁新的武器,提升了游戏的乐趣和战斗深度,和但丁高超的战斗技术相辅相成。第四代游戏核心的"鬼手"系统——"恶魔右腕"（见图 2-8）从根本上区分了尼禄和但丁的战斗方式，这也是让第四代游戏成为不输第三代游戏的特色之处。

▲图 2-8　《鬼泣》系列第三代游戏的武器系统与《鬼泣》系列第四代游戏主角的"恶魔右腕"

在设计一个游戏时，作为"创世者"，我们有时需要坚守正确的方法，避免让玩家感受混乱的内容；有时为了能有足够分量的结构性系统，需要适当修改或优化设计理念。结构性内容对玩家而言是最具有带入感的内容之一，是游戏的基石。这也是同类型的游戏那么多，但只有那些拥有独具特色的结构性内容的游戏才能给我们留下深刻印象的原因之一。

游戏需要合理并且有特色的结构性内容，但过多的结构性内容会让玩家抓不住重点、会过多地分散玩家的体验，也就等于没有特色了。

❑ 具有趣味性的结构性能力。优秀的结构性能力需要给玩家"眼前一亮"的新鲜感。设计一个有趣的结构性能力，需要我们对游戏的类型有很深的理解，对游戏的世界观有足够的掌握。只有这样，设计的结构性能力才能让人既感到新奇又符合这个世界运行的规律。我们可以在格斗对战类游戏中加入各种魔法、枪械、冷兵器等元素，但不能加入既能承担伤害又能输出的分身能力，这对战斗节奏和对手都具有严重的负面影响。更进一步，当我们加入了新的能力、有了足够的吸引力和趣味性时，必然能够对玩家产生强烈的吸引力，从而鼓励和促使玩家持续地将游戏进行下去。

❑ 结构性能力的可组合性。可组合性包含对能力重复运用的欲望以及和其他能力产生组合的可能性。如今热门的多人在线战术竞技（MOBA）类游戏，如《英雄联盟》，在设计"英雄"上便充分考虑了可组合性的因素。《英雄联盟》十分注重个体策略平衡和个体英雄操作乐趣，所以从任意英雄单位上都能找到细微的可组合性。例如，热门的英雄"探险家"的秘术射击技能在每次命中敌方单位后都会使其他技能的冷却时间缩减 1 秒，这促使玩家频繁使用秘术射击技能，并享受这种组合带来的奖励。为了开拓思维，除了技能方面的组合，我们还可以看看《暗黑破坏神 2》装备系统和技能系统是如何组合、互相赋予额外意义的。在《暗黑破坏神 2》中，技能是玩家打造角色的重要一环，每提升一定的等级都可以获得有限的技能点，玩家可以有策略地使用技能点增加自己喜爱的技能等级。除此之外，一些稀有装备会随机拥有一些提高技能等级的属性。这种类型的装备可以帮助玩家突破普通意义上的技能等级上限，让玩家有种打破规则的快感，同时也极大地增加了装备属性的随机性。如图 2-9 所示的这两件装备都有增加角色技能等级的属性：一件能提升法师施展的技能等级，另一件能提升所有适用这件装备的角色的所有技能等级。

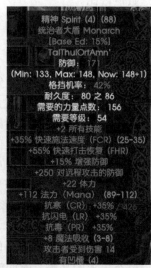

▲图 2-9　《暗黑破坏神 2》装备展示

2. 数值成长

数值成长是以结构性能力为基础的让玩家可以通过游戏行为不断提高分值（数值）的过程。伴随着结构性能力的投放，基础的数值必然会开放给玩家。这部分数值等同于结构性能力开启的奖励。

为了让玩家持续关注某个结构性能力，同时又避免做太复杂的变化，我们可以增加结构性能力的数值成长。这就是获得感的第二种设计方法。

针对不同程度的数值养成深度，我们需要有不同的侧重点。

❑ 无数值成长。无数值成长意味着数值成长基本为 0，系统开放后，数值的变化空间很小，不宜将基础数值设计得过大。过大的数值基数会让玩家失去体察的感受，产生麻木感，直接导致玩家对数值的敏感度下降。在无数值成长的情况下，尽量放大其他两个设计要素（见 2.1.1 节）。此外，在设计无数值成长的系统时，一定要做良好的可组合性设计，否则这类系统内容会过于单薄，容易被其他游戏内容冲淡，最终被玩家遗忘。

代表内容：FPS 类游戏的武器、MOBA 类游戏的技能和装备系统、部分功能性的技能（如武侠游戏里的轻功等）。

- 弱数值成长。和无数值成长系统一样，弱数值成长系统也必须要做可组合性的设计，否则弱数值成长能力将成为游戏中"食之无味、弃之可惜"的部分。作为各种能力系统之间的润滑剂，弱数值成长的能力系统可以协调不同的系统和能力。

代表内容：常见的天赋系统、卡牌游戏的品质能力变化。

- 深数值成长。深数值成长往往是一个游戏的核心。做这种内容时，需要保证两点：其一，深数值成长需要从始至终伴随玩家；其二，预留足够的数值空间，不论是数值大小还是数值占比。

代表内容：大部分装备系统、大部分等级系统。

2.3.2　成长节奏设计

节奏是一个很抽象的名词。音乐十分强调旋律和节奏，噪声和音乐的差别在于节奏。一个游戏内容的投放节奏决定了是让该游戏变成"噪声"还是变成令人愉悦的"音乐"。节奏是点与点之间、内容与内容之间关联和隔断的艺术。

成长节奏处理的是每一个获取点之间的关系，既不能太紧密，也不能过于稀疏。太紧密会让人应接不暇，太稀疏会让人失去内容的联系感。同时还需要注意各个点之间是否有层层推进的深层联系，让人仿佛在看"由简入繁"的风景，并产生越来越美的感觉。

从 2.3.1 节我们可以知道，获得类系统根据数值成长程度可以分为 3 种。根据 3 种成长的深度，我们可以大概定位其成长节奏。

- 无数值成长内容要注意投放的时机，大多选择在玩家最需要这个功能的时候。有时为了突出这个投放的功能，前期可能故意设计一些"坎坷"来加深玩家对投放时的爽快感和印象，这在过关类的单机游戏中体现得尤为明显。
- 弱数值成长内容要注意控制这个能力上限获得的时长，以及中间有限次数的数值成长的节点，尽量让每次变化都令人印象深刻。
- 深数值成长内容要注意这个能力成长的可操作性。可操作性是指在获得数值成长时，玩家可以主动操作，比如我们熟知的装备强化系统就是一个典型的可操作的养成系统。

2.3.3　学习难度控制

任何一个获得类系统都有学习成本。在 2.1 节我们提到过，"易上手难精通"的学习曲线应该是呈现阶梯爬升状的，这是我们控制获得类功能的一个良好的参考标准。通常来说，我们在设计一个全新的游戏内容时必然会涉及一些全新的知识。为了将这些全新的游戏内容以一个良好的节奏投放给玩家，我们需要用玩家易于接受的方式将这些全新的游戏内容告诉他们。这就是常见的"新手引导"，在 7.4 节我们会详细叙述。

如今的游戏越来越重视对新手的引导，原因之一是游戏种类不断推陈出新，设计师不断设计新的玩法、提出新的概念来吸引玩家，对应地便需要有更好的方式来引导玩家入门、教会玩家。

通常来说，我们可以通过以下几种方式来降低学习成本，快速将玩家培养到中级水平。

1. 设置新手阶段

新手阶段可以视为一个游戏的预备阶段。在这个阶段，我们可以通过一些巧妙的规则设计，帮助玩家快速熟悉核心内容或者全新的概念，而不用破坏后续整体的游戏体验。

在新手阶段将游戏核心的内容传递给玩家，通过实战、操作、模拟等达到建立认知和快速熟悉的目的，这种培养新手的方式适合所有游戏。手游《王者荣耀》专门设置了贴心的新手提示，来帮助玩家快速熟悉游戏的基本操作，如图 2-10 所示。

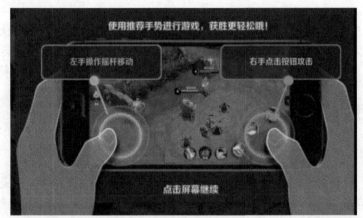

▲图 2-10 《王者荣耀》新手提示

2. 包容性设计

在一些策略性、组合性比较多的系统里，单个知识很容易理解，但其组合的效果往往比较复杂。同样，玩家的学习成本高也体现在这里。面对这种内容，我们需要注意两个方面。

其一，组合的任意可用性。在组合类功能系统里，任意可用性是一个很难达到的设计结果。也就是说，无论是一个资深的玩家还是一个刚接触游戏的玩家，随意组合都不会影响游戏体验程度，这对设计内容平衡性有很高的要求。我们需要以这种标准去设计，以尽可能缩小玩家在进行策略组合时因为熟悉程度不同而拉开的差距，避免因这种差距而导致无法进行游戏后续流程，从而给玩家带去负面感受。这种包容性设计使玩家在暂时不理解游戏内容时也能顺利进行游戏。

其二，降低尝试的成本。降低尝试成本的终极目标就是去成本，意味着玩家可以随时随地更改组合方案。《魔兽世界》在最早的时候是需要金币重置天赋的，到后面便移除了这种设计，可以让玩家任意更改自己的天赋方案。这也是包容玩家学习过程的一个良好设计。

所以，包容性设计十分适合弱数值成长、组合性丰富的能力获得类系统。

3. 降维拆分设计

很多时候我们设计的内容是从其他知识上提取、精炼、组合、重构的。反过来，我们将游戏成品推给玩家的时候，可以将前期的系统内容拆解为一些玩家易于理解的内容，并通过后续的内容投放将玩家引导至最终的设计目的。例如，在具有诸多子系统的装备系统中，我们往往按照复杂度先开放最易于理解的强化系统，再逐步开放更复杂的其他子系统。

降维拆分设计适合数值成长深且是游戏核心系统的内容，这样才有足够的空间进行上述装备系统的设计。

2.3.4　小结

能力获得类系统是大部分游戏的关键。一个游戏如果没有标志性的能力获得类系统，那么几乎可以被判定为中下级水平了。除了能力内容本身外，获取节奏、成长节奏、学习难度都会影响能力获得类系统的成败，这里的每一个环节都需要我们仔细、认真地对待。

2.4　设计释放类系统的六要素

🔖导读

不论大小，任何释放类系统都需要让玩家感受到完整的过程体验，这是最重要的。释放类系统需要有时间的预告、参与地点、参与人要求、玩法过程、玩法结束总结、发放奖励这些极具流程性的内容；我们可以用记叙文的六要素来记忆这些内容。

释放类系统属于玩家体验游戏的内容，玩家在游戏里的主要时间都花在这些内容上。玩家所有通过获得类系统获得的能力，最终都会用在这些玩法内容上，所以这些内容是我们最需要花时间去设计和制作的，并且大部分的优化也是围绕这些内容进行的。

释放类系统的设计核心是用游戏过程讲好一个故事或者讲好一件事情。我们小学就学过如何写记叙文，一篇好的记叙文必然包括六要素——时间、地点、人物、起因、经过、结果，如图 2-11 所示。对照六要素，我们来分析如何设计一个良好的释放类系统。

▲图 2-11　记叙文的六要素

2.4.1　时间

任何释放类系统都有时间参数。时间参数是用于控制参与频率、管理参与人员的一种因素，包括以下几个参数。

- ❑　开启时间限制：全天候开启、每天定时开启、隔天开启、每周开启、每月开启、季度开启、半年开启、年度开启等。
- ❑　参与频率限制：间隔一定时间进入、每日进入次数限制、每周进入次数限制。

❑ 奖励获取限制：通过奖励发放的次数也可以起到类似的时间控制效果，基本设定为参与一定次数后奖励减半或者不再发放奖励，但还是可以参与对应的玩法。

2.4.2　地点

地点是指承载玩家活动行为的场景、氛围或者背景环境。常见的"地点"有以下几种。

1. 世界场景

承载玩家所有看得见或者看不见的行为、事件发生的场所。游戏往往都会有世界场景的设定：有些有实际的地形环境，如 RPG 类游戏；有些以地图沙盘的形式存在，如 SLG 类游戏；有些以世界观背景虚拟存在，如文字冒险类游戏。

2. 副本场景

副本场景是可重复进入、内容会重置的场景。这种场景往往运用在关卡或者故事剧情的关键环节，可以让玩家重复挑战的场景。只要玩家有重复挑战的需求，就可以增加这种副本内容，用有限的空间资源适当地增加玩家探索的乐趣，并增加游戏体验时长。

3. 准备大厅

准备大厅往往作为正式游戏内容开始时的中转界面，通常会包括两种情况：第一种是游戏内的某些玩法是需要玩家同时进行的，所以在玩法开始前先将符合条件的玩家传送到指定的地点，然后统一开始；第二种是我们通常看到的很多 MOBA 类、卡牌类的游戏，因为没有实体的世界场景，进入游戏便是在准备大厅，通过界面上的按钮进行功能操作，从而完成游戏所需要的准备工作。

4. 战场环境

战场环境类似副本场景，每次新开战场后初始的战场环境都会重置为默认状态。这类场景往往和以准备大厅类型为主要操作环境的游戏搭配使用。代表性的游戏场景有 MOBA 类游戏的战场、休闲竞技（下文简称 IO）类游戏的战斗环境、塔防类游戏的地图场景等。

2.4.3　人物

人物表示的是参与游戏的主体，即玩家。为了让玩家能有一个较好的体验，我们往往需要筛选参与的玩家，确保同期参与活动的玩家是具有相近的游戏素质的。通常我们用以下 3 种方式来划分玩家，这 3 种方式基本都是强调玩家具有某种游戏素质而忽略其他素质的。

1. 相近的游戏时长

很多单机类游戏往往会统计玩家在这个游戏中投入了多长时间,投入时间基本上能够反映出玩家对这款游戏的熟悉程度。

> **游戏素质。** 游戏素质包括游戏技巧水平、游戏数值水平、游戏时长这 3 个方面。

在很多带有角色等级的游戏里，等级是可以体现游戏时长的关键指标，所以很多活动是以等级为匹配标准划分的。在设计游戏时，等级往往是投入时间的体现，越长的投入时间往往带来越高的角色等级，这方面在第 7 章有详细的论述。

2. 相近的游戏技巧水平

当我们需要越精确的技巧水平匹配时，便需要引入越多的人物数据参数，如胜负率、参与的总场次、战局中最佳表现次数、最近十场的对局情况等。需要注意的是，引入的参数越多，成功匹配到对手的难度相对越大。

在竞技性游戏里，往往会用参与游戏后的胜负来进行游戏技巧提升或者下降的判断。在严谨的技巧类统计里，会采用 ELO（埃洛等级分系统）排名的算法。在 4.3 节，我们将详细分析如何有效地设计一个良好的匹配系统。

3. 相近的游戏数值水平

游戏数值水平是指排除操作、技巧等客观因素，代表玩家角色实力的数值大小，如免费在线多人角色扮演类游戏中常将攻击值、防御值等转换成一个统一的参考值——战斗力，并将其作为匹配时的辅助参考。

2.4.4　起因

起因可以是释放类系统所承载的世界观背景故事。良好的“起因”是设计整个释放类系统的最佳出发点，使得整个系统看起来丰满而有意义。很多时候，我们也会在有了玩法内容后回过来设计这个系统的“起因”，为释放类系统找一个落脚点。设计是灵活的，我们不必拘泥于先后。通常来说，遵循“先因后果”，设计者更能体会到流畅的设计感，思路也会清晰很多。

在起因的设计中，将释放类系统的行为目的传递给玩家也是非常重要的一环，也就是我们所说的任务目标、活动目标等，这类目标通常包括以下内容。

- ❑　探索全部区域。
- ❑　击杀特定单位。
- ❑　取得团队/个人存活。
- ❑　拆除指定建筑单位。
- ❑　取得积分/资源领先。
- ❑　收集特定道具，满足一定数量。
- ❑　保护特定单位/建筑。

给予玩家一个背景故事以及一个参与目标，便完成了起因的设计。

2.4.5　经过

经过是指玩家满足时间、地点、人物诸多条件后，明白了起因、知道要达成什么目的，开始真正的游戏内容，也是设计释放类系统最花时间的部分。设计一个优秀的"经过"，需要注意以下方面。

1. 行为规则设计

行为规则即系统规则，表示这个系统是在何种规则下进行的。类比我们熟悉的篮球比赛，比赛的规则很简单：5 人团队进行对抗，不可以持球超过 3 步，需要将球投入对方的篮筐内才能得分，在规定时间内得分数超过对手才能取得胜利。当然还有更多的内容规则，制订类似这样的条例便是行为规则设计。

2. 行为引导

行为引导是指通过规则或者非条例规则引导玩家获得"特殊能力"。还是以篮球比赛为例，伴随着将球投入对方篮筐的规则，诞生了三分远投、花式上篮、灌篮等投球方式。这些投球方式并不是必需的进球方式，而是可选或者可创造的。在一个优秀的系统中，行为引导也是必要的一环，可以帮助新手玩家获得更有趣的结果。

3. 数值设计

数值设计是指对玩家行为的奖励量化。例如，篮球比赛的定点罚球得 1 分，三分线外投球得 3 分，其他情况得 2 分。所有规则都有数值设定，并通过它将数值作为最终的执行结果，这也直接影响了最终胜利的评判标准。

上述 3 项决定了玩家的"经过"体验。在 2.5 节，我们将详细探讨如何设计出高度统一的规则、行为和数值内容。

2.4.6　结果

结果包含两部分：一部分是游戏的结果统计，另一部分是奖励发放。

1. 结果统计

玩家完成任意游戏过程后，需要一个恰当的统计将结果通过数据、评价等方式体现出来。如图 2-12 所示为《英雄联盟》的结算界面，包括游戏英雄击杀数、死亡数、助攻数、补兵数、经济等相关信息。通过详细信息可以看到具体的伤害统计数据，帮助玩家回顾本场的表现，作为以后进步的参考。在《地下城与勇士》（见图 2-13）中，结算界面列出了操作、技巧、被击数、总分、经验值等总体情况。

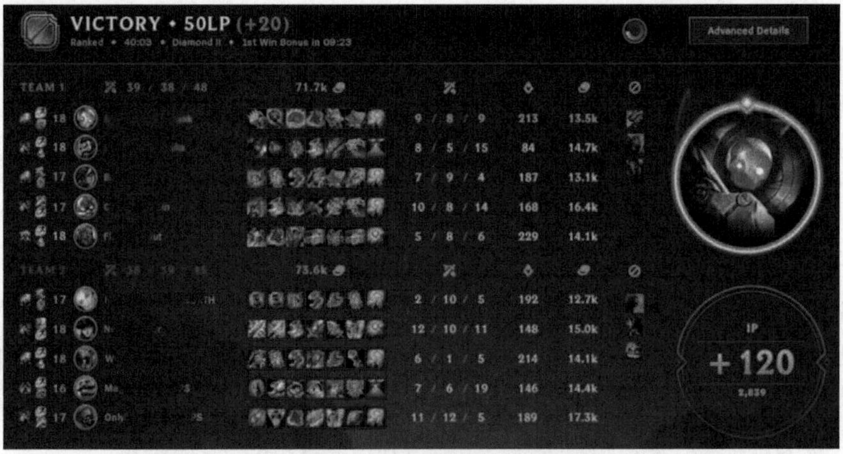

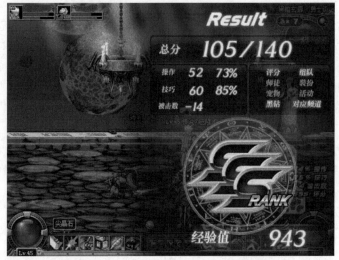

▲图 2-12　《英雄联盟》的结算界面

▲图 2-13　《地下城与勇士》关卡结算界面

　　无论是什么类型的游戏，都可以将统计结果展示给玩家，以帮助玩家总结这个阶段的游戏投入，表扬他们做得好的地方，指出他们还能继续提高的地方。

2. 奖励发放

奖励发放需要注意以下几点。

- ❑　奖励发放的及时性。通常是当场结束、当场结算，尽量避免采用邮件、延时发放等方式。当场结算能很好地让玩家体验参与的完整性，否则玩家会在对局结束后有缺失感，延时发放的奖励也会让玩家难以建立和之前游戏内容的关联，往往得不偿失。
- ❑　奖励价值的恰当性。恰当性指的是根据玩家的投入精力，给予恰如其分的奖励。一分耕耘，一分收获，不能多给，也不能少给。多给了，便会让玩家有占便宜的感觉，会让玩家过度期待奖励；少给了，会降低玩家再次参与的积极性。为了使奖励恰如其分，便需要建立整个游戏的价值体系。在游戏世界中，衡量价值体系的唯一标准就是玩家投入的成本（包括时间、精力、金钱等），在现实世界中也是这样。这方面内容涉及游戏数值的基础框架设计，我们将在实践篇中详细讲解。

□ 奖励内容的关联性。关联性是指玩家游戏行为和奖励的可关联、可联想性。例如，让玩家参加挖矿的活动，给玩家奖励矿石、铁锹都是合理的，奖励给玩家布匹却是不当的。内容的关联性并不是必需的，但能更好地帮助玩家建立一个完整的行为概念，"种瓜得瓜，种豆得豆"，对于玩家认可和融入这个游戏世界有着至关重要的帮助，还能给玩家更为清晰的思路，便于玩家讨论和交流。

2.4.7 小结

一个优秀的释放类系统除了本身定位清晰、有设计新意，最重要的是有完整的过程和足够多的细节，使玩家在接触游戏后很少或者不会出现负面情绪（除非是刻意营造的），这是每一个设计者都应注意和努力的方向。

2.5 系统规则与数值的相关性分析

导读

通过前面的学习，我们已经知道该如何分析一个游戏核心系统的构成，并能在做游戏的时候清晰地设计出核心系统了，是时候让系统和数值合理地关联起来了。

前面我们已经论述过如何拆分系统、分析系统、设计获得类系统的关键点，以及释放类系统的流程性设计要素，但一直没有涉及系统的核心——系统规则设计。

在 2.1~2.4 节，我们介绍的是玩家能感受到的内容，系统规则是玩家看不见的内容，它蕴含在玩家接触系统的过程中。在不告知玩家规则的情况下，玩家通过能看见的内容可以感知这个系统规则的大致轮廓，并且通过钻研可以获得更清晰的规则，那么这个系统就算一个优秀的系统了。

大部分时候，我们所说的游戏数值是用来支撑这些看不见的规则的，本节将揭开系统规则和数值之间的关系。

2.5.1 系统规则与数值的关系

系统规则和数值的关系是十分紧密的，为了方便阐述，我们先进行系统规则和游戏数值的区分说明。

1. 什么是系统规则

系统规则是指用来判定行为合乎/不合乎准则的条例、规矩的集合，是对行为目的的限制和管理的总和。

2. 什么是游戏数值

游戏数值指玩家能看到的显性的数字，或者能感知出来的与数值相关的内容。例如，RPG类游戏常有的攻击力、防御力，这些数值是玩家随时能看到的；跑酷游戏中普通状态下的奔跑速度以及在特殊状态下的奔跑速度，这些数值是玩家能感知出来的。

3. 系统规则和游戏数值的作用关系

广义地说，系统规则限制了数值的范围，决定了数值变化的方向和维度。系统规则是行为的准则，却也在一定程度上决定了数值的设计基调。

数值设计需要依据规则来进行，是系统规则的进一步延续和体现，通过设计符合系统规则的数值，系统规则可以表达得淋漓尽致。反之，不合乎规则的设计数值可能导致系统规则的目的不能达成，出现巨大的设计失衡。

> **规则设计第一定律**，也叫"行为预期定律"。设计规则时，需要让行为预期和实际结果保持高度一致。这种预期既可以建立在生活的常识之上，也可以建立在游戏构建的常识之上。

所以，系统规则和数值是具有高度契合性的。规则决定数值的具体变化和边界，数值决定规则中最终的系统表达是否完整和到位，我们把这个关系称为"规则设计第二定律"，也叫"游戏数值契合性定律"。

那么，如何在游戏设计中保证设计内容的契合性呢？通常来说，按照系统设计的一般步骤进行设计便可以保证数值内容契合性了。

2.5.2 系统设计的一般步骤

了解了"游戏数值契合性定律"后，我们下面来学习一个完整的系统设计的标准流程。

1. 设定系统目标

设定系统目标指明确系统的设计目的，即希望通过系统给予玩家何种能力或者何种过程体验。系统目标可以分为两大类——获得类系统的目标和释放类系统的目标。获得类系统的目标是为行动提供所需的能力，消耗玩家的资源；释放类系统的目标大多是为玩家提供各种实际的内容过程体验，并提供各种奖励和资源。

2. 确定核心规则

- ❑ 行为规则：能做什么事情。
- ❑ 约束规则：不能做什么事情，应从设计层面规避，使得玩家无法实施。
- ❑ 奖惩规则：明确何种行为获得奖励和鼓励、何种行为会受到惩罚，包括获得类系统的激励性奖励和数值成长，也包括释放类系统中给予的资源奖励。

3. 梳理属性需求

梳理属性需求的过程就是将系统通过一系列的属性进行描述的过程。

完成梳理过程需要对系统的运作有很清晰的理解，知道如何描述系统的各个细节，同时要知道这些内容是如何相互影响的。

梳理属性需求的过程其实也是将规则进行总结和提炼的过程。很多规则的实现需要属性的辅助，属性在一定程度上也是规则框架的体现。

> 为什么需要梳理属性需求？这里会涉及一些程序设计的内容。所有关于游戏的构想都需要通过程序实现，用来记录和存储这些想法需要遵循的属性原则，即通过各个维度的参数、属性把想法变成具体的数据集合。这个过程就好像将一个机器用文字描述出来：机器名称、机器重量、机器零件总数、机器长、机器宽、机器齿轮数量、齿轮咬合序列……知道机器由哪些零件组成，然后填写和修正零件参数的过程就如数值设计和调整。

4. 确定数值变化趋势和维度

定好属性后，我们需要对其赋值，使其能被程序处理。每个属性的数值设定往往有 4 个维度的区别，如图 2-14 所示。

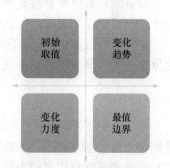

▲图 2-14 数值设定的 4 个维度

- ❑ 初始取值。初始取值是属性默认值，或者创建之初应该被赋予的值，通常为 0 或者 1。有些积分排名类会以 1 000 或者某个合适的值作为初始取值，让玩家有一定的初始积分作为原始资本。
- ❑ 变化趋势。变化趋势是指这个属性随着游戏进程是如何变化的：是线性均匀变化、先抑后扬有节奏的变化，还是以趋近于 0 的方式浮动的变化……这决定了我们将选用何种公式来完成我们想要的趋势拟合，具体的变化趋势见 4.1 节。
- ❑ 变化力度。变化力度代表这个属性每次变化时会产生何种程度的数字跳跃，例如是每次加减 1 这样的增长、每次成百上千的变化，还是呈指数增长。变化力度在一定程度上决定我们采取什么公式，以及公式系数取值大小。
- ❑ 最值边界。最值边界代表这个属性可能的取值范围。例如，经验值不能为负数、天赋点数不会超过两位数，这些是常识设计内容，通常是人为地设定一个边界，以保证属性的取值不会超出自己的计算。

不同的属性，在初始取值、变化趋势、变化力度、最值边界上都会有不同的体现，比如我们常见的游戏角色的等级和经验：等级是一个初始取值为正整数的、变化力度为 1、基本不会减少、最值边界一般在 2～3 位正整数间的数；经验是一个初始取值为正整数、变化力度从几十到几千万不等、变化趋势为周期性归零、最值边界十分大的正整数。这两者的区别就是变化力度的区别，因为等级是给玩家以阶梯成长感的质变值，而经验值是一个平滑过渡的量变值，它们承载的意义是不一样的。

0 和正整数被称为"自然数"，因为自然存在的事物都可以用数字来描述和统计。自然数是我们描述世界万物集合的一种高度抽象，所需的任何关于初始值的设定都可以从现实世界中找到其对应的参照，提取恰当的数值，应用到自己的设计里，作为调整的参考。

属性的意义决定了数值各个维度的变化，根据意义设计数值的各个维度变化也是符合自然规律的。例如，设计玩家坐在船上在河流中自然漂流的速度，根据现实中相同地势的河流流速会有一个大概的感性认知值，用这个值作为初始取值往往可以有一个很好的设计开端。根据这个初始取值，配合游戏内的一些其他参数，便可以最终调整成我们想要的、正确的数值。

当确定好各个属性初始取值、变化趋势、变化力度、最值边界后，便可以填写和计算具体的数值表格了。数值表格往往包括这个系统除奖励外的所有系统属性的具体数值。

5. 检查游戏数值契合性定律

检查游戏数值契合性定律的过程是我们在游戏功能测试前，对数值进行模拟检查的过程。这个过程可以在填写具体的数值过程中，也可以在填完所有的具体数值内容之后。

在检查的过程中，可能需要修改初始取值、变化趋势、变化力度，还有可能需要调整最值边界、规则，增加或者减少属性，从而达到理想的数值契合程度。

2.5.3　小结

本节介绍了系统规则与数值的设计关系，并讲解了系统设计的一般规则，至此完成了系统规则和数值的基本关系的认知。作者分享的这些内容并不高深，只是从最基础的角度保证读者能对游戏的系统结构有较为清晰的认知，这对梳理游戏数值、设计具体数值内容是十分必要的。

2.6　思考与练习

1. 思考

回顾设计系统的过程，一般是在什么时候考虑所需的数值支持的？学习完本章后，这个过程是否应该是自己给出初步的数据设定，而非交由数值策划来处理？

2. 练习

找一些你认为不错的游戏，将数值内容充分的系统（角色系统、装备系统、技能系统等）拆分出来，并分析其中的数据变化趋势和维度。

第二篇

思想篇

第3章　博弈论与游戏数值

　　游戏的玩法有很多种，其中一种是这样的：在一系列的行为和结果中，不断地做出选择，然后产生新的选择和结果，持续选择直到游戏结束。

　　一个很棒的游戏能让玩家不断地在选择中获得愉悦、愤怒、惋惜、惊喜等感受。这指出了在做一个有趣的游戏时很重要的一点：在诸多的设计中，我们需要特别注意给玩家足够的选择权，如果他们每时每刻都有多种选择并且都能得到好的感受，这将是非常好的内容设计。本章将要论述的博弈论相关知识便是帮助我们设计游戏中的"选择"。

　　博弈论和游戏数值有什么关系呢？简单来说，博弈论的知识会让我们更好地把握选择和策略的设计，同时提高我们对游戏平衡的敏感度，这些内容对做出一个有趣的游戏是有帮助的。由于本书篇幅有限，很多内容点到为止，读者在理解的时候可能要借助部分博弈论相关图书来辅助学习。对于博弈论知识的学习，应该以掌握其核心的思维方式为主，培养对策略、定位角度、得失的快速分析能力，这对我们以后快速锁定问题和分析问题都是有帮助的。

　　不同于学习博弈论的常规方式，本书中的知识呈现速度可能有点快，我们会更多地思考逻辑和结论的应用，而忽略一些烦琐的数理推导。

3.1　博弈论知识概论

导读

　　对于"博弈"这个词，我们一般理解是，它代表着用智慧进行竞争或对抗。看完本节内容，可能会颠覆读者的一些思维方式。

3.1.1　囚徒困境

　　博弈论（Game Theory）是现代数学的分支之一，也是运筹学的重要学科之一，是研究多个个体或团队之间在特定条件的制约下在对局中利用相关的策略、实施对应策略的学科，有时也称为"对策论"或者"赛局理论"。博弈论是以做出局内最优选择为目标的分析理论，是用来帮助优化各种策略的理论学科。"Game"在英文中的意思是人们遵循一定的规则并尽量使自己"赢",是一种认真的竞赛,这和汉语的"游戏"有一定的区别,汉语的"游戏"附带一些嬉戏的意思。

作为一门单独的学科,博弈论主要是将激励结构(游戏或者博弈策略及其带来的奖惩结果)进行公式化,帮助我们将复杂的策略模型变为可以用公式或定理来量化比较的结构,从而找出博弈模型中各个策略的最优解。

对于游戏设计者来说,这门学科简直是为游戏策略化设计量身定做的。最早的时候,博弈论用来研究象棋、围棋、桥牌等游戏中的胜负问题,在后续的发展中,才由著名数学家冯·诺依曼(Von Neumann)和经济学家奥斯卡·摩根斯顿(Oscar Morgenstern)引入经济学中,随后约翰·福布斯·纳什(John Forbes Nash)利用不动点定理证明了均衡点的存在,为博弈论的一般化奠定了坚实的基础。如今博弈论已经发展成一门完善的学科,在生物学、经济学、国际关系学、计算机科学、政治学、军事战略等学科都有广泛的应用。在日常生活中,博弈的案例十分普遍。

一个经典的博弈模型是囚徒困境模型。该模型用一种特别的方式讲述了警察与犯罪嫌疑人的故事。假设有两个犯罪嫌疑人 A 和 B 私入民宅行窃被警察抓住,警方将两个人分别置于不同的房间内进行审讯,对每一个犯罪嫌疑人,警方给出的方案是:如果一个犯罪嫌疑人坦白,交出了赃物,另一个犯罪嫌疑人也坦白了,则两个人各被判刑 5 年;如果一个犯罪嫌疑人坦白了,另一个犯罪嫌疑人没有坦白而是抵赖,则以妨碍公务罪(因已有证据表明其有罪)再加刑 5 年,而坦白者有功被减刑 5 年,立即释放;如果两个人都抵赖,则警方因证据不足不能判两个人的偷窃罪,但可以以私入民宅的罪名将两个人各判入狱 1 年。表 3-1 给出了这个博弈的决策表。

表 3-1　　　　　　　　　　　　囚徒困境博弈决策表

囚徒困境	B 坦白	B 抵赖
A 坦白	A–5 年,B–5 年	A–0 年,B–10 年
A 抵赖	A–10 年,B–0 年	A–1 年,B–1 年

表 3-1 展示了犯罪嫌疑人 A 和 B 做出不同的选择时分别获得的"奖励"。我们可以看出,不论 B 做何选择,A 选择坦白,得到的结果总是比抵赖要好。从"奖励"的角度来说,警方的设计是合理的,他们鼓励坦白,而不是抵赖。对 B 来说也是这样。但是,对 A 和 B 来说,最好的结果显然是他们一起抵赖,他们抵赖的总"奖励"永远比坦白的总"奖励"好。然而通常人在没有约束的情况下总是优先做出对自己有利的选择,谁都不愿意承担被背叛的风险。所以,在没有沟通的情况(非合作情况)下,出现的结果必然是两个人都坦白,因为分开来看,坦白的结果总是比抵赖好。

类似这样两个人都选择坦白的策略以及因此被判 5 年的结局被称为"纳什均衡",也叫"非合作均衡"。参与方在选择策略时没有"共谋",他们只是选择对自己最有利的策略,而不考虑其他条件。也就是说,这种策略组合由所有局中人(即当事人、参与者)各自的最佳策略组合而成，没有人会主动改变自己的策略以便使自己获得更大利益。在个人利益与集体利益的冲突中，个人追求利己行为导致的最终结果是一个"纳什均衡"，也是对所有人都不利的结局。他们两个人都在坦白与抵赖策略上首先想到自己，必然要服较长的刑期。只有当他们都首先替对方着想或者"共谋"时，才可以得到最短时间的监禁结果，但这显然不符合人性的利己本质。

"纳什均衡"的出现对亚当·斯密"看不见的手"的原理提出了质疑。按照亚当·斯密的理论，在市场经济中，每一个人都从利己的目的出发，全社会最终达到利他的效果；而现实是有更多的情况类似囚徒困境中的"纳什均衡"，因此我们大多数时候达到的状态并不是最优的。什么时候出现这种情况、出现之后应该怎么去调整和应对是博弈论主要分析和学习的内容。

3.1.2 博弈论基础

在认识和理解"纳什均衡"前，我们有必要梳理一下博弈模型中的基础元素，以帮助我们统一认知。

1. 基础概念

❑ 局中人。在一场竞赛或博弈中，每一个有决策权的参与者都成为一个局中人。只有两个局中人的博弈称为"两人博弈"，多于两个局中人的博弈称为"多人博弈"。

❑ 策略。在一场博弈中，每个局中人都有可选择的、实际可行的、完整的行动方案，即方案不是某阶段的行动方案，而是指导整个行动的一个方案。局中人的一个可行的、自始至终全局筹划的行动方案被称为这个局中人的一个"策略"。如果在一场博弈中局中人共有有限个策略，就称为"有限博弈"，否则称为"无限博弈"。

❑ 得失。一场博弈结束时的结果称为"得失"。每个局中人在一场博弈结束时的得失既与他自身所选择的策略有关，也与全体局中人所选定的一组策略有关。所以，一场博弈结束时，每个局中人的"得失"是全体局中人所选定的一组策略的函数，通常称之为"支付函数"。也可以简单理解为，每个人在各情况下的奖惩数据，我们可以通过决策奖励表或者决策树来罗列。

❑ 次序。对于有些博弈，各博弈方的决策有先后之分，且一个博弈方要做不止一次的决策选择，这就出现了次序问题。其他元素相同而次序不同，博弈就会不同。这点就像我们玩回合制游戏中的先后手，轮流操作的顺序。

2. 均衡状态

均衡是平衡的意思，是我们在博弈的过程中选择了自己认为理想的策略，如果每个人做出了理想的选择并对结果满意，就称博弈存在均衡状态。

3. 帕累托最优

帕累托最优也称为"帕累托效率"，是指资源分配的一种理想情况。假设有一群人和可分配的资源，从一种分配方式到另一种分配方式的变化时，使得至少一个人变得更好，而其他人都没有变差,当无法再次进行这种调整时,那么当前配置便可称为"帕累托最优"。

3.1.3　博弈分类认知

根据不同的基准可以将博弈分为不同的类型,这些类型的博弈是帮助拆解、分析复杂博弈模型的必要基础。

1.　以局中人是否对博弈有影响进行分类

根据局中人本身是否对博弈的决策有影响,可以将博弈分为对称博弈和非对称博弈。对称博弈是指局中人本身不具备任何特殊性,更换角色身份或者状态不会影响决策本身。我们所讨论的大部分博弈类型都是对称博弈。非对称博弈是指局中人会受到策略以外的因素(如个人性格、经历、知识结构等)影响的博弈。非对称博弈往往更贴近现实状况,也更复杂。

2.　以局中人是否受外界因素影响进行分类

根据局中人博弈是否受到外界因素影响,可以将博弈分为合作博弈和非合作博弈。合作博弈和非合作博弈的区别在于相互发生作用的局中人之间有没有一个具有约束力的协议(局中人的决定是否受到非策略因素以外的信息干扰),如果有,就是合作博弈;如果没有,就是非合作博弈。例如,在囚徒困境中,如果两个犯罪嫌疑人共同属于的组织对背叛者有很严厉的惩罚,那么他们会更容易合作而不是背叛。

3.　以决策次序进行分类

根据局中人行为的时间序列性,可以将博弈分为静态博弈、动态博弈两类。静态博弈是指在博弈中局中人同时选择,或虽非同时选择但后行动者并不知道先行动者采取了什么具体行动。动态博弈是指在博弈中局中人的行动有先后顺序,且后行动者能够观察先行动者所选择的行动。例如,囚徒困境是同时选择的,属于静态博弈;棋牌类游戏,如围棋、象棋等,决策或行动有先后次序的,属于动态博弈。

4.　以信息的公开程度进行分类

根据局中人对其他局中人的了解程度,可以将博弈分为完全信息博弈和不完全信息博弈。完全信息博弈是指在博弈过程中每一个局中人对其他局中人的特征、策略空间及收益函数有准确的信息。不完全信息博弈是指局中人对其他局中人的特征、策略空间及收益函数信息了解得不够准确或者没有所有局中人的特征、策略空间及收益函数的准确信息。

5.　以博弈执行次数进行分类

根据博弈进行的次数或者持续时间的长短,可以将博弈分为有限博弈和无限博弈。可以通过后面蜈蚣博弈的分析来了解次数对博弈策略的影响。

上述各种博弈的分类并非绝对,例如囚徒困境就属于完全信息静态博弈。一个博弈模型是可以从多个角度进行分类的，如果我们要完全划分一个博弈类型，则需要将其所属的关键类型全部概括进去。经济学家现在所谈的博弈论一般是指非合作博弈，这是因为合作博弈比非合作博弈复杂，它在理论上的成熟度远远不如非合作博弈。非合作博弈又分为完全信息静态博弈、完全信息动态博弈、不完全信息静态博弈、不完全信息动态博弈。与上述 4 种博弈相对应的均衡概念为纳什均衡、子博弈精炼纳什均衡、贝叶斯纳什均衡、精炼贝叶斯纳什均衡，这些概念的核心表达都是帮助分析不同类型的博弈如何更好、更快地找到决策的收敛点。例如，子博弈精炼纳什均衡针对的是完全信息动态博弈，表达的是在动态博弈的过程中每一个小的决策点处于纳什均衡时，所有过程联结起来是这个完整的动态博弈的纳什均衡的决策点。其他的概念配合它对应的博弈类型，都可以这样去理解和学习。

3.1.4 纳什均衡的多态

纳什均衡的多态是指完全信息静态博弈中存在的一个所有局中人做出的符合以下条件的策略组合：给定其他局中人策略不变，每一个局中人都没有动机改变自己的策略。这种状态是所有局中人都认可并不会改变的选择，对于那些结果并不理想的策略，我们可以认为局中人避免了更糟糕的可能而做出这种均衡状态的选择。

纳什均衡并不是帕累托最优，从大局上看可能会有更好的策略组合，但实际情况是理智和风险让我们无法真正选择对所有人都好的策略，就如同囚徒困境中所展现出来的结果。

有 4 种特殊情况下的纳什均衡（见图 3-1）值得我们特别注意：严格占优策略纳什均衡、重复删除占优策略纳什均衡、纯策略纳什均衡和混合策略纳什均

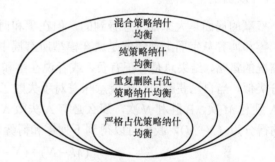

▲图 3-1 不同纳什均衡概念之间的包含关系

衡。在这 4 种均衡概念中，每种均衡是前一种均衡的扩展，前一种均衡是后一种均衡的特例：严格占优策略纳什均衡是重复删除占优策略纳什均衡的特例；重复删除占优策略纳什均衡是纯策略纳什均衡的特例；纯策略纳什均衡是混合策略纳什均衡的特例。

- ❑ 混合策略纳什均衡："以不变应万变"，当博弈中存在多个均衡的时候，可能会出现不确定的选择，为了应对这种情况，局中人做出一个理性策略来应对所有的不确定。
- ❑ 纯策略纳什均衡："敌不动我不动"，在一个纯策略组合中，如果给定其他的策略不变，局中人便没有改变的可能，如后续将要学习的猎鹿博弈就是纯策略纳什均衡。
- ❑ 重复删除占优策略纳什均衡：优先去掉一个最差解，即删除不占优的绝对劣势选择，然后在剩余的策略中重复这个过程，最终找到均衡状态。
- ❑ 严格占优策略纳什均衡："绝对优势"，不论对方如何选择，只选择对自己最有利的方案。

3.1.5　小结

博弈论是近代发展起来的一门学科。伴随着人类社会的发展，我们需要更有效率地做出决策，尤其是在信息爆炸的时代。博弈论不仅可以提高游戏策略设计的效率和策略平衡敏感度，也能帮助我们更好地应对生活的复杂状况。

3.2　从经典中学习博弈

导读

囚徒困境是不是很有趣？有趣而经典的博弈模型还有不少。博弈论的最佳学习方法是分析和讨论博弈模型，我们接下来将会学习博弈论中常会涉及的一些博弈模型，并且会通过模型引入一些新的定义。需要特别指出的是，本书中出现的所有博弈模型决策表中的数字代表得分或者收益，数字越大，结果越好。

3.2.1　双赢的"大冤家"

双赢的局面是大家都乐意看到的，但在零和博弈中永远看不到双赢的情况。

零和博弈从字面上理解就是博弈模型所有局中人的得失结果总计为 0，这意味着不论是什么情况的策略，结果总是有正有负，或者说在零和博弈中总有输赢。这和我们熟悉的游戏竞赛十分类似，当自己获胜的时候就意味着对手失败了。用数学的方式来表达：在一个对抗中，假设 A 胜利 M 次，B 胜利 N 次，那么必有 A 失败 N 次，B 失败 M 次，则 A 的得分为（$M-N$），B 的得分为（$N-M$），我们可以得到下列零和博弈收益公式：

$$(M - N)+(N - M) = 0 \tag{3-1}$$

零和博弈在游戏中出现得很多，特别是那些刻意引起玩家竞争的游戏。在这种零和的对抗游戏中，胜利方除了收获奖励，还获得了"压制"对手的精神奖励，这对失败方是很"残忍"的，所以我们在允许的范围内会给予失败方合理的奖励。零和博弈十分普遍，很多局中人尝试将零和变为共赢，但其中所需的信任成本往往高到让其难以实现。所幸游戏中的大部分规则可以事先设计，规避可以避免的零和博弈，增加更多的共赢结局，通常会有意想不到的收获。

3.2.2　背叛的悖论

在 3.1 节我们已经大致了解了囚徒困境，囚徒困境是博弈论中非零和博弈的代表性例子，反映了在一个群体中个体做出的理性选择，却无法获得宏观集体的最优结果。换成更容易理解的说法，在一起生活的每个人都达到个体最舒适状态的时候，可能是集体氛围最糟糕的时候。囚徒困境是典型的帕累托最优和纳什均衡不一致的模型。

虽然囚徒困境是一个简单的模型，但它的内涵却成为很多博弈理论的分析基础。现在我们来复杂化这个模型，如果我们将坦白和抵赖的选择重复，重复到第 X 次时，双方都抵赖，则各自都减少 X 天的服刑；如果 A 抵赖，而 B 坦白，那么 A 将多获刑 1 天，B 少获刑 1 天。这就是经典博弈模型——蜈蚣博弈（见表 3-2）。

表 3-2 蜈蚣博弈决策表

蜈蚣博弈	A	B	A	……	B	A 减刑	B 减刑
策略组 1	坦白	坦白	坦白	……	坦白	X 天	X 天
策略组 2	坦白	坦白	坦白	……	抵赖	X-1 天	X+1 天

犯罪嫌疑人知道会有多次机会进行选择，所以他们会进行试探，并且很有可能会选择集体最优的方案——抵赖，这样对两个犯罪嫌疑人都是最好的。这样的试探会一直保持到最后一局（第 N 局），然而第 N 局作为最后的选择，结果又会回到出发点——已经不再是试探，犯罪嫌疑人的选择必然会从利己角度出发，所以各自的选择一定是坦白。既然第 N 局是坦白，第 N-1 局也就没有合作试探的必要，如此推测，坦白在第一局的时候发生。用倒推的方法去分析似乎是没有问题的，但这个结论不是很令人信服，如果有 1～N-1 次的试探机会来获得减刑，为什么不尝试呢？如果最终会选择坦白并背叛伙伴，那么这个背叛的"点"到底在什么位置，是否有科学的方法预测出来呢？目前还不得而知，这个问题也困扰着博弈论的研究者。

特别需要指出的是，在目前的知识里，当 N 趋近正无穷时，蜈蚣博弈中囚徒困境的选择才是帕累托最优，见公式（3-2）。其他任何时候，在 1～N 中的某一局博弈，必然会发生背叛，并导致连锁背叛：

$$蜈蚣博弈下囚徒困境的帕累托最优 = 背叛点(N \to \infty) \quad (3-2)$$

3.2.3 "智牛"博弈

假设牛圈里有一头大牛、一头小牛。牛圈的一边有牛食槽，另一边安装着控制供应牛食的按钮，按一下按钮会有 10 个单位的牛食进槽，但是谁按按钮谁就会先付出 2 个单位的成本，若大牛先到槽边，大、小牛吃到食物的收益比是 9:1；同时到槽边，它们的收益比是 7:3；小牛先到槽边，它们的收益比是 6:4。可以根据上述情况列出"智牛"博弈的奖励表（见表 3-3）。

表 3-3 "智牛"博弈奖励表

"智牛"博弈		大牛	
		行动	等待
小牛	行动	小牛+1，大牛+5	小牛-1，大牛+9
	等待	小牛+4，大牛+4	小牛-0，大牛-0

从表 3-3 中可以看出，当大牛选择行动的时候，如果小牛行动，小牛的收益是 1，而如果小牛等待，小牛的收益是 4，所以小牛选择等待；当大牛选择等待的时候，如果小牛行动，小牛的收益是-1，而如果小牛等待，小牛的收益是 0，所以小牛也选择等待。综合来看，无论大牛选择行动还是等待，小牛的选择都将是等待，即等待是小牛的占优策略。

这个博弈模型反映的是强大和弱小之间的博弈关系。在任何策略博弈中，都以理性的判断为前提：攻击对手，保护自己的利益。这种现象类似"借东风"，有些时候，注意等待，让"大牛"打破壁垒、重建市场，然后自己再择机跟进，不失为一种最佳策略。

3.2.4 价格大战时应该消费吗

你有没有考虑过，为什么每一年的"双十一"都会有如此多的人"疯狂"购物？是大家都陷入了非理智的消费状态吗？我们通过价格战博弈来分析这个现象。

喜欢网络购物的人应该知道，在每年的"双十一"，天猫和京东等各大电商平台都会掀起价格大战，每个平台都试图拿出比对手更大的优惠来吸引顾客。我们可以看看京东和天猫两个平台进行价格战的博弈奖励表（见表 3-4）。

表 3-4　　　　　　　　　　　　价格战博弈奖励表

价格战博弈		京东	
		降价	不降价
天猫	降价	天猫−1，京东−1	天猫+2，京东+0
	不降价	天猫+0，京东+2	天猫+1，京东+1

在表 3-4 中，从京东的角度来说，如果天猫降价，那么京东最好不降价；如果天猫不降价，那么京东降价将带来较大收益。从天猫的角度来分析，也是类似的。所以，这个博弈矩阵中存在两个纯策略纳什均衡，即京东降价，天猫不降价；天猫降价，京东不降价。

从奇数定理[①]可以知道，这个博弈中除了上述两个纯策略纳什均衡，一定还存在第三个纳什均衡，即混合策略纳什均衡。

设天猫降价的概率为 q，京东降价的概率为 p，它们的奖励分别为 U_1 和 U_2：

$$U_1 = q[-p + 2(1-p)] + (1-q)(1-p)$$
$$U_2 = p[-q + 2(1-q)] + (1-q)(1-p)$$

(3-3)

对 U_1、U_2 的 q 和 p 求偏导：

$$\frac{\partial U_1}{\partial q} = 0 \qquad \frac{\partial U_2}{\partial p} = 0$$

(3-4)

可得，$q=p=0.5$，这个结果意味着双方的选择都是不确定的。这也是混合策略纳什均衡的一个特点，其结果取决于其中一方的选择。体现在价格战博弈中则是，只要采取和对手相反的策略，就会获得最佳的收益，或者说就不会造成最糟糕的结果。但在实际的选择中，最优选择策略是采取和对手相反的策略，京东选择不降价时，那么京东也就知道天猫会选择降价，这时天猫获得+2 的收益显然是京东不愿意看到的，所以京东会立即选择降价。同样的情况也发生在天猫身上，而且双方都是几乎同时做出判断和决定的，在这种情况下，价格战便无法避免，这对于消费者来说是利好，所以理智的分析告诉我们：在"双十一"价格大战期间购物肯定是划算的。当然，在这个博弈模型中，计算的收益都较为简单，数学基础好的读者可以将参数换

[①] 于 1971 年被威尔逊证明，内容为几乎所有的有限策略博弈都存在奇数个纳什均衡。

成其他的值来进行计算，看看是否会有其他的启发。

类似这种混合策略纳什均衡的博弈在游戏中也十分常见，如当敌对双方都是"残血"的时候，最优策略是双方都各自"回家"休整，但对于玩家来说，永远不想看到对手轻松"回家"，或者想在对方准备休息的时候出其不意地偷袭，所以结果往往是选择进行一场同归于尽的战斗。

3.2.5 需要"从中作梗"的协调博弈

除了囚徒理论，协调博弈大概是博弈论中另一个用得较多的博弈模型了。协调博弈往往需要我们"从中作梗"才能做出更好的选择，否则虽然会趋于纳什均衡，但不一定是帕累托最优，也就是有多个纯策略纳什均衡的情况下没有稳定选择最优策略。

下面用一个交通模型来阐述什么是协调博弈。

1. 交通博弈

在十字路口，往往有直行的车辆和左拐的车辆同时行驶的情况，这时双方驾驶员应该怎么做才好？我们先来看博弈奖励表的分布情况，如表 3-5 所示。

表 3-5 交通博弈奖励表

交通博弈		左拐车辆 B	
		等待	左拐
直行车辆 A	等待	空闲	左拐通行
	直行	直行通行	撞车事故

由表 3-5 可以看到，驾驶员的选择要么是 A 直行、B 等待，要么是 A 等待、B 左拐，这两种选择都是最优且不分优劣的，它们显然都是纳什均衡的一种，可是这种均衡对驾驶员做出选择却没有什么实质的帮助。

市场经济学家一定会说，可以设定谁出价高，谁就先通过，这遵循代价优先原则，但这在现实生活中显然不可能。在实际中，我们制定了"左拐让直行"的交通规则，要求驾驶员在驾车时要遵守这条规则，在实际驾驶中如果违反了该规则，需要承担相应的后果。这样上述交通博弈自然会倾向 A 直行、B 等待的选择。

> **协调博弈中的正规制度。** 正规制度的生成总是从习俗到惯例、再到制度的过程，其实制度就是一套行为规则 R，当反复遇到某一情形 S 时，社会上的某人愿意遵守 R 也预期别人愿意遵守 R，如果有人不遵守 R，那么犯规的人一定受罚。

上述博弈是一个协调博弈。协调博弈的特点表现在支付函数的对称性上，策略集是一致的，从形式上看，博弈奖励表的对角线上的元素都是纳什均衡的博弈结果。协调博弈的问题不涉及实质奖励的多少，而依赖于局中人之间如何对博弈选项做出类似的决定。难点在于人与人本来就不一样，看待事物的角度千差万别，决定是很难一致的，所以协调博弈的均衡问题也就变得异常复杂。

上述提到的交通博弈，如果没有外界规则的干预，就没有任何方式可以预测交通博弈的结果，通过协调之后，即可保证局中人都能安全地将博弈进行下去，并达到各自的目的，有时必要的规则限制是为了更高的实现效率。我们在游戏中能比"令行禁止"做得更好，因为我们可以从程序上限制，比如在游戏中通过划定新手区、交战区、和平区来达到更好地让玩家互动的目的。

2. 猎鹿博弈

准确来说，猎鹿博弈也是协调博弈的一种。大致内容可以表述为两个猎人去山上打猎，山上有鹿和兔子，两个人合作才能抓住鹿，一个人便可以抓住兔子，但是独自打猎的效率比不上两个人协作的效率。收益上当然是抓鹿的回报最高，卖的价钱最好。我们可以通过猎鹿博弈奖励表来获得详细的博弈策略分布，如表 3-6 所示。

表 3-6　　　　　　　　　　　　猎鹿博弈奖励表

猎鹿博弈		猎人 B	
		猎鹿	猎兔
猎人 A	猎鹿	A+4，B+4	A+0，B+2
	猎兔	A+2，B+0	A+3，B+3

从奖励表可以清楚地看出，如果有一个人选择猎兔，收益将至少为 2，而另一个人猎鹿的话收益将为 0，所以对于猎鹿的那个人来说不是占优策略。虽然所有的猎人都知道猎鹿是更好的选择，但猎人无法确认自己以外的人是否也会做出猎鹿的选择，尽管猎鹿的收益更高，但同时也伴随着收益为 0 的风险，所以在没有协调规则的帮助下，系统是无法达到帕累托最优的。因此，通过解决协调问题可以使大家选择帕累托最优——这里强化的是人与人之间的信任或是对利益追求态度的一致性，只有这样才能双赢而不是同输。

3. 囚徒困境与协调博弈的区别和联系

囚徒困境和协调博弈代表着博弈模型中两个重要的方面。囚徒困境类型的博弈代表了需要"合作"才能有帕累托最优的博弈类型，如果不合作，则局中人追求的最终结果都将是个体最优而非集体最优。协调博弈代表着需要协调处理，或者说它是需要额外的规则或共识才能获得帕累托最优的博弈类型，对于个体来说，选择面临不确定性，需要额外的信息或者协调来帮助决策趋于稳定——让所有局中人都趋于一致的选项，使双方至少能获得一些收益。

我们通过一个合作博弈表来理解上述两种关系，如表 3-7 所示。

表 3-7　　　　　　　　　　　　合作博弈奖励表

合作博弈		B	
		合作	欺骗
A	合作	A+2，B+2	A+0，B+n
	欺骗	A+n，B+0	A+1，B+1

当 $n>2$ 时，为囚徒困境，如果双方不合作，那么结果一定是 A 欺骗、B 欺骗。

当 $0<n\leq2$ 时，这时选择变得复杂，欺骗和合作的可能性会因为局中人的行为预期、风险判断等受到影响。毫无疑问，A 合作、B 合作的结果是最好的，如果一个局中人选择不合作，则另一个人的收益可能为 0，这是风险所在。从全局来说，局中人都选合作或者都选欺骗，那么至少能保证双方都能获益。显然，在这个奖励表中，n 越大，那么合作的风险就越高，欺骗的回报刺激增加，局中人更愿意选择欺骗；n 越小，那么欺骗的收益预期将不断降低，局中人采用欺骗策略的可能性不断下降。

这个模型通过 n 的变化，让我们很清楚地了解到纳什均衡会发生何种变化。在一个确定的策略模型里，如何通过奖励调整来达到影响决策的过程？后续将会对它进行更深入的分析。

3.2.6 一个更复杂的挑战

假设只有企业 A 垄断了家装行业，利润为 10。现在有企业 B 要进入这个行业，A 便威胁 B，如果 B 进入，他们将进行阻挠，让 B 不能如愿获利。B 进入市场后，A 阻挠，A 收益降低为 2，B 收益为-1；A 不阻挠，则 A 和 B 各自获利 4。这个模型就是常见的"双寡头竞争博弈"，其奖励表如表 3-8 所示。

表 3-8　　　　　　　　　　双寡头竞争博弈奖励表

双寡头博弈		企业 B	
		进入	不进入
企业 A	阻挠	A+2，B-1	不可能事件
	不阻挠	A+4，B+4	A+10，B+0

表 3-8 中的策略组合"A 阻挠、B 不进入"是不可能发生的。要分析这个模型，我们需要引入动态博弈和博弈树的概念。当策略信息伴随着动态选择而出现时，我们可以用博弈树进行分析，如图 3-2 所示。

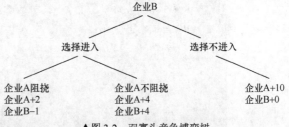

▲图 3-2　双寡头竞争博弈树

从博弈树中我们可以清楚地看到，这个博弈由两个阶段组成：进入和不进入，阻挠和不阻挠。对 A 来说，最好的结果是 B 不进入，它独占市场，所以它才会威胁 B，企图达成最佳策略。但是对 B 来说，到底该不该接受 A 的威胁呢？在这种情况下，B 可以采取倒推法，从最终的结果出发，做出正确的判断。在最终的结果中，对于 A 和 B 来说，A 不阻挠是最佳的结果（双方都能获得最大的收益），所以 B 得出的正确答案应该是 A 的威胁只是说说而已，实际上并不会进行阻挠。

在动态博弈模型中，倒推法是一个重要的分析方法。双寡头竞争博弈模型只有两层选择，在 3 层甚至更多层的博弈选择中，倒推法同样适用。倒推法最大的问题是可能在蜈蚣博弈中遇到悖论（见 3.2.2 节）。

特别需要指出的是，本例中所有的信息对于参与博弈的人来说都是确定的，这类博弈是完全信息博弈。完全信息动态博弈中的局中人知道所有博弈选择的历史，我们可以采用子博弈精炼纳什均衡来分析和处理这类博弈，请读者自行查找资料进行学习。

3.2.7　预测未来制胜

我们之前提到的博弈大多属于完全信息博弈，即我们在做出决定的时候已经知晓自己和对手的全部可用策略。但实际我们面对对手时可能并不是完全知己知彼，这种情况下的博弈就是不完全信息博弈，这时我们该如何制胜呢？

经典的卡牌对战游戏《炉石传说》的战斗过程便是一个不完全信息博弈：在对战中，你不知道对面伙伴的卡牌是哪些，只能通过对手的职业、对手已经打出的卡牌来推测对手可能持有的卡牌以及会采取的出牌方式。对于不确定的信息，通过分析我们可以精准地获得其发生的概率。我们通过这种概率来获知对手进行某种操作的期望，然后采取对自己最有利的方式去应对。图 3-3 所示为《炉石传说》中当"任务贼"在前几回合"神抽"到任务完成所需的卡牌，当我们没有建立起自己的优势时，意味着战斗失败的概率极大。面对这样的牌组时，我们往往很容易判断出双方的优势趋向。

▲图 3-3　《炉石传说》"神抽"翻盘

能够分析和预测对手的情况是这类卡牌游戏制胜的关键所在，那些没有展示出来的牌就是"不完全信息"部分。在不完全信息博弈中，我们无法准确地知晓其策略的选择情况，但我们可以根据各个收益的价值做出对应可能性的判断，从而进行预防和应对。

3.2.8　小结

博弈模型还有很多，以上列举的只是一些基础的模型。在学习过程中，要尽量理解透彻博弈模型，从而达到举一反三的目的。很多博弈论学习材料都是围绕各种博弈模型来分析和讨论的，最终都是希望培养和锻炼出读者正确的分析和决策思维。

此外，在游戏设计的过程中，我们面对的大多数情况是完全信息博弈。对于游戏的设计者来说，不管是可选的策略还是策略带来的收益，都是单方面制定的，这对合理利用简单的博弈模型来分析游戏策略优劣是具有天然优势的。

3.3 进化吧！博弈论

导读

在前面博弈模型的分析中，我们忽略了一个基本的设定：假定博弈模型的局中人是完全理智的并且具有同样的偏好、性格（人总是趋利避害的），在既定的条件下，我们认为任何局中人都会得到同样的均衡状态。这种完全理性的假设在现实中是很难实现的，因此进化博弈论试图用更加还原真实参与人的感受的方法来进行博弈分析。

3.3.1 进化博弈论

进化博弈论是在传统博弈论的基础上新兴起来的。在传统的博弈论中，我们总是假定局中人是理智的，在面对已知的信息时，总能做出最恰当的决定。但在实际的生活中，局中人很难获得全部信息，也很难时刻保持理智。进化博弈论研究人们如何在不断的尝试中达到博弈的均衡状态，这更接近实际情况，显然更具有参考和指导意义。

进化博弈论并不是从博弈论知识中直接创建并兴起的分支，而是遗传生物学家在观察和分析动植物的冲突和合作等行为的博弈时，发现很多行为可以不依赖任何假设而用博弈论方法来解释。梅纳德·史密斯（Maynard Smith）和普莱斯（Price）在他们发表的论文中提出进化稳定策略的观点，后来生态学家泰勒（Taylor）和琼克（Jonker）提出模仿动态的概念，他们分别将进化博弈论的稳定状态和其过程表现阐述了出来，这两点是进化博弈论发展的主要支撑。

进化博弈论不同于将重点放在静态均衡之上的传统博弈论，它强调的是一种动态的均衡，就好比一个摆钟，我们在不断地选择中总是会做出趋于最佳状态的选择，直至趋于可能的稳定状态。对真实的状况来说，可能不会有完全绝对的稳定状态，就好像在现实生活中，由于存在各种复杂的状况以及参与人的非完全理智状态，不会存在真正完全精确的结果，就连最精密的设备生产出的产品，其各种参数也是在一个合格区间即可满足要求。

3.3.2 以"智能"的方式看传统博弈

我们以进化博弈论的方式来学习协调博弈。

从协调博弈对策表（见表3-9）的分布来看，用博弈论的方法来分析，我们需要假设局中人知晓所有信息并完全理智，毫无疑问局中人应该都选择策略 B 才是最优解。不过从纯策略角度来说，双方都选 A 和双方都选 B 均属于纳什均衡的策略选择，但在单次博弈中存在不确定性。

表 3-9　　　　　　　　　　　　　　　　协调博弈对策表

协调 博弈		博弈方 2	
		策略 A	策略 B
博弈方 1	策略 A	+50，+50	+49，+0
	策略 B	+0，+49	+60，+60

我们用进化的方式分析则会去掉这种不确定性。
设定 5 个博弈方，围绕成环形，和相邻的博弈方反复
博弈。除了第一次博弈的策略为指定的，其他都依据
上一次的选择来进行。在图 3-4 中，星星 1~5 分别代
表 5 个博弈方，每个博弈方的收益为他与相邻两个博
弈方博弈后的总和，如 1 会和 2、5 分别进行博弈。

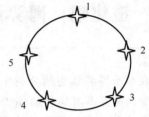

▲图 3-4　协调博弈动态反应座位示意图

我们用 $x_i(t)$ 表示第 t 次博弈 i 的"邻居"中采用
A 策略的数量，根据图中的关系可以知道 $x_i(t)$ 的结果范围为 0、1、2，即最多 2 个、最少 0 个
邻居会采取 A 策略，那么 $2 - x_i(t)$ 就是邻居采取 B 策略的数量，所以在某时期 t，博弈方 i 的
A 策略收益由公式（3-5）表示，博弈方 i 的 B 策略收益由公式（3-6）表示：

$$T_A = 50x_i(t) + 49[2 - x_i(t)] \tag{3-5}$$

$$T_B = 0x_i(t) + 60[2 - x_i(t)] \tag{3-6}$$

根据动态反应机制可知，下一次选择获利更多的策略选项。当 $T_A > T_B$，即 $x_i > 22/61$ 时，
博弈方 i 会在 $t+1$ 的时期采用 A 策略；当 $T_A < T_B$，即 $x_i < 22/61$ 时，博弈方 i 在 $t+1$ 的时期采
用 B 策略。

5 个博弈方完全相同，在动态变化的过程中都遵循上述反应机制的情况下，除了初始都是
选择 B 策略的情况，其他初始情况都将全部收敛到所有博弈方采用 A 策略的稳定状态。通过
穷举可以知道，除了全 A 全 B 的情况，其余只需要讨论 1 个 A 初始、相邻/非相邻 2 个 A、相
邻/非相邻 3 个 A、4 个 A 这几种情况（见图 3-5、图 3-6、图 3-7）。其中，图 3-5 中包括了非
相邻 2A、非相邻 3A、4A 这 3 种情况。

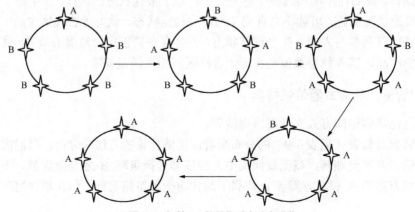

▲图 3-5　初始 1A 的最优反应动态进化

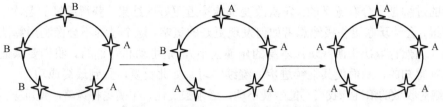

▲图 3-6 初始相邻 2A 的最优反应动态进化

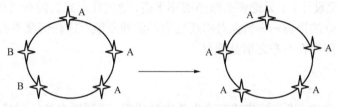

▲图 3-7 初始相邻 3A 的最优反应动态进化

这样我们就能知道即使在不完全理智的情况下,通过不断地进化选择,同样可以在协调博弈中获得均衡状态,这个过程就好像是群体互相学习(其实就是比较收益),然后不断地调整。我们回过来考虑,为什么会收敛到 AA 策略组,而不是 BB 策略组?从收益表中我们知道,单次博弈中选择 B 的平均收益期望只有 $(0+60)/2=30$,而选择 A 的收益期望则高达 $(50+49)/2=49.5$,所以虽然 B 的最终均衡状态的收益更高,但其承受的风险也更高,在自然的选择中永远选择风险和回报更合理的方案。这就不难理解为什么会收敛到 AA 策略的均衡状态了(如同 3.2.5 节协调博弈中猎鹿博弈的分析)。

对于其他经典的博弈模型,我们都可以在合理的动态反应机制下,建立合适的动态过程模拟其进化至稳定策略的过程,具体的内容请参考进化博弈论的相关图书。

3.3.3 进化博弈论与学习策略

我们时常讨论机器学习,其实机器能"知晓"的都是经过合理的计算后认为设定的结果,当结果为某个值或者落在某个区间时进行某种行为反馈,机器的学习其实是设计人员不断改进计算算法使其具有更准确、更先进的结果而已。人工智能的进化就是算法的进化。目前还没有机器能模拟人性不稳定的跳跃性(或者说没有这种机器算法),虽然在深度学习中机器开始模拟大脑对事物的抽象和总结能力,但其判断(决策)的感性因素尚无算法可以将其代入。

进化博弈论的分析过程如同教机器学习,就是在收益的结果上增加一个合理的判断逻辑,保证下一次的选择会带来更好的收益。如果没有更好的选择,则维持当前选择的策略,直至趋于均衡(前提是给定一个合理而有效的收敛方式,即动态反应机制)。对算法是这样,对真实的群体(如玩家)呢?

游戏是一个拥有诸多选择的集合,玩家通过不断尝试去寻找可能获得胜利的方法。有些游戏看起来玩法丰富,但玩家最终会选择几乎相同的玩法,因为这种玩法更容易获胜,这是玩家尝试和学习的结果。对游戏来说,这或许不是一个好的结果,但我们需要明白给予玩家这个学习和进步的过程是十分有意义的。每次改变都能接近更好的结果，获得更好的名次，或者得到更多的回报，会让玩家更积极地思考如何发现更好的策略。这个过程不会像利用算法比较大小那么枯燥（当然也取决于游戏玩法本身的乐趣大小），是生动和有趣的。我们要保证这个过程是能被玩家感知的，从而使其继续进步、继续学习，如此反复，直到最终成功。

对于绝对收敛的情况，我们不能坐视不理，必须去优化、平衡这种策略，使玩家具有更多的均衡选择（见 3.5.2 节中的绝对纯策略游戏均衡），这和我们通常学习博弈论的目的有一定的不同。

此外，需要提醒设计者：无论多么微小的不平衡，通过在玩家玩游戏过程中被不断地放大，它终究会暴露在大众的面前——所以对将要发布的游戏不能存在任何侥幸心理，多测试、多优化改进，尽可能将问题在发布之前处理妥当。

3.3.4　小结

对于纳什均衡来说，进化博弈论有更为现实的作用，通过更自然的方式去寻找模型中的收敛结果，这有助于我们了解策略在更真实的环境下的作用过程，也从科学的角度揭示了玩家对不平衡内容的利用过程。

3.4　游戏里的博弈举例

导读

有趣的游戏往往是关于选择的集合，我们已经不止一次提到这个观点。有些选择是设计者刻意为之，如技能、武器、装备的选择，有些并不是这样，因为冲突带来的选择并非来自设计的必然，但它往往有迹可循，并且充满乐趣和魅力。

在很多地方我们其实刻意或者无意地使用了博弈论的方法来帮助玩家解决问题，或者避免玩家遇到问题。这里列举的只是那些博弈十分明显或者具有代表性的内容，其实在游戏中，特别是在对抗性和协作性很强的游戏中，无处不充斥着博弈，游戏的魅力就在于此。

3.4.1　为了胜利做辅助

《守望先锋》中 D.Va 的口头禅是"玩游戏就是为了赢！"这或多或少讲出了一些玩家的心声。玩家参与游戏，除了享受过程，更加看重结果带来的影响和奖励，他们的目的往往指向胜利，"赢"便意味着一切好的结果。团队竞技对抗类游戏《守望先锋》是一款鼓励玩家通过合作来取得胜利的游戏。

同样是团队对抗类游戏的《王者荣耀》，在制作角色的时候便给各种英雄设定了战斗中的定位，方便玩家找准其在团队中的位置，好比打篮球要有控球后卫和中锋一样。游戏中有两个位置的角色配合特别密切和重要，那便是辅助和输出。其中，输出是需要大量资源来成长的；辅助的定位是保护输出成长，给输出提供好的成长环境，并需要适时骚扰对手阻碍其成长。因为辅助在游戏中并不会成为"大杀四方"的厉害角色，而属于默默无闻的角色，所以并不是所有人都愿意在队伍中担任这样的角色。通常，如果队伍中有过多的辅助，那么在中后期的战斗中将出现战力不足的情况；如果输出角色过多，便会造成前期战斗乏力、资源分配不集中、资源转换效率过低的情况，同样会影响战斗结果。表 3-10 所示为辅助博弈奖励表。

表 3-10   辅助博弈奖励表

辅助博弈		队员 B	
		辅助	输出
队员 A	辅助	团队胜率 25%	团队胜率 50%
	输出	团队胜率 50%	团队胜率 30%

从表 3-10 中可以看出，在辅助和输出角色的选择上，团队保持合理的配置，将会有相对较高的胜率，否则对胜率会有较大的影响。这就是协调博弈的一种。实际上，游戏设计者和玩家是怎么"协调"这种博弈，使团队更容易选出高胜率组合的呢？其一，有些 MOBA 类型游戏，在队伍组建的时候便会事先定好每个人的定位，如果定位有冲突（A 辅助、B 辅助，或者 A 输出、B 输出），则不会将这些玩家匹配到一队。其二，在队伍选角界面，会有系统根据玩家的选择情况，在界面的明显位置提示当前的阵容是否合理，提醒玩家及时做出改变和调整（见图 3-8）。其三，即使有人选择了同样定位的角色，玩家也会通过实际的协商来进行分工，实现辅助搭配输出的定位分配策略。

在游戏设计的过程中，我们通常提供给玩家的博弈是协调博弈，因为几乎每个玩家都是奔着团队胜利去行动的，只有团队胜利，一切才有意义。这个大前提使对抗游戏中的协调博弈在大多数情况下能得到帕累托最优。不过，虽然这个"赢"的共识是大前提，但在团队合作类游戏中，一方面考验玩家是否能做出正确的合作和妥协，心甘情愿地为了团队的利益而选择某种自己可能不太喜欢的位置；另一方面考验游戏设计者是否将解决协调博弈的内容处理好，是否给出了足够的规则、利益或者提示来帮助玩家做出合理的选择，最终让每个团队在每次游戏开始时都是合理的搭配组合。

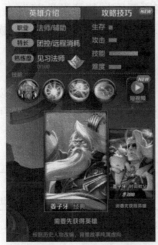

▲图 3-8   《王者荣耀》英雄介绍（左）以及职业选择界面的搭配信息（右）

这也从另一个角度诠释了为什么大家都说《英雄联盟》比《DOTA2》更容易上手,其中的一个原因就是新手玩家更容易找到自己在团队中的定位,从而为团队做出更大的贡献。当然这两个游戏在细节的呈现方式上还有很多的不同,我们会在第 10 章平衡相关的内容中详细分析和比较。

3.4.2　《绝地求生》中的诸多"困境"

在实际的游戏中,玩家面临的决策除了协调博弈,还有不少类似囚徒困境的问题。如今移动互联网越来越普及,竞争对抗的游戏越来越多,很多对抗类型的玩法已经变为游戏中的标配,其中就有不少类似的囚徒困境问题。

以《绝地求生》游戏中一个有趣的例子为例。

在《绝地求生》中,一共有 100 个玩家参与游戏,最终只有 1 个人(或 1 个团队)能生存下来获得胜利。在这个游戏中,玩家需要不断地找到需要的枪支、弹药,这些资源是击败其他对手并最终获得胜利的有力保障,但这些武器往往在城镇、废弃工厂等区域。在资源丰富的区域,玩家不得不打起十二分精神,承担更高的风险——玩家随时可能被其他玩家淘汰。作为一个求生类游戏,最终目标是活到最后,所以选择一个人烟稀少、物资相对缺乏的地方,可能在前期更容易生存下去(也就是大家常说的"苟"到最后),但在活动空间压缩后,面对激烈的对抗时可能会失去一些武器资源优势。我们可以假定《绝地求生》中区域与资源的关系如表 3-11 所示。

表 3-11　　　　　　　　　　　　　　《绝地求生》中区域与资源的关系

资源选择 综合优势		玩家 2	
		丰富区域	匮乏区域
玩家 1	丰富区域	3, 3	8, 2
	匮乏区域	2, 8	1, 1

在表 3-11 中,假定丰富区域总资源为 8,匮乏区域总资源为 2,当玩家选择对应区域后有足够的机会去获得该区域的资源。根据表中反馈的结果,我们不得不优先考虑前往丰富区域,并面对可能的冲突。当然,如果我们调整资源分布,将匮乏区域的资源调整为 4,则可能会有其他的均衡状态,但这无疑是开发者不愿意看到的——更集中的玩家、更激烈的操作和更容易爆发的刺激战斗才是开发者愿意看到的。

此外,《绝地求生》中模拟的是真实战争环境,如地势、载具、枪械、视野,并采用全 3D 视角和 3D 声源来表现,此时声音、爆炸痕迹往往会成为暴露自己的导火索,所以发起战斗需要十分慎重。设想一下,当两个人在某个区域相遇后会作何反应?表 3-12 展示了玩家在狭路相逢时开枪和逃跑的决策选择。

表 3-12　　　　　　　　　　　　　　《绝地求生》中狭路相逢时的决策表

狭路相逢时 优势保存博弈		玩家 2	
		开枪	逃跑
玩家 1	开枪	$X/2$, $Y/2$	X, $Y/4$
	逃跑	$X/4$, Y	X, Y

表 3-12 中，X 表示玩家 1 此时状态和装备的总优势数值，Y 表示玩家 2 此时状态和装备的总优势数值，其中 X>1、Y>1。如果双方开枪，存活方通过掠夺对方资源获得优势补给，而单方面逃跑则认为是残存状态的逃跑。总优势数值是玩家自己在游戏过程中积累优势的总和，自己的补给品越多、装备越强、枪械越好，那么他会觉得自己更具优势。虽然这是一个以生存为胜利条件的游戏，但是当我们自我感觉良好，或者说随着游戏的进程自我感觉越来越好的时候，我们总是会更积极地去战斗，而不是选择避战苟活。

这种情况在很多对抗类型的游戏里都会出现，前期慢慢积累，达到一定程度后才开始展露出侵略性，所以对游戏设计者来说，需要多多关注如何合理地增加前期的对抗。《英雄联盟》是一个很好的例子，其在 S8 赛季前后大幅度增加了公共资源的奖励：属性龙、峡谷先锋、防御塔镀层等，都是为了在前期挑起双方的斗争，这些设计师"坏得很"。不过，必要的时候我们也需要学习这种"坏"，这会让玩家的对抗过程变得更丰满。

3.4.3 竞争还是合作：控制竞争

零和博弈的残酷性在于，参与双方非生即死。对于竞争还是合作的问题似乎也没有什么可以讨论的，竞争就竞争，合作则合作。但现实并没有这么简单，有些游戏体现出来的也并没有那么干脆。即使我们知道零和博弈中总有人会受到伤害，对于有些情况也需要给予一个评判结果——奖励或惩罚。但是我们又不希望大家处于"吃大锅饭"的状态，在游戏中应该增加竞争的内容：增加协作对抗奖励，拒绝不劳而获。

这种内容设计的方式已经十分常见，在单局的 MOBA 对战中，双方队伍处于零和博弈的竞争，非胜即败。正常来说，团队内肯定是一致对外，谋求团队的胜利，除此之外，大多数游戏都会评出一个本局综合表现最佳的选手（下文简称 MVP），即本局胜利一方表现最好的一个玩家。MVP 的争夺就是协作中的竞争：我们需要为了共同的胜利去努力，也要试图让自己的数据表现得比其他友方单位更为优秀，才能在 MVP 的竞争中脱颖而出。在《王者荣耀》游戏中，每次战斗结束都会评价出全场 MVP，并展示给玩家（见图 3-9）。

反映在其他游戏结构中，例如我们做一个公会系统，不同水平的玩家共同组成利益

▲图 3-9 《王者荣耀》MVP 的展示

联合体，若要调动所有人的积极性，显然不只是将总奖励调高的问题。面对这种情况，我们需要让内部有竞争，有积分排行、按贡献分配、公会内部活跃等级等，这和企业内部存在良性竞争一样——对任何的协作项目，我们都需要有合适的内部竞争来保证不容易出现"吃大锅饭"的情况。

此外，除了不可避免的结果式的零和博弈（必须要有胜利方和失败方），应该尽力避免纯"零和"的设计方式，"零和"的方式不仅会让游戏内容产生恶性循环，还会导致无法修复的后果，所以很多游戏会对零和竞争的失败方给予一定的鼓励和补偿，避免出现胜者恒强、败者难以翻身的情况。

3.4.4　小结

游戏是关于选择的集合体，博弈存在于游戏的方方面面，在资源分配、行为取舍、规则选择方面存在着各种博弈，这意味着内容结构是可调整和可优化的：优化选择，提供更多的策略；或者调整奖励大小，影响参与者的决定。

3.5　使用起来！开始博弈

导读

从博弈论的基础知识，到经典的博弈模型分析，再到游戏内的博弈内容，我们从各方面了解了博弈论。作为博弈论与游戏数值的最后一节，本节我们来讨论博弈思想如何运用在实际的设计中，帮助我们"揪出"那些捉摸不定的模型。

3.5.1　博弈模型的获取

在整个学习博弈思想与游戏设计的过程中，我们大多是在分析一些博弈模型或者游戏内已有的一些博弈模型的应用。当我们设计游戏，特别是设计原创的内容时，往往是一个从无到有的过程，那么博弈从何而来？

答案很简单，游戏内的博弈自然也是设计出来的。落到实处，博弈内容要么从游戏设计原型中提取而来，要么根据一些已有的基础模型演变而来。记住一点：博弈模型是为分析利弊而存在的，当我们设计了一个原型或者做出一个优化后，如果涉及竞争（占领竞争、资源竞争、成长竞争等），那么可以从中提取对应的博弈模型，同时结合信息的公开程度、策略分布、奖励结果，得到一个可用的决策表或者决策树。

一般来说，我们可以遵循以下步骤。

1. 确定博弈焦点

博弈焦点，即博弈围绕的核心讨论点是什么、大家争论的得失对象是什么。对于游戏而言，"得"往往在于如何取胜、如何更快成长、如何获得更多的资源或积分、如何获得更多的奖励。例如，我们讨论平衡实际上是在讨论谁更容易取胜、获得资源和积分。确定焦点的过程也是锁定想要分析的问题的过程。

2. 找准局中人

在不同游戏中，参与博弈的对象是各不相同的。在角色扮演类游戏中，博弈的双方可能是玩家和 NPC；在即时策略对抗类游戏中，参与对象可能是 $2\sim n$ 个玩家；在团体竞技类游戏中，参与对象可能是按照团体或者队伍基准划分的……即使在同一个游戏或者同一局游戏中，不同的分析目的也可能出现截然不同的局中人设定。例如，在多人角色扮演类游戏中，关于副本分配归属的问题，局中人是参与副本的个体玩家；关于副本通关职业的选择，局中人则变成了职业。又例如，在即时策略类游戏中，研究生产效率最大化时，局中人可能是建造建筑的顺序，而非参与的玩家个体；在团体竞技类游戏中，局中人可能是同队中的所有成员，他们围绕资源分配和归属产生博弈，而非对抗方。

3. 设计或者找出可用策略

不同游戏的策略复杂度各不相同，有些很简单，简单到整个游戏都是由单策略集合构成的，如俄罗斯方块；有些很复杂，到处充斥着随机变化和选择，如战争模拟类游戏。不过可喜的是，我们并不需要在一个博弈分析模型里讨论完所有的问题。准确地指出博弈焦点下的局中人可用的策略是尤为重要的，这可能关系着博弈模型的分析是否具有实际意义。在确定游戏里的博弈模型的过程中，即使我们有准确的博弈焦点，并且找出了正确的局中人，往往还需要有明确的策略分析对象，即什么策略是你觉得最需要关心和严格审视的。这往往需要对策略和数值有较高敏感度以及较丰富的经验，对初学者而言没有其他捷径，需要将自己能找出的策略逐一罗列并分析，通过对比找出最重要的内容。

4. 确定奖励

确定奖励的过程可以是设计数值的过程，也可以是复盘实际游戏中的收益获得。当我们确定好奖励数值后，就能得到一个可分析的博弈模型，从而帮助我们合理地判断可能的均衡策略。需要指出的是，只有达到混合策略均衡、纯策略均衡或者其他状态，才能进一步调整策略或奖励。对于一个已有的博弈模型，奖励的多少对于均衡状态的改变是至关重要的。

我们在分析大量数据的时候，有时一眼就能看出来应该如何选择，而有时需要通过计算才能获得比较可靠的结论。获得均衡的复杂程度往往受奖励的影响，就好像我们在调整某些战斗平衡的数值时，可能只是加 1 点或者减 1 点攻击力，但最终在战斗中呈现出的情况与原来的就完全不一样。

3.5.2 矛盾的最优解

博弈论是关于做出最优选择的学问，而游戏是关于选择的过程体验，我们需要区分两个内容的不同之处。

1. 破坏最优解

站在玩家的角度，无论面对任何形式的游戏内容，其目的永远是寻找游戏策略组合的最优解；而对设计者来说，永远在"破坏"最优解，当然，这里的"破坏"并不是真正的破坏，而是增加绝对纯策略游戏均衡。

绝对纯策略游戏均衡是指在游戏中有多种可以达到目的的方式,而且每种方式之间并没有严格的优劣关系。这样达到的目的是保证游戏玩法的多样性,不会出现游戏玩法坍缩至狭小的选择区域。当游戏的"解法"过于单调时,游戏的生命周期和讨论热度将会受到极大的损害。

破坏最优解通常包括两种方式:一是策略调整,改变玩家所能选择的策略内容、策略形式,从而增加新的策略组合的可能,也就是调整游戏机制,使游戏内容彻底改变;二是得失数值调整,将每个策略行为的得分进行修正,从而影响玩家最终做出的策略,即我们常说的将游戏的数据调大调小、强度修正。

注意:
> 一次更新中涉及平衡调整时,我们应该让正面强化的改动多于负面削弱的改动,尽可能避免让玩家感到"被针对"。

两种方式各有优劣,第一种对玩家来说是全新的体验,从结果上来说,玩家获得了新的可能性,那么玩家去尝试和接受相对会更容易些,负面情绪会较少,但这种调整方式难度相对较大,耗时相对较久,牵连的范围较广,可能引起新的最优解问题。相对来说,第二种调整的精确性较高,牵连的范围较小,但玩家会明显感觉到自己"被针对"。强化其他弱势条目还好,若削弱强势条目,玩家的负面情绪则会极为强烈,这是我们在进行强弱调整的时候需要重点考虑的地方——平衡玩家的心理感受。

2. 设计最优解

有时我们要刻意破坏最优解,有时又需要建立最优解,是不是很矛盾?其实一点也不矛盾,它们都是为了丰富游戏的体验。在面对离散结构的游戏内容时,每一个离散的点都应该具有独立而丰富的绝对纯策略游戏均衡,从而保证每个离散点具有极高的重复可玩性。玩家在面对游戏内线性关卡内容时,如果有更为突出的严格占优策略,则会更容易找到突破口,然后走向新的关卡;当玩家面对新的关卡内容时,需转变思路去发现当前关卡的最优处理方式,如此循环下去,保证玩家不断地适应和解决新的关卡,这对玩家来说是一种丰富的体验。很多优秀的单机类解谜游戏在这一点上表现得尤为突出,大多数关卡都只有一种解法,玩家需要结合发现的线索和自身的能力完成谜题和挑战。此外,在很多数值养成类的推图玩法中,我们也会设计一些属性、职业克制关系,当玩家使用特定的阵容时,击败敌人所付出的代价可能是最低的,这种最优解在游戏内容上也屡见不鲜。

3.5.3 细节构想设计法

"细节构想"是指自己在脑海中构想的一种描绘的情形,越生动越好,如同网络词汇"脑补"所表述的含义(见图 3-10)。细节构想设计法是指设定了一种规则策略后,给定自己一个合理的情境去模拟使用的状况,包括自己作为参与方或者对抗方的使用情况。细节构想的过程要做到公平公正,"忘掉"自己的存在,特别是要忘记自己是设计者。

我们在细节构想的过程中要努力和自己的设计"过不去",把自己变为最"坏"、最爱搞事情、最刁钻的玩家，去发现和找出设计的缺陷和规则的漏洞。在设计成稿前、设计制作中、设计完成后的测试时，这个过程都可以不断地进行。我们有多挑剔，我们的设计就有多完美。

在实际的设计中，如果是过于感性的交互设计，只能自己多多练习来提高这种忘我的构想能力。作为纯策略的模拟，我们可以将策略的关键决策点抽离出来，作为博弈模型去观察和分析，随着自己越来越熟练，模拟抽象的效率会越来越高。

简单构想

细节构想

▲图 3-10 在构想时要尽量丰富能想象到的细节

3.5.4 小结

在实际的设计中，我们需要灵活地把握使用博弈理论的时机，并不是任何时候都需要建立模型进行严谨的分析。在掌握了基本的博弈知识后，我们就会自然而然地形成快速有效的策略分析思维。

3.6 思考与练习

1. 思考

回顾自己的游戏经历，想想有哪些选择过程是可以制作成决策表或者决策树的？这些选择过程可以是游戏玩法上的策略权衡，也可以是分析设计者的设计意图。

2. 练习

一位朋友要和你一起玩一个小游戏，他提议："我们各自亮出硬币的一面，或正或反。如果都是正面，那么我给你 3 元；如果都是反面，我给你 1 元；其余情况，你给我 2 元就可以了。"那么该不该和这位朋友玩这个游戏呢？试着用刚刚学到的博弈论决策表分析一下。

第4章　数学基础与游戏数值

在理解数学和游戏的关系前，我们有必要重复一次这个世界的数学特性。数学是客观世界和理性思维的基础，是量化和比较的工具性学科，也是解释自然规律和未知现象的重要分析工具。除了抽象的感性关系，如友情、爱情、婚姻、亲情等，很多事物之间的客观关系都可以用数学来模拟和表达。例如，我们非常熟悉的牛顿第二定律公式 $F=ma$ 便是用一个等式阐述了力、质量和加速度之间的关系。在游戏中，玩家感受到的游戏世界也是通过很多数学关系建立起来的，如游戏升级的时候能力变强多少、移动时候的速度、进攻产生多少收益……这些都需要我们通过数学来给玩家建立一个合乎逻辑的世界，从而让他们感受到游戏的"真实性"。

在数学的范畴内，公式大概是最常见也最普遍的了。不同的公式具有不同的特性，它们是前人总结的经验，是可以理解吸收为自己的知识并直接运用的。熟练地掌握不同类型的公式，对我们设计出合乎逻辑的事物是十分重要的。在本章我们将对常见类型的游戏能够用到的数学知识进行分析。不用担心，即使数学基础不扎实，记住公式特性和结论也足够你在游戏设计上大展拳脚了。需要指出的是，虽然游戏内容是有公式存在的，但是设计游戏的方法没有固定的公式，即使我们总结了很多方法，也不应该缘木求鱼，理解方法本身蕴含的思想、掌握设计的思路、灵活去处理设计目的才是较合适的。

4.1　数学公式不为人知的关系

🐞导读

　　我们从小到大已经接触过很多数学知识，在实际的运用中，高中及以前的数学知识已经够我们应对绝大多数的设计了。本节将梳理一遍常见且用途较广的一些数学公式，从游戏设计角度分析使用哪些公式对哪些内容的设计更为恰当。

数学很死板吗？例如，你问今天天气怎么样，"它"会告诉你今天的温度是38℃，在一年中属于温度最高的那几天，而不是说今天热得不行，最好待在家里享受空调带来的清凉。"它"会告诉你温度是多少，但本身不会让你感觉到"它"的话里有温度，你需要进一步分析，做出自己的判断。这时，数学就是这样一种很表面、很浅显的东西，你完全不应该惧怕它，了解它表达之下蕴含的言外之意才是重点所在，对数字、公式都是这样。如今的知识查询工具种类繁多而且方便，我们甚至可以感性地记住公式所蕴含的关系、理解它的原理，在需要的时候再去查证具体的公式进行运用即可，这时你就会发现理性的数学也可以很感性。

4.1.1 线性：缠绵伴随

两个变量之间存在一次函数关系，就称它们之间存在线性关系。用公式表示便是：

$$y = ax + b \qquad (4\text{-}1)$$

其中，a 和 b 为常数，从二维坐标系中的图像来讲（假定只有 y 跟 x 这两个变量），线性的方程一定是直线的，如图 4-1 所示，线性关系在图像中表现为直线，扩展到二元或者多元也不会改变。

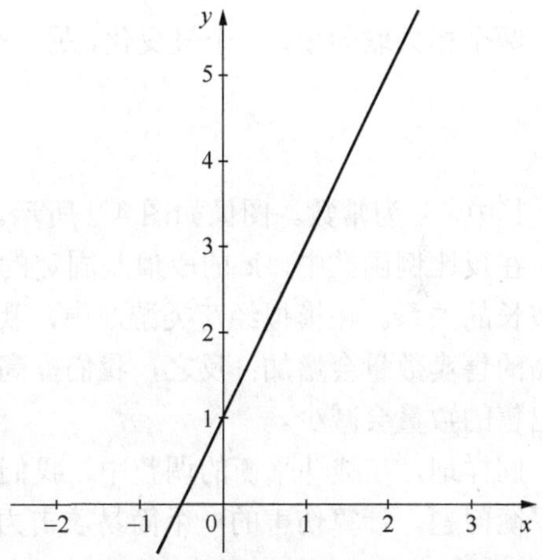

线性关系是最基本也是最简单的关系。当公式（4-1）中 b=0 时，我们便可以说 x 和 y 成正比例关系。

线性关系在运用的时候需要注意以下几个特点。

▲图 4-1　具有线性关系的函数图像（a=2，b=1 时）

1. 易于掌握变化的关系

线性关系里涉及的变化是较简单、计算量较少的。例如 RPG 类游戏里角色每次等级提升都会获得一个技能学习点，这便是一个简单的线性关系，玩家很容建立起通过升级获得技能点的期望。

2. 参数 x 与参数 y 关系紧密

选定线性关系来连接 x 与 y，那 x 与 y 在游戏设定上的关系往往是有逻辑联系的。等级（x）的提升带来技能点（y）的变化，每增加一点力量（x）就提升一定的攻击力（y），每建造一个粮仓（x）就增加一定的存储（y）上限……这些成对的关系都很容易产生逻辑上的联想。

3. 单调正相关但变化稳定

如果 x 和 y 是正相关的，那么 x 增加后 y 也增加，而且不存在其他复杂的变化。线性关系本身是稳定而持续的，不会引起剧变或质变，因此这种变化往往是单调的，无法处理复杂的变化关系。

4. 结合分段函数完成阶段变化

有时候会遇到同样的 x 和 y 两个变量，在不同的区间需要有不同的系数，但又不需要复杂到曲线的程度，这时可以配合分段函数来处理。只要将分段区间合理展示给玩家，除了达到设计目的，还能保留线性关系的优点，避免复杂的拟合曲线。当然，前提是你的设计目的符合上述 3 个特点。

总体来说，如果两个变量符合上述这些特点，就可以选用线性关系将二者关联起来。

4.1.2　相斥：此消彼长

相斥对应数学关系中的反比例关系和容积关系。

1. 反比例关系

两个相关联的量，一个量变化，另一个量也随着变化，这两个量的积一定。用公式表示为：

$$y = \frac{k}{x} \tag{4-2}$$

其中，k 为常数。图像如图 4-2 所示。

在反比例函数中，k 的取值是固定的，x 和 y 是此消彼长的关系。在模拟经营类游戏中，我们降低单价，商品的售卖数量会增加；反之，我们提高商品单价，商品出售的数量会减少。

同样地，在战斗平衡的调整中，我们常常涉及伤害的平衡问题。计算伤害的一个简易攻击力计算式为：

$$D = PS \tag{4-3}$$

其中，D 为伤害，P 为攻击力，S 为攻击速度，保证 D 大小不变，则在 P 变动的时候合理削弱 S，即攻击力提高但攻击速度下降。

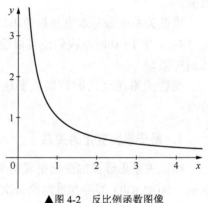

▲图 4-2　反比例函数图像

为了让不同的单位拥有合理的伤害但又有不同的输出节奏，需要合理地调整 P 和 S 的关系，二者就是此消彼长的反比例关系。总体来说，在预期的结果一定的情况下，需要设计多种不同的内容节奏时，可以考虑增加两个呈反比例关系的变量，从而达到我们需要的设计目的。

2. 容积关系

反比例关系体现的是两个量之间的乘积是固定的。容积关系体现的是多个量之间的总和是一定的，体现在公式上便是：

$$k = x_0 + x_1 + \cdots + x_n \tag{4-4}$$

其中，容积关系 k 为常数，$n > 0$。在容积关系中，因为 k 是一定的，所以任何一个参数的改变都会牵涉其他 1 个或者 n 个参数的变化。

> **导数**。描述某个点的变化率，或者某个区间函数变化的幅度。我们知道比较值的大小是有意义的，知道这两个值之间的关系可以方便我们做出很多判断、决定，导数可以帮助我们去了解和比较两个值的变化过程，比如谁可以更快地达到某个临界点（导数大的）、如何获得曲线公式中的最大/最小值（导数为 0 时）、如何确定曲线公式中的系数确保曲线公式处于不断增长过程（导数大于 0 时）。

在游戏设计中，这类关系往往被用在弱数值成长类的能力获得类系统中（见 2.3.1 节）。例如，天赋系统中的天赋点总量是一定的，分配到某个天赋能力上后便会有其他的天赋等级被剥削。在游戏《暗黑破坏神 2》中，背包的格子是一定的，每个装备占据的格子数量是 1～9 格不等的，想要更多的装备件数，必然需要选择单个占格子数少的。

容积关系往往涉及多个参数，参数之间的取值都有一定的范围变化，但都远远小于 k。在容积关系下，我们可以设计出很有组合策略的内容。

相斥关系中的反比例关系往往是隐藏于设计中的，玩家接触的是设计的结果；而容积关系往往是展示规则，让玩家去进行组合搭配的。这是二者的另一个区分点，需要在设计的时候注意。

4.1.3　累积：轻松过亿

累积关系表示随着 x 的变大，y 值变化的程度更剧烈。在数学中，幂函数、指数函数都可以达到这种效果。

1. 幂函数关系

x 为自变量、y 为因变量、指数 a 为常数的函数称为"幂函数"，用公式表示为：

$$y = x^a \qquad (4-5)$$

我们熟知的正比例函数、多次函数等都可以通过幂函数的简单线性运算来得到，如我们熟知的多次函数公式：

$$y = x^a + x^{a-1} + \cdots + x + b \qquad (4-6)$$

其中，指数 a、b 为常数。

在 a＞1 的时候，我们便可以得到期望的累积关系。每一次 x 的增加，y 都会以更大的幅度增加，在数学公式中，我们对公式（4-5）中的 y 进行求导，得到公式（4-7），可以看出，y 的增量是 x 的 a 倍：

$$y' = ax \qquad (4-7)$$

所以，随着 x 的增加，y 会以更快的速度变化。当 a＝5 时，公式（4-5）的图像如图 4-3 所示。

在我们熟知的游戏相关的内容中，角色等级升级

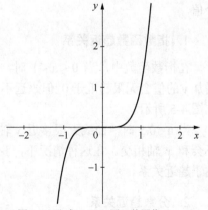

▲图 4-3　公式（4-5）幂函数图像（a＝5）

所需的经验便是一种这样的关系，随着等级的提高，需要的经验值会不断地变多。在大多数的游戏中，都采用多次函数来达到这样的设计目的。当需要玩家逐渐投入更多的时间来应付升级时，a 的取值可能需要更大，以及配合更多的低次幂参数和适当的常数来将公式调整成自己想要的样子。关于游戏的等级设计思路我们将在实践篇中详细介绍。

当幂函数变为多次函数后，需要注意函数的取值范围，不同的范围，增长趋势不一定是符合自己期望的，这时需要适当标注和限定 x 的使用范围。

2. 指数函数关系

指数函数是幂的形式，且自变量为指数。一般可以用公式表示为：

$$y = a^x \qquad (4\text{-}8)$$

其中，底数 a>0 且 a≠1，当 a=10 时，我们可以得到如图 4-4 所示的图像。

通过指数函数的导数我们可以知道 y 的变化幅度，如公式（4-9）所示的导数公式：

$$y' = \ln a^x \qquad (4\text{-}9)$$

对比幂函数，同样在 $x>1$、a>1 的情况下，随着 x 的增大，底数 a 的取值越大，指数函数 y 的变化越剧烈。

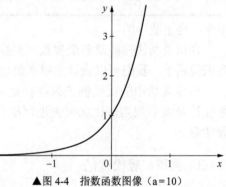

▲图 4-4　指数函数图像（a=10）

使用幂函数和指数函数都能达成累积的效果，但指数函数的剧烈程度更大，相比来说更不容易控制。最终在公式的取舍上一定要通过极值的验证，并且要给未来数值的扩展留下空间，这样才是一个有张有弛的好公式。详细的公式确定方法将在 4.4 节中讨论。

4.1.4　趋近：不可逾越

趋近关系表示函数随着 x 的变大或减小而导致 y 不断地逼近某个值，但永远都不会等于这个值。

1. 指数函数趋近关系

在指数函数中，当 0<a<1 时，随着 x 的增加 y 的值会无限趋近于 0，但永远不会等于 0，如图 4-5 所示。

当 a=0.5 时，曲线无限接近 x 轴，但永远不会和 x 轴相交。在这种情况下，我们便说这属于趋近关系。

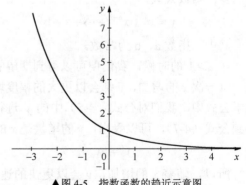

▲图 4-5　指数函数的趋近示意图

2. 分数趋近关系

趋近关系在实际应用中往往是我们自己用初等函数构建出来的。例如，在诸多的游戏公式中，有一类伤害公式是用攻击力和防御减少百分比相乘来得到的结果：

$$D = A(1 - DRate) \qquad (4\text{-}10)$$

其中，D 表示伤害，A 表示攻击力，$DRate$ 表示计算防御后的伤害减少率。

在公式（4-10）中，如果需要保证 D 是有意义的，那么 D 必须大于 0，从而推出 $DRate$ 是必须小于 1 的，即 $DRate$ 可以无限趋近 1，但一定不能等于 1。根据这种规则我们可以设计一个分数公式来表示趋近关系：

$$DRate = \frac{Ar}{Ar + L} \qquad (4\text{-}11)$$

其中，Ar 表示防御，L 表示其他参数或者常数。令 L=50，我们可以得到如图 4-6 所示的曲线。在图 4-6 中，我们得到一个永远趋近 1 却永远不会等于 1 的曲线。从公式中，我们可以知道，当 Ar 取值超过 2 倍 L 时，它的曲线斜率变化开始变得缓慢，这个曲线开始变得缓慢的拐点称为"趋势拐点"。大部分趋近关系都是这个曲线形状，只不过我们在不同的应用中需要控制这个曲线的趋近值、趋势拐点。

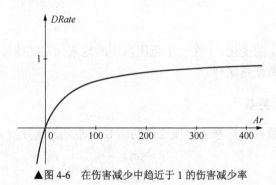

▲图 4-6　在伤害减少中趋近于 1 的伤害减少率

注意

在趋近函数中，趋近值和趋势拐点是需要特别注意的。

趋近值一般体现在 0、1、整十、整百等具有一定特殊性的数字趋近上，当然根据实际情况定出自己需要的值才是最好的。例如，上述减伤率的趋近值最佳的不是 1，而是 0.6 或者 0.75，这样能够给伤害一个最低 40% 或者 25% 的保值。

3. 三角反正切趋近关系

反正切函数和反余切函数公式分别为：

$$y = \arctan x \qquad (4\text{-}12)$$

$$y = \text{arccot}\, x \qquad (4\text{-}13)$$

我们可以在坐标系上获得反正切函数的曲线，如图 4-7 所示。

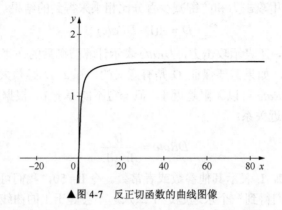

▲图 4-7　反正切函数的曲线图像

这个曲线的性质完全符合我们预期的趋近关系。配合基本的线性运算可以得到我们想要的趋近关系。

大家可以自己找找看反余切函数是一个什么样的曲线分布。

4.1.5　波动：晃来晃去

波动关系表示随着 x 的变化，y 在一个范围内不断地来回摆动或者总是在一个预期的范围内。我们熟知的三角函数便是这样。

1. 正弦与余弦函数关系

正弦函数和余弦函数在坐标系上呈现连续的横 S 分布，公式分别为：

$$y = \sin x \tag{4-14}$$

$$y = \cos x \tag{4-15}$$

以正弦函数为例，$y = \sin x$ 的图像如图 4-8 所示。

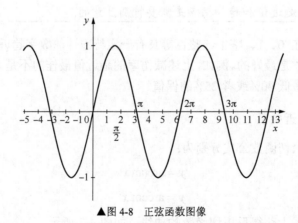

▲图 4-8　正弦函数图像

从图像上我们可以看出随着 x 的增加，图像在不断呈波状重复。正弦、余弦函数的妙处便

是可以将任意一个 x 取值映射到我们期望的取值区间。例如，当我们需要随机获得一个值，并且需要该值自然落在某个区域时，我们便可以通过正弦函数或者余弦函数的表达式来获得。再例如，战斗结果有一定的波动会让玩家看起来更真实。除了随机一个[0.9,1.1]的值作为最终的波动乘数，我们还可以这样表达：

$$D = Dr + Dr \times n\% \times \sin([0,100])   \tag{4-16}$$

其中，D 表示最终伤害，Dr 表示计算的源伤害，[0,100]表示 0～100 的随机值，这样的好处是可以简洁地表示伤害的波动范围为 $n\%$，而不需要将 $n\%$ 体现在代码里。

2. 正切与余切函数关系

正切函数和余切函数在坐标系上呈现连续的横 S 分布，公式分别为：

$$y = \tan x   \tag{4-17}$$

$$y = \cot x   \tag{4-18}$$

以正切函数为例，其图像如图 4-9 所示。

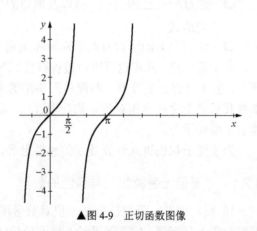

▲图 4-9　正切函数图像

4.1.6　小结

在本节，我们主要分析了初等函数的一些特性。初等函数最重要的特性之一便是在大多数 x 的取值点都是连续的。通过函数的连续性可以知道函数变化的趋势，体现在 x 和 y 的变化关系上。这些变化趋势是我们设计一个公式时必须要掌握的，是我们选择公式的目的所在。反过来，当我们需要设计某种关系的时候，我们可以找到合适的公式作为基础表达式，通过计算和调整来得到理想的公式，所以理解和掌握这些函数的特性是十分重要的。

4.2 **高等数学中的感性思维**

📖导读

高等数学听起来很"吓人"，而且在设计的时候不一定能用上。这里主要讲解数值分析的一些基础知识，会对公式的计算和拟合有一些帮助，同时还能扩展数学思维。

高等数学是由微积分学，以及代数、几何学和它们之间的交叉内容所形成的一门基础学科。在本节中，我们主要讲解数值分析相关的内容。数值分析主要用在高维多项式的解答和一些需要大量复杂计算的设计或者模拟中，可以针对一些问题得到足够精确的近似结果。在实际的应用中，计算飞机的曲面线条、计算飞行航线、分析股票的市值以及变异可能、设计一个安全气囊所需要的一些工业系数等都会用到数值分析。数值分析的本质就是通过复杂但逻辑清晰的计算过程来得到足够精确的近似结果。

这些作用听着很复杂，不过不用担心，游戏复杂的计算（如图形学方面）交给游戏引擎处理，我们负责的游戏规则和数值分析相对来说简单得多。

游戏其实是先有规则再有数据的，没有总结和发现数学规律的过程，所以过于复杂的数值分析对我们来说作用不大。数值分析在游戏方面的应用主要有两点。

- ❏ 通过一些已知点 (x_i, y_i) 以及期望的公式关系（见 4.1 节所总结的公式）来计算 $f(x)$ 的表达式。
- ❏ 通过已知的运营数据来判断和预测未来的数据走向，以便提前做出应对。

关于第一点，其实也可以通过各种尝试来获得我们想要的公式，而不是去解决复杂的数学问题，但本书有必要普及一些简单而实用的求解方式。第二点是通过数据建立模型，并发现和掌握其后续变化规律相对复杂的处理过程，这一点对设计者来说可以忽略，但对运营人员来说需要了解和学习。

为了便于我们进入计算数学的感性世界，下面先介绍一下一些高深数学理论的发现之旅。

4.2.1　"哥德巴赫猜想"与感性的数学

18 世纪中叶，哥德巴赫是一位对数学极其感兴趣的富家子弟，他并不是专业的数学家，但对数学十分痴迷，尤其是数论。他四处旅游，结交了很多数学家，然后通过书信和数学家们保持联系。他在 1742 年给数学家欧拉的信中提到，他有一个很好的想法，但怎么也无法证明，想请欧拉帮助证明：

任一大于 2 的偶数都可写成两个质数之和。

这就是著名的哥德巴赫猜想，欧拉当时并未能证明，这个猜想便一直流传下来。因为这个猜想似乎谁都可以尝试去证明，所以在数学界十分有名，但这和数学的感性又有什么关系呢？

我们通常理解的数学是严谨而不容辩驳的，不论是求解还是求证，都是"因为"加"所以"，一条一条列举得十分清楚。对于很多定理、公式，最初都是由类似这种猜想证实而来的，更多的时候是数学家偶然发现了某种可能的关系，提出一些可能的假设，然后才进行严谨的分析、计算和证明，完成假设的去伪存真，使其成为"枯燥"的定理、公式，方便后人更快捷地运用。

数学最终还是用来帮助解决问题的学科，当知道我们遇到的问题属于何种范畴后，找到对应的数学理论辅助完成计算，然后解决问题即可。对不以研究为目的的学习，我们用更感性的方式去理解数学及其公式、定理会收到更好的效果。人类是联想丰富的动物，如果我们看到结果时联想不到这个内容是怎么产生的，我们就会觉得复杂难懂，那些复杂的高等数学定理、公式就是这样的东西。去了解定理、公式可以解决什么实际生活问题或者关于这个公式的发现故事，数学就会变得生动而立体。如果你有一定的数学基础，但对定理、公式百思不得其解，就可以尝试着换个角度，先了解这个定理、公式诞生的小故事，说不定会有所帮助。

4.2.2　不爱解方程的牛顿与"牛顿插值法"

我们初中就学过解二元一次方程，用图示化的方式来解释便是：在一个坐标系上，已知两个点的坐标，我们需要求出这条直线代表的线性方程，如图 4-10 所示。

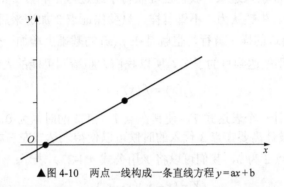

▲图 4-10　两点一线构成一条直线方程 $y = ax + b$

假设这两个点分别为 (x_1, y_1) 和 (x_2, y_2)，那么可以得到一个方程组（4-19）：

$$\begin{cases} y_1 = ax_1 + b \\ y_2 = ax_2 + b \end{cases} \tag{4-19}$$

解这个方程组便可以获得经过两点的直线方程。

两点决定一条直线，也就是决定一个一元一次多项式，我们可以大胆地假设坐标系上的 n 点都只有唯一的一个一元 $n-1$ 次多项式与之对应（在线性代数中该猜想已经被证实），所以当坐标系上有 3 个点的时候，我们可以用一条抛物线方程来表示，当有 4 个点的时候，我们可以用一个一元三次多项式来进行表示，以此类推，麻烦的地方在于，就像使用 2 个点需要解二元一次方程一样，3 个点需要解三元一次方程，4 个点需要解四元一次方程……如果从 n 个点增加到 $n+1$ 个点，前面的计算则全部无效，我们需要从零开始计算 $n+1$ 元一次方程。

奠定近代物理学基础的牛顿当然不会这么做，他想一劳永逸地解决问题，找出公式，即使不断增加点，也可以在原有的基础上继续处理，从而更快地得到结果。

牛顿的想法看起来很难实现，但思路很简单，我们以 300 个点（没有人愿意解三百元一次方程）为例，我们需要将经过 300 个点的唯一曲线表达式找出来。

第一步，先看点 1$[x_1, f(x_1)]$ 和点 2$[x_2, f(x_2)]$ 的关系，假设 $f_1(x)$ 是过这两点的曲线表达式，以 $[x_1, f(x_1)]$ 为基础点，便可以得到公式（4-20）：

$$f_1(x) = f(x_1) + b_1(x - x_1) \tag{4-20}$$

公式（4-20）的图像必过 $[x_1, f(x_1)]$，其中 b_1 为待求的值。公式中看着有很多 f 和数字，其实可以理解为 $y = y_1 + b(x - x_1)$，用 f_1 是为了在公式复杂后能更清晰地表达 y 和 x 之间的取值关系。

这样，我们获得了过点 1 和点 2 的一个疑似表达式，因为这个公式是必过点 1 的，代入

$[x_1, f(x_1)]$ 必定满足，我们只需要将 $[x_2, f(x_2)]$ 代入便可以立即求出 b_1，如公式（4-21）所示：

$$b_1 = \frac{f(x_2) - f(x_1)}{x_2 - x_1} \tag{4-21}$$

第二步，我们将点 3 引入进来。我们已经获得了经过点 1 和点 2 的表达式 $f_1(x)$，可以不必管曲线会是什么样的。牛顿认为，不管怎样，只要保证点 3 加进来后公式 $f_2(x)$ 在点 1 和点 2 的位置可以还原到 $f_1(x)$ 的样子就行，也就是在 $f_1(x)$ 的基础上增加一个表达式，使其在点 1 和点 2 上等于 0。这样不就达到目的了么？所以我们大胆猜测可能的表达式为（4-22）：

$$f_2(x) = f_1(x) + Y \tag{4-22}$$

此时，我们需要设计一个表达式 Y，使其在点 1、点 2 的时候为 0，这样点 1 和点 2 必定满足 $f_2(x)$，并且 Y 的设计需要在点 3 代入的时候可以使得表达式左右相等。

为了让 Y 在点 1、点 2 为 0，我们可以将 Y 用公式（4-23）表示：

$$Y = (x - x_1)(x - x_2) \tag{4-23}$$

按照之前的分析，我们同时需要保证 $f_2(x)$ 经过点 3，所以不能简单地将 Y 代入，而是需要给定一个修正参数 b_2，以保证 $f_2(x)$ 在 $[x_3, f(x_3)]$ 的位置为 0。公式（4-24）可以同时满足 3 个点，更重要的是保留了初步计算的结果 $f_1(x)$：

$$f_2(x) = f_1(x) + b_2(x - x_1)(x - x_2) \tag{4-24}$$

我们代入点 $[x_3, f(x_3)]$，以便求出 b_2，如公式（4-25）所示：

$$b_2 = \frac{\frac{f(x_3) - f(x_2)}{x_3 - x_2} - \frac{f(x_2) - f(x_1)}{x_2 - x_1}}{x_3 - x_1} \tag{4-25}$$

此时，b_2 完美满足了点 1 到点 3 的要求，而且我们从来都没解过多元方程！

这个时候可以考虑加入点 4 了，我们的思路还是像从 2 个点增加到 3 个点一样，在 $f_2(x)$ 的基础上增加一个表达式，就像 $f_2(x) + Y$ 这样，保证 Y 满足点 1 到点 3 都为 0 即可，同时为了满足点 4，需要加入一个修正参数 b_3……这个过程和前面完全是一模一样的！按照牛顿的这个思路，100 或者 1 000 个点都可以一层一层计算出来。

所以牛顿在第二步结束的时候就停下来了，开始总结 b_1、b_2 在结构上是不是有优美的地方，如对称、连贯、结构重复、等距等，这些都是数学的优美之处。上述 b_1、b_2 体现了结构重复的优美之处：b_2 和 b_1 保持结构一致，但部分结构是以 b_1 的数据来进行的。为了方便更复杂的表达结构，我们将 b_1、b_2 的表达式换一种格式：

$$b_1 = b(x_1, x_2) = \frac{f(x_2) - f(x_1)}{x_2 - x_1} \tag{4-26}$$

$$b_2 = b(x_1, x_2, x_3) = \frac{b(x_2, x_3) - b(x_1, x_2)}{x_3 - x_1} \tag{4-27}$$

从公式（4-27）我们可以大胆地推测 b_3 应该是：

$$b_3 = b(x_1, x_2, x_3, x_4) = \frac{b(x_2, x_3, x_4) - b(x_1, x_2, x_3)}{x_4 - x_1} \tag{4-28}$$

所以可以很快地写下 $f_4(x)$ 的公式：

$$f_4(x) = f(x_1) + b_1(x - x_1) + b_2(x - x_1)(x - x_2) + b_3(x - x_1)(x - x_2)(x - x_3) \tag{4-29}$$

以上就是"牛顿插值法"的诞生过程。牛顿插值法的全名是"格雷戈里-牛顿公式"，其实格雷戈里也曾独立提出了这个计算方法，可能因为牛顿更加出名而且名字简洁，所以格雷戈里基本上被遗忘了。

牛顿插值法解决了从离散点还原复杂曲线的计算问题，而且其计算方式简单优美，不管是数据源的大小，还是在中途混入了新的数据，任何情况都能轻松应对。高等数学中有不少大数学家通过类似的思考、尝试所总结出的方式获得这种对实际工作、生活有巨大帮助的定理和公式。

不过这时有些读者可能会问了，取点越多方程的次数就越高吗？如果只想获得一个二次方程，难道没有办法吗？当然有！就是下面要介绍的最小二乘法，可以根据任意数目的点拟合出想要的目标函数。

4.2.3 拟合一切的"最小二乘法"

仍然采用上一节的例子，我们的目的是尽可能多地拟合特定形式的函数。从简入繁，下面先从两个点开始。我们都知道两点确定一条直线，如果有 3 个点但仍然想拟合一条直线呢？

如图 4-11 所示，点 1 到点 3 散落在坐标系上。如果只有点 1 和点 2，我们很容易就可以像 4.2.2 节中那样确定出通过两点的直线表达式。我们先忘记这个方法，考虑一下更为直白（所见即所得）的几何意义。

如果不考虑表达式，要过两点绘制一条直线，我们会怎么做？用一个笔直的尺子，妥帖地挨着两个点——使我们绘制的直线务必和两个点的距离为 0，也就是直线经过点，就像图 4-11 中的 a 直线。用另外一种表达方式就是，寻找一条直线使所给的点 (x_1, y_1)、点 (x_2, y_2) 到直线的 y 轴距离都为 0，那么这条直线就是目标直线。

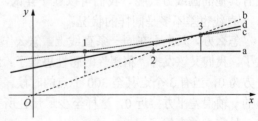

▲图 4-11 穿过 3 个点的直线

用数学的方式来表达点 $1(x_1, y_1)$ 和 a 直线的 y 轴距离，以 $f_a(x)$ 表示 a 直线，点 1 和 a 直线到 y 轴的距离为：

$$\sqrt{[f_a(x_1) - y_1]^2} = 0 \tag{4-30}$$

因为假设 a 直线经过点 1，所以上述表达式结果为 0，即 a 直线和点 1 之间没有任何距离误差。在很多情况下，为了保证误差为正数，同时放大误差对模型结果的影响分析，常常对误差平方和进行分析，即我们常说的"二乘"。本节的标题"最小二乘"便是指误差平方之和最小的情况下拟合的函数。以 D_1、D_2 表示点 1 和点 2 到 $f_a(x)$ 直线的 y 轴误差平方，可以有：

$$D_1 = [f_a(x_1) - y_1]^2 = 0 \qquad\qquad (4\text{-}31)$$

$$D_2 = [f_a(x_2) - y_2]^2 = 0 \qquad\qquad (4\text{-}32)$$

所以，我们可以知道点 1 和点 2 到直线的距离平方总和为 0，直线严格地穿过了点 1 和点 2，可是，点 3 明显不在 a 直线上，在图上显示离 a 直线还有一大段距离，但这不妨碍我们将 D_3 列出来，即公式（4-33），且其结果肯定是不为 0 的：

$$D_3 = [f_a(x_3) - y_3]^2 \neq 0 \qquad\qquad (4\text{-}33)$$

这样，以 a 直线为表达式的点 1 到点 3 的总的距离平方就出来了：

$$\epsilon_a = D_1 + D_2 + D_3 = \sum_{i=1}^{n=3} [f_a(x_i) - y_i]^2 \qquad\qquad (4\text{-}34)$$

其中，$\sum()$ 表示求和的意思，ϵ_a 表示点 1、点 2、点 3 和 $f_a(x)$ 直线的 y 轴距离平方的总和，将 ϵ_a 的值视为误差平方的总和，后续运算将围绕将 ϵ_a 来展开分析，即本节所提到的"最小二乘"。

🏛提示

为了简化，希腊符号大小写被各种数学含义覆盖了，据不完全统计，现代数学常用符号已经超过 200 个……对于这些符号，除了多多联想、努力记忆并没有其他好的办法。

当只有点 1 和点 2 的时候，$\epsilon_a = 0$ 是毫无疑问的，零误差。加入点 3 后则无法保证了，有没有其他的画线方式呢？我们可以逐一尝试，b 直线过点 2 和点 3，但无法保证点 1 的距离为 0，c 直线也差不多是同样的状况。

怎么办，天生不在同一条直线上，怎么作图也无法将它们画成一条线，看来只能退而求其次了。我们又该发挥"猜想"的感性思维了：经过两个点时，总能做直线使两个点的 y 轴误差平方为 0，当有 3 个点甚至 300 个点的时候，我们永远无法满足误差平方为 0 时，尽量让所有点的 y 轴误差平方接近 0，这样至少尽量让所有点都往目标直线上靠近了，也就是能找到的最能满足需求的直线了。

这就是最小二乘法的核心思想。最小二乘法就是从给定点中寻找所有距离曲线 $f(x)$ 的 y 轴距离平方最小的点，用公式表达就是：

$$\epsilon = \sum [f(x_i) - y_i]^2 \qquad\qquad (4\text{-}35)$$

这便是最小二乘法的误差公式，当 ϵ 最小的时候便能得到符合我们需求的曲线。

由于线性表达式为 $f(x) = ax + b$，将其代入上面的公式，便可以获得最小二乘误差公式（4-36）：

$$\in = \sum (ax_i + b - y_i)^2 \tag{4-36}$$

根据要求，只需要在 $\in$ 最小的时候确定 a、b 的取值即可获得我们想要的直线了。

之前提到过导数，取值最大或者最小的时候函数的导数为 0，根据这个结论以及从公式的构成来看，并不会存在最大的值，所以如果有导数为 0 的点，就必然为取值最小的点。

将 a、b 看作未知数，分别对 a、b 进行求导并使其导数为 0：

$$\begin{cases} 2\sum (ax_i + b - y_i)x_i = 0 \\ 2\sum (ax_i + b - y_i) = 0 \end{cases} \tag{4-37}$$

解出这个关于 a、b 的二元一次方程组即可得到我们想要的目标表达式中的参数了。如果你不喜欢 $f(x) = ax + b$，也可将点拟合成抛物线 $f(x) = ax^2 + bx + c$，同样代入最小二乘误差公式，并分别对 a、b、c 求导，得到一个三元一次方程组，解出这个方程组即可得到想要的曲线。

是不是很万能？这个猜想最早是由法国数学家阿德里安-马里·勒让德提出来的，我们在此只是稍微还原了一下当时一种可能的思考方式。当然，最小二乘法并不是万能的，也有不少弊端和无法解决的情况，但在游戏设计中应该不会出现，这里暂且不讨论。

试想一下，我们获得了每天的用户增长数据，看着它呈阶梯式变化的感觉很棒吧，如果想知道 30 天后大概会是什么情况，你知道该怎么做了吗？

4.2.4 高等数学对设计有用吗

游戏真的会用到高等数学？游戏里那些打打杀杀会需要复杂的公式？如果有这些疑问，那么可能还有两个方面的认知需要提高：一是对数学的认知，二是对游戏类型的认知。

1. 认知决定视界

拥有的知识结构决定眼里看到的东西。同样面对苹果掉落，当了解了重力的概念后，我们知道这是地球引力在起作用，而不了解重力的人会说苹果太重了，只有当他们了解了重力后才能"看见"重力。同样，我们有各种各样的方式去解决游戏中的设计难点，游戏规则大概是人类最自我的表达，我们设计和制作的规则都出自我们的臆想。这些臆想反映出来的"认知"内容是由设计者的认知决定的。我们能在游戏里表达出"重力"，玩家便可能获得重力认知而不是重量感受；我们能在游戏里用数据模拟的方式表达真实的疾病传播的途径和概率，玩家便可能体会到如真实世界一样可怕的瘟疫。因此，我们需要去掌握那些基本的数学公式及其蕴含的关系，这也是将牛顿插值法、最小二乘法这种"麻烦"的东西纳入本书的原因。

在力所能及的情况下，努力学习，不要拒绝任何自己能吸收的内容，它可能是你下一个游戏中会被玩家"看见的重力"，也可能是你下一个游戏中构建认知的有力工具。

2. 算法并非只是程序员的事情

我们讨论和学习的数值分析都是可以程序化的，大量的计算工作都可以转交给计算机。在特定类型的游戏中，如真实物理、严格模拟类游戏，我们需要有数学模型和复杂的算法来支撑设计本身。除了这些，任意大小的数据处理、运行的过程也是需要算法支持的。算法在本书中指我们实现设计目的的过程和步骤。关心算法就是关心设计的执行过程，对于数值设计人员来说就是关心数据如何收集、如何变化、如何生效、如何存储。例如，关于一次攻击的判断（见图 4-12），不同的攻击结算流程对设计预期的表达完全不同，流程中我们至少需要关注以下逻辑。

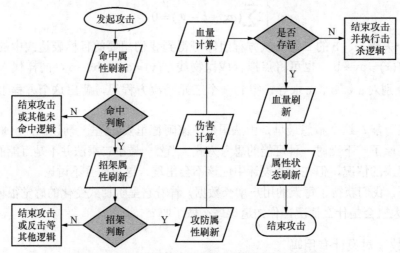

▲图 4-12　攻击生效算法（或者叫"简易攻击结算流程"）

- ❏ 判断的检测。例如，是采用单次掷骰子还是多次掷骰子。
- ❏ 判断的先后。例如，先判断命中还是先判断招架，这对数值反馈出来的结果是不一样的。
- ❏ 属性读取时机。属性读取时机影响到游戏机制的复杂程度，其越复杂，属性变化越频繁，越需要在使用前进行刷新。
- ❏ 发起攻击期间的连带效果。例如，触发被动效果、达成某些条件，这些内容都需要有一个准确的切入点和结束点。这里会涉及技能触发的开始和结束逻辑。

算法是游戏看不见的流程，是设计者应该把控的关键环节。从理论上来说我们应该给出关于数据设计的一切步骤，以保障其忠实地执行我们预期的设计，否则我们跟踪和测试数据的过程将异常辛苦。掌握算法才算是掌握了数据的变化过程，所以对于游戏数据相关的算法，设计者务必要完整表达其实现逻辑，在可能的情况下力求做到接近伪代码的级别，和程序员勠力同心，实现完整设计预期，保证制作结果的正确。

3. 更多的数学思想和更多的算法

在精力允许的情况下，了解更多数学思想，学习那些思想背后的基本思路，这对我们将复杂问题简单化、将简单问题抽象化有极大的帮助。本书主要是将应该掌握的基本数学内容指出（见4.1节的内容），对那些复杂的数学理论无法一一讲解，毕竟那是少数情况下才会用到的，请读者自行学习。

4.2.5　小结

本节我们主要讨论了常用数值分析方法。因为本书不是专门的数学教材，很多内容都是点到为止，有兴趣的读者可能需要找相关的资料再深入学习。本节涉及的数学内容仅仅是冰山一角，都是作者在实际的设计中遇到并使用过的，相信读者深入了解后会有更多的收获。

4.3　用数值衡量强者

导读

在各种体育竞技中，选手实力强弱往往会通过排名体现出来，很多竞技比赛都有世界排名。顺延到游戏世界中，因为游戏的一切都是数据化的，对玩家进行衡量也就显得十分重要。如何衡量玩家的实力便是接下来要讨论的。

游戏里通常会用数值表示角色的战斗力，在以数值养成为主的游戏中，尤其强调战斗力值，甚至以该值作为玩家是否能通过游戏关卡的唯一标准，使得战斗力值在游戏中显得愈发重要。以数值表示战斗力的做法本身没有对错，关键是战斗力值的计算方式是否合理。

4.3.1　战斗力浅析

对于很多游戏，设计者会用"战斗力"这种概况性的数值来表示一个玩家综合实力的强弱。一般来说游戏有累积性属性以及逼近类属性。

1. 累积性属性

对于累积性属性，我们依据属性的价值比（见9.2.3节）累加即可得到公式（4-38）：

$$累加属性总价值 = 总攻击 \times 攻击价值系数 + 总防御 \times 防御价值系数 + \cdots \quad (4\text{-}38)$$

需要注意的是，不要有重复计算的过程，例如力量是基础属性，可以增加攻击力和生命上限，那么力量不需要被计算，只需要计算攻击力和生命上限的价值即可。

2. 逼近类属性

对于逼近类的属性，其中类似暴击率和暴击伤害这种强化进攻的手段，或者削弱对方攻击的手段，我们可以转换为攻击力增加、减少的收益来作为对总价值的贡献，如公式（4-39）所示：

$$暴击收益价值 = 总攻击 \times 暴击率 \times 暴击伤害增加的倍率 \times 攻击价值系数 \quad (4\text{-}39)$$

其中，暴击伤害增加的倍率指比 1 多的那部分，例如暴击造成 150% 的伤害，那么这里面暴击伤害增加的倍率为 50%。

百分比减伤类型的收益以当前等级的标准攻击作为收益标准攻击力，减少受到的攻击即为百分比减伤的收益，这部分需要注意不要和防御计算重复，如果游戏没有单独的百分比数值，减伤便不用处理。

对于闪避、招架等具有收益边界的属性，当达到 100% 的时候会出现质变，造成不稳定的属性，它以属性投放的总价值乘以当前闪避率、招架率的平方来获得。以游戏投放 5 000 价值的闪避属性为例，可以让玩家达到 75% 的闪避率，那么闪避较为真实的收益价值为：

$$闪避收益价值 = 当前闪避率^2 \times 5\,000 \quad (4\text{-}40)$$

5 000 价值是制定游戏属性投放时确定的，也是在计算属性相对价值时确定的。在第 9 章会有详细的属性投放上限的相关分析。

3. 战力汇总

通过上述两步，我们可以获得当前属性统一的价值总和，在这个基础上乘以一个理想的系数（可以让我们将战斗力的数值感官体验调整到合适的大小）即可得到战斗力：

$$总战斗力 = (各属性总价值之和) \times 修正系数 \quad (4\text{-}41)$$

额外指出一下，修正系数是我们进行数据等比放大或者缩小常用的手段，都是为了将最终玩家看到的数据调整为合适的大小。在战斗力上会这么做，在其他数值上也会这么做。

4.3.2 竞技游戏的战斗力排名

在有些竞技项目上我们总会听到，某某是当前世界第一，因为他的实力分数高达 9 998，那么这个 9 998 是怎么来的，为什么能代表竞技项目的实力呢？

1. 需求分析

对于以实力说话的对抗类游戏（竞技项目也是游戏的一种），我们总希望能有一个比较客观公正的实力标准来体现大家的"战斗力"，也就是竞技水平。真实的竞技水平基本是波动的，和当时的竞技状态有关，但这些考究起来难度过大的内容无法作为客观实力。客观就是能观测的内容，如历史竞技的胜负，而且是那些认真对待的竞技胜负。

假定现在有一项全新的竞技游戏 X，因为是全新的，玩家自然都在同一起跑线上，所以实力理论上应该都是 0。不过这个"0"有待商榷，玩家可能是刚刚接触游戏 X，但并不意味着他们的实力为 0，有些天赋异禀的人说不定直接是大师水平呢。大部分玩家的实力都差不多，可以默认玩家基础的竞技实力分数是 1 000（这是一个可后续修正的值，所以不用太在意是多少），代表的是初次接触时玩家能展现出来的实力。所以，以 X 游戏来说，一个刚接触的玩家也能表现出 1 000 的实力。

竞技游戏是零和的，有胜利的一方，必然有失败的一方。正常来说，胜利得越多代表水平越高，分数就应该越高，反之则分数应该越低。可胜利分数增加多少合适，失败又扣除多少分数合适呢？有以下这些需要考虑的地方。

- ❑ 双方竞技分数相差越大，高分玩家胜利的价值越低，低分玩家胜利的价值越高。
- ❑ 每场战斗需要有最大加分和减分，避免单场出现过大的波动。
- ❑ 控制高水平玩家和低水平玩家相遇的可能，尽量让水平接近的玩家进行竞技。
- ❑ 合理的定位机制使得后进者不会处于过低水平且可通过多场次游戏达到其平均真实水平。
- ❑ 选手的空白期所需要的竞技水平的修正，例如间隔一年后重新参赛。
- ❑ 特殊修正得分的情况，例如某些表现突出或者环境客观问题等需要考虑的因素。

这些就是需要处理的基本问题了，显然需要一些可以实际操作的公式来进行积分变动的计算，接下来提到的 ELO 等级分制度便是可以解决上述问题的工具。

2. ELO 等级分制度

匈牙利裔美籍物理学家阿帕德·埃洛（Arpad Elo）也很好奇怎么用数字衡量一个运动员的实力，他思考的过程和我们差不多，不过经过他的一些分析、研究和实践才最终确定了这个经典的排名算法。

假定 R_A 为 A 玩家当前的积分，R_B 为 B 玩家当前的积分，E_A、E_B 表示 A、B 各自的胜利期望：

$$E_A = \frac{1}{1 + 10^{(R_B - R_A)/N}} = 1 - E_B \qquad (4\text{-}42)$$

$$E_B = \frac{1}{1 + 10^{(R_A - R_B)/N}} = 1 - E_A \qquad (4\text{-}43)$$

在上述两个公式中，$E_A + E_B = 1$，你可能会问为啥是这样的表达式？埃洛在认可这个公式前，还尝试不少其他用来计算胜利概率的公式，例如大名鼎鼎的"正态分布"（在 5.6 节会详细介绍这个神奇的公式）。因为"正态分布"是自然界中无处不在的现象，例如人类智力水平的分布就是符合正态分布的，同一个游戏竞技水平高低的人数分布是符合正态分布的，很差的和很厉害的玩家都很少，更多的是一般水平的玩家。所以埃洛在初次的时候选择通过正态分布来确定胜利期望：

$$E_A = \frac{1}{2} + \int_0^{R_B - R_A} e^{-(x^2/2\sigma^2)} dx \qquad (4\text{-}44)$$

通过实际的模拟发现，使用逻辑斯谛（Logistic）函数更加准确，并且这个公式看起来更加简洁和优美，也就是公式（4-42）和公式（4-43）。通过双方的实力计算出一个可靠的胜率，便知道这场战斗是不是势均力敌了。不过 N 还没解出来，先不着急确定 N，继续往下分析。

当确定了双方的胜率，在结果出来后拟定 S_A：实际胜负值，胜=1，平=0.5，负=0，最终 A、B 分数增加公式为：

$$R_{\mathrm{A}} = R_{\mathrm{A}} + K(S_{\mathrm{A}} - E_{\mathrm{A}}) \qquad\qquad (4\text{-}45)$$

$$R_{\mathrm{B}} = R_{\mathrm{B}} + K(S_{\mathrm{B}} - E_{\mathrm{B}}) \qquad\qquad (4\text{-}46)$$

K 又是什么呢？之前推论需求的时候有提到需要控制单次比赛的得分上限，这个得分上限就是通过 K 来实现的。K 越大，那么玩家整体分数的绝对差值会越大，因为厉害的玩家每次赢取的分数相对较多。如果想让玩家的战斗力看起来"爆表"，那么把基础分调大点，然后把 K 也调大千万倍，就能收到想要的效果了。

至此，似乎已经解决了除 N 以外的所有问题，怎么理解 N 呢？简单说，K 越大，N 应该越大。N 是反映两个选手之间实力分差下的胜率大小的调节值，换句话说，N 代表战斗双方分值之差的胜率度量。当 $N=400$ 时，战斗双方每 1 分差代表了双方胜率约 0.14% 的偏移，这是代入公式（4-42）的结果减去 0.5 计算而来的，例如 1 100 分和 1 180 分的玩家对抗时，则表示高分玩家比低分玩家高出 22.6% 的胜率。当 $N=4\,000$ 时，每 1 分差的胜率影响仅为 0.014%，同样是 1 100 分和 1 180 的玩家对抗，双方的胜率差仅有 2.3%。所以，选择的 K 值越大，意味着玩家之间的绝对分差相对越大，此时选择更大的 N 取值更能正确反映出双方的真实胜率。

关于实际操作中如何选择 K 和 N，可以依据该项目的受众群体来进行尝试赋值。群体较少、竞技难度较高的，K 可以选择 16 或 32、N 可以选择 400 左右的数值，而受众群体较广的，可以适当放大 K 和 N 的值，让更多玩家的数值能够更准确地分布在更宽的数字范围，在进行玩家匹配的时候可以更精准地找到水平更相近的玩家，使他们享受势均力敌的比赛，这可以根据游戏玩家的数量进行灵活的处理。此外，即使是同一个比赛，对于不同水平下的对战，也可以采用不同的系数选择，例如水平越高，单场反馈的实力水平变化相对越小，所以 K 值可以更小，以符合实际的情况。

举例来说，竞技游戏《英雄联盟》中体现玩家水平的并不是显示出来的分数，而是将分数包装成的一些段位区间，如图 4-13 所示。从 2019 年开始，在原有段位基础上增加了一个更初级的黑铁段位，从某种程度上来说是官方调整了对战匹配的分值区间，这里面决定玩家处于何种段位、匹配到何种对手的排位隐藏分就是基于 ELO 等级分制度来计算的，当调整匹配范围的时候便需要有针对性地调整上述的不同参数。

▲图 4-13　《英雄联盟》的 S1～S8 赛季段位展示

需要注意的是，尽量确保这套积分排名使用环境是参与人认真对待和全力以赴的情况，只有这样反映出来的才是他们的真实水平，否则不应该去修正参与人的实力水平，因为那可能只是参与人在休闲娱乐的情况下反映出来的。

3. 其他未解之谜

解决了需求分析中的前面两点，剩余的问题更多的是需要依据游戏本身的内容、参与人数、群体性质等去实际分析。这些作为课题，留给大家去逐一分析和解决。

4.4 游戏公式设计的一般步骤

📖导读

本章介绍了一些公式，并且每个公式的作用或者特性都有提到，接下来要探讨的是该怎么确定一个游戏系统所使用的公式。

4.4.1 为什么需要公式

公式是一种通用格式，是用数学符号表示各个参数、变量之间关系的式子，能普遍运用在同类型事物中。从公式的定义中可以得到以下两个重要的信息。

- ❏ 公式是一些变量之间关系的高度总结，具有极强的规律性。
- ❏ 公式表述的关系是可演算、可计算的精确关系。

如果某些事物之间的关系符合这两个定义所描述的，那么可以用公式来表述它们之间的关系。著名的牛顿第二定律公式 $F=ma$ 完美表述了力、质量以及加速度之间的关系。

如今的科学已经将很多自然现象和自然规律变成了高度总结的知识，让人更容易理解现象背后的本质。一些公式和定理让人们不用再感性地理解自然中的现象，而是可以将事物之间的关系进行量化、计算。

在游戏中往往设计精密的公式，来模拟现实的一些现象与行为，使得玩家在接触到游戏世界后不会感觉到"怪异"，反而会有种身临其境的参与感，大量看不见的计算支持着玩家的体验和感受。

在游戏中，攻击和伤害有稳定可产生关联的关系，所以需要伤害公式；材料和成品有稳定可预期的关系，所以需要生产制造公式；子弹威力和距离有可预期的关系，所以需要弹道威力公式……毫无疑问，能形成公式并体现在游戏中是稳定事物关系、简化设计难度的过程。

不过，怎么设计公式呢？

4.4.2 设计公式的一般步骤

在游戏世界中，设计者是规则的制定者，公式是某些规则的直接体现和具体执行的方法。公式能让一些核心规则变得更加合理且有迹可循。

1. 挖掘相关性

当需要一个公式时，往往意味着在设计层面锁定了一些有趣的内容，而且这些内容之间是能碰撞出火花的。例如，常见的攻击、防御、生命等战斗属性，通过战斗公式可以关联在一起，在游戏中稳定地生效。

挖掘相关性时需要注意的是，一定要尽可能将相关因素都考虑进来，避免不全面，导致后续加入其他因素时破坏已有的设计。作为游戏的设计者，应一直都占据着主动权——更多的时候是从设计目的进行反向思考，设计或者增加能够更有效达成目的的元素。因为想增加战斗的惊喜，所以会增加暴击因素；因为想体现力量的强大，所以力量可以提高伤害……每一个设计结果都应该有一个清晰的设计目的来支撑。以设计一个战斗伤害公式为例，可能会联想到攻击、暴击、力量以及对手的防御，这样可以大概确定这个公式所应该具备的元素，如公式（4-47）所示，其中问号表示我们还不确定应该用何种运算符号来连接这些战斗属性：

$$伤害 = 攻击力？暴击？力量？防御 \tag{4-47}$$

所以，挖掘相关性的过程就是梳理设计目的的过程，确保明白什么是达成设计目的必不可少的、什么是最希望玩家掌握的、什么是玩家会接受并选择的。

2. 确定参数关系

参数关系主要是指 4.1 节中的那些关系类型：线性关系、相斥关系、累积关系、趋近关系、摆动关系等。这些关系基本可以表述所能涉及的各种情况。

关系往往是相对参数和结果而言的。确定参数关系的过程其实就是设计游戏演变过程，随着游戏资源的积累、时间的推进，期望玩家会朝着何种结果演变。以攻击力、防御力与伤害之间的关系为例，攻击力越高则伤害越大，防御力越高则受到的伤害越小，攻击力和防御力之间看起来是属于线性关系的。再比如经验和等级，大多数时候升级难度是越来越大的，所需的升级经验是越来越多的，这里的经验和等级就是一个积累关系。

> **线性计算。**加法和数量乘法统称为线性计算。

当参数变多时，以结果和单个参数的关系为设计基础，然后考虑参数之间的影响来确定用何种线性计算方式将多个参数联合起来，从而形成一个相对复杂多变的公式。例如，可以在战斗中增加"力量"这样一个基础属性，既可以累加转化成攻击力的，也可以直接修正攻击结果。

承接公式（4-47），根据设计预期可以有两种方式，加法和乘法，分别见公式（4-48）和公式（4-49）：

$$伤害 = 攻击力 + 力量 - 敌方防御 \tag{4-48}$$
$$伤害 = 攻击力 \times 力量 - 敌方防御 \tag{4-49}$$

在公式（4-48）中，累加转化成攻击力意味着力量和攻击力是加法换算的关系，最终的计算公式也可以不出现力量，攻击力积累了力量换算后的值。在这个设计关系下，增加力量的意义对于设计伤害公式并没有任何影响。在公式（4-49）中，力量是修正攻击力的，力量和攻击力是一个互相影响叠加的值，这意味着二者对战斗的结果都有较为重要的影响，更符合实际的设计目的，所以后续将围绕修正关系来讨论。

3. 确定系数位置

当确定好参数关系后，便会知道公式中有多少个系数。这个确定系数位置的过程就是进一步细化参数关系的过程。

如同公式（4-49）展示的，当攻击力和力量属于互相修正影响时，玩家提高攻击力或者提高力量都能以乘数的关系来影响战斗结果。在乘数关系下，意味着攻击力和力量同时增加对伤害的变大效果是最好的，这样玩家的追求从单一的攻击力变为了二维的对攻击力和力量的追求，某一项过高而另一项过低的时候，玩家会迫切期望去提高弱项，这是公式（4-48）所无法比拟的。进一步，为了给玩家追求区分先后，可以设定攻击力为主体（来源于武器装备等），每点攻击力造成 X 点伤害，设定每点力量（来源于角色等级成长）额外提高 N 的攻击力，从而区分二者的主从关系。同时，每点防御则抵抗 M 的伤害，加入公式中则有：

$$伤害 = 攻击力 \times X + 攻击力 \times 力量 \times N - 攻击力 \times 敌方防御 \times M + C \qquad (4\text{-}50)$$

伤害、攻击力、力量、防御的公式确定，其中 C 表示对伤害结果的常数修正，例如攻击力为 0 时，伤害最小是 C。

把暴击引进来，暴击发生时造成的伤害提高 K，可以得到这样的关系修正：

$$暴击伤害 = 攻击力 \times \left(X + 力量 \times N - 敌方防御 \times M + \frac{C}{攻击力} \right) \times (1 + K) \qquad (4\text{-}51)$$

增加了暴击属性的公式后，暴击情况下提高 K 的伤害，便得到了一个在结构上趋于完整的公式。

4. 确定特殊取值及常数

通过前面 3 步大致确定了如何设定一个完整的公式，那么里面涉及的系数，如公式（4-49）中的 N、M、K 等，它们是怎么确定下来的呢？

暴击的效果是依据概率随机出现的，在数学上，通过概率的数学期望可以将暴击的收益稳定地表示为：

$$E(暴击收益) = 攻击力 \times 暴击概率 \times K \qquad (4\text{-}52)$$

其中，将 E 表示暴击收益的期望。

通常来说，游戏的数据是有规划性投放的，会涉及数据的起点和终点，即数值是从什么水平开始的，最终会增长到一个什么水平。对暴击来说，暴击概率的上限是 100%，在这个时候暴击收益便是 K。求解 K 的过程便简化为当暴击概率达到极限时能够多大程度提高伤害收益。设定 C_t 为暴击概率的极限值，K_t 为暴击概率在 100% 的时候能提高的倍率（例如，总共 2 倍，那么提高的倍数就是 1，这个需要注意），则 K 的值为：

$$K = \frac{K_t}{C_t} \qquad (4\text{-}53)$$

当 C_t 为 100% 时，K_t 即为 K。

熟悉游戏暴击取值的读者都知道，大多数时候是以 50% 或者 100% 的倍数提高，按照这个公式计算，如果 C_t 不为 100%，那么计算出来的结果大多不会是 50% 或者 100% 这种"好看"的结果。一般来说，暴击概率是可以堆满的，即使不行，只要明白暴击伤害的设定原理，便不会在收益计算上产生差错。

力量关于伤害的求导公式为：

$$伤害' = 攻击力 \times N \tag{4-54}$$

该公式表示随着每点力量的提高，伤害的变化幅度。

在公式（4-54）中，随着攻击力的变大，每点力量的影响会越来越大。当攻击力很小的时候，力量的效果也会很小。这反馈给玩家的策略就是需要优先升级攻击力，当攻击力在一个水平维持不变时，力量和伤害的增加期望是简单的线性关系，二者符合最初的设计期望。N 是调节攻击力和力量的一个关键系数，那么 N 应该怎么确定呢？

上面提到过，游戏的数据是有规划性投放的，需要设计数据的起点和终点，例如公式（4-50）讨论的力量和攻击力的关系。在整个数值投放中，攻击力是一个不断增长的养成属性，力量是可以以倍数的关系来影响攻击力的，这一切都取决于 N 的取值。所以，当玩家获得了全部力量之后，作为设计者，你希望玩家的攻击力翻多少倍呢？3 倍，10 倍，20 倍？这个投放预期是一个设计者需要事先确定的，代表了数值变化的终极状态，例如设定它是 N_t 倍，玩家总共可以获得的力量数值为 S_t，那么 N 为：

$$N = \frac{N_t}{S_t} \tag{4-55}$$

这样就计算出了 N 的取值。同理可以计算出 M 的值，稍微复杂的一点是防御效果的边界值处理，需要保证不论防御怎么变化，伤害都不会变为负数。大家可以试着去推导一下求 M 的公式。

5. 计算系数

在前面，分析了除 X、C 之外的系数的取值的计算方法。严格来说，X、C 是属于计算式的系数取值，N、M、K 等属于关系结构类的系数，即前者是通过严格过程计算的，后者是通过边界值或者是设计期望推导出来的。

下面看一下 X 系数的计算过程。首先分析伤害结果和攻击主体——攻击力的增长关系，对攻击力关于伤害的公式求导，可以获得：

$$伤害' = X + 力量 \times N - 敌方防御 \times M \tag{4-56}$$

对公式（4-56）求导，表示每点攻击力的提高影响的伤害的改变幅度。

从上述公式可知，在力量和防御不变的情况下，每点攻击力增加会带来 X 点伤害的增加，X 等于 1 时，最符合进攻预期，即 1 点攻击力带来 1 点伤害，这符合战斗过程的期望，所以 X 在大多数的情况下都是取 1。同样，可以设定最低伤害值，即当攻击力为 0 时，$C=1$，即每次攻击最少能造成 1 点攻击伤害。

更严谨的计算过程怎么体现呢？在 4.2 节中，涉及公式拟合的相关知识。大部分情况下，计算系数的一般步骤便是公式拟合的过程。其他学科用到数学知识时常常需要有一些测量数据，或者拿到一些通过实际操作获得的数据作为拟合过程的基础数据，游戏公式设计则需要在某些数值点上设定好对应的取值，比如边界值、最大值等，这些点统称为"观察点"。从理论上来说，确定线性关系需要至少两个观察，多次函数则需要次数+1 个观察点。例如，上述关于伤害和 X 的关系，在前面的推断中我们得出了 $X=1$，如果想要更进一步确定，再用一个确定的点来辅助计算即可。假定力量=0、防御=0 时，期望攻击力=5 000 时便能造成 5 000 伤害，那么 $X=1$ 是成立的。

至此，便完成了公式的设计和相关计算。这只是完成了一个公式设计的第一步，公式的检查阶段完成后才能算是真正完成了公式的设计。

4.4.3　公式的检查与调整

一个公式设计完成后，需要检查它是否符合当初设计的预期，同时在各个特殊值（边界值、特殊取值点）是否有较好的表现。一般来说会进行如下的一些检查测试。

1.　二维图像关系检查

在设计公式之初，首先会通过挖掘相关性确定参数之间的曲线关系，当公式确定后，第一件事便是检查各个变量相对于 y 轴的变化曲线是否符合设计预期。这个过程很简单，将变量按照最小增长步长计算出对应的 y 值，通过 Excel 或者其他工具绘图看看线条变化的关系是不是符合预期。

出现不符合预期的变化时，往往需要调整选定的初等函数。例如，同样是积累关系，可以选择二次函数、三次函数、指数函数等。它们会有不同的累积幅度的体现，所以，不同的累积预期，需要不同的公式作为基础。

2.　关键点的代入检查

一般来说，关键点通常指边界值（最大取值和最小取值）、斜率突变点（斜率跨过 0、1、−1 等值）；有多个变量时，则是这些值部分或者整体都处于边界值。有时候根据图像也可以适当选取一些看起来变化异常的点进行实际分析。

代入关键点的数值计算往往是确定 x 或者 y，结合公式和其他变量的特定值计算 y 或者 x，看看 y 和 x 是不是符合投放节奏或者养成节奏。

如果有不符合预期的，可能有两个方面需要检查。

其一，同种关系下不同曲线的选择。例如，同样是累积关系，二次、三次、指数函数都可以选择。

其二，关键点的选择是否正确且合理。因为曲线的拟合是按照关键点决定的，所以关键点的选择十分重要。根据不合理的关键点计算出来的结果会有不同的曲线，自然会带来不好的检查结果。

复查这两点后，合理修正公式、重新计算。

3. 适当地调整

调整也算是检查的一种，是精益求精的过程。在调整公式的时候，意味着上述关键点的检查都已经符合预期，如果还有调整的空间就意味着曲线拟合阶段不够完美。遇到这种情况，有两种处理方式。

第一种，调整关键点的选择，重新拟合。重新选择关键点或者加入更多的关键点，使得计算更精确。关键点也不是越多越好，关键点越多，意味着曲线拟合时候的妥协越多，即误差会越大。

从图 4-14 中可以知道，点越多，某些点偏离曲线的可能性越大。所以，合理地选取关键点，将关键点的数量控制在合理的范围内是较为合适的。当有足够多的关键点需要满足的时候，可用第二种方式来调整。

第二种，分段拟合。分段对 x 取值，划分成几个区间，针对每个区间来进行公式的拟合，得到分段函数，以达成拟合需求。分段函数既可以由多个线性公式组成，也可以由不同的曲线函数组成，还可以是线性函数和曲线函数的组合，所以能更精确地拟合，在某些情况下能更精确地达到设计需求。

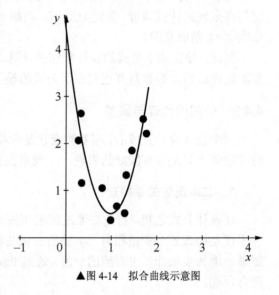

▲图 4-14　拟合曲线示意图

4.4.4　小结

在本节，我们学习了设计公式的一般步骤。公式的设计根据实际需要从期望的关系出发，选定基础公式，配合设计的边界值，完成部分设定类系数的计算，最后配合代入一些关键点，计算出最终的系数。我们在设计公式的时候应始终注意一点，公式是为设计目的提供方便的，也是为设计目的而存在的。始终以设计目的为检查和调整的出发点，这样便能找到适合设计目的的公式。

4.5　数据收集与数据分析

🔍导读

游戏一般都需要经过 2~3 次测试才能正式发布。在测试阶段，最重要的事情便是数据的收集和分析，从而得到改进和调整的建议和意见。本节将详细讨论如何在测试阶段根据数据分析出想要的结果。

4.5.1 数据收集

数据收集的过程本质上就是标记玩家行为、记录并统计的过程。对于联网的游戏,我们本身会存储玩家很多数据,如等级、道具收集情况、货币拥有情况等,但也有更多的数据是昙花一现,并不会刻意保存,如玩家进入过多少次副本、每个难度下的死亡次数等,将这些记录长期保存在游戏运行数据中并不划算,它们只需要被记录,不需要反复读取和使用。所以数据的记录往往是用日志的方式,当玩家进行某个操作后,可将该行为发生的时间及当时玩家的一些关联数据记录下来写入日志文件。后续分析的时候,读取并整理日志即可,再借助 Excel 等分析工具来进行更进一步的分析。

正常来说,根据不同的游戏类型,我们需要收集以下方面的数据。

1. 全局数据收集

在整个游戏阶段,按照玩家对游戏的熟悉程度,一般会分为新手阶段和熟练阶段:在新手阶段,我们需要关注玩家在什么时间节点停下来,或者在什么阶段停留,以及可能的时间消耗分布;在熟练阶段,我们需要关注玩家的游戏频率、游戏的持续投入时长。一般来说我们会有以下日志需求。

- ❑ 注册时间。
- ❑ 每日首次登录时间。
- ❑ 总累计登录次数。
- ❑ 每日累计登录次数。
- ❑ 当前等级。
- ❑ 教程完成情况。
- ❑ 任务完成情况。
- ❑ 每日累计游戏时长。
- ❑ 总累计游戏时长。

大部分日志记录的都是游戏较为关键的信息,我们可以有针对地添加任何需要记录的日志。日志本的记录开销并不大,相对于我们能获得的有效分析数据来说,成本可以忽略不计。这部分需要程序员配合执行。

2. 系统数据收集

大部分情况下我们主要针对能力释放类系统、产出系统,一方面收集优化玩法所需要的数据,另一方面是监控产出的异常情况。对于单个系统,玩家的日参与次数、开始时间、结束时间、胜负结果、获取的奖励、单次玩法开启参与的玩家属性情况等都可以记录。对于能力产出系统,主要收集玩家的资源投入总量、分配方案、能力构成等。

3. 战斗数据收集

战斗系统作为游戏的核心内容，往往会得到较多的关注，我们会从多个维度来进行数据的收集。以单场战斗来说，我们可以关注玩家使用的技能策略情况、技能组合情况及其使用的结果的相关情况；对于战役类型（参与人员多、跨时间长），则以系统数据收集为基础，将玩家在本次战役中使用策略的情况标记为该战役类型，方便后续进行针对分析。在后续介绍平衡相关的章节中也会详细列举部分与战斗相关的记录类型。

4.5.2　数据分析

当我们拥有了各种数据时，我们需要从海量的数据中获取想要的信息。所以，弄清楚我们想要的分析目标很重要，提前知道我们想要什么，能更好地帮助我们了解应该收集哪些数据。

1. 分析目的

常见的游戏数据分析诉求有以下方面。

- ❑　新手流失分析：查看玩家等级、新手步骤、前期任务的停留分布等。
- ❑　系统效用分析：查看玩家参与数量占比、频次、参与时长等。
- ❑　战斗平衡分析：查看玩家在策略使用的分布占比、PVP 对抗的胜负情况、PVE 中通关的数据和占比等。

除了这些普遍的分析，也要针对具体的问题进行分析，例如当需要定位游戏的每日游戏时长是否合适时，我们就应围绕游戏使用时长进行分析。

2. 数据表格

对于我们收集到的日志，通过程序将其显示为表格的形式。大部分情况下，数据分析是针对普遍玩家的数据统计，所以数据表格的内容基本是日志统计项——关于玩家数量的统计。例如，玩家等级日期分布表是游戏发布后一段时间内每天的等级分布（见表 4-1）。

表 4-1　　　　　　　　　　　　　玩家等级日期分布表

账号等级	4 月 5 日	4 月 6 日	4 月 7 日	4 月 8 日	……
1	320	421	522	623	……
2	307	402	499	601	……
3	294	383	476	579	……
4	281	364	453	557	……
5	268	345	430	535	……
6	255	326	407	513	……
7	242	307	384	491	……
8	229	288	361	469	……
9	216	269	338	447	……
10	203	250	315	425	……

续表

账号等级	4月5日	4月6日	4月7日	4月8日	……
11	190	231	292	403	……
12	177	212	269	381	……
13	164	193	246	359	……
14	151	174	223	337	……
15	138	155	200	315	……
……					

在表 4-1 中，账号等级可以是角色等级等连续型的数据；时间跨度既可以是日、星期、月，也可以是小时、分钟、秒。

除了连续型的数据统计表，还有离散型数据统计表。离散型数据统计表主要针对各种类型分散的数据，包括由点及面的数据覆盖类型，如《皇室战争》卡牌使用的分布（见表 4-2）、技能使用频率等。

表 4-2 《皇室战争》卡牌单日对战出现次数表

| 卡牌 | 4月5日 | | | | |
	十级竞技场	九级竞技场	八级竞技场	七级竞技场	……
幻影刺客	8 911	12 392	25 873	49 354	……
闪电法师	3 241	21 221	219 011	78 591	……
哥布林团伙	5 419	64 112	56 321	231 241	……
野蛮人攻城槌	7 597	3 241	33 210	66 320	……
飞斧屠夫	9 775	12 981	19 918	56 129	……
吹箭哥布林	6 671	2 312	18 719	53 389	……
……					

限于篇幅只列举了一天的数据，其他的也有以日、周、月甚至季度，或者是更新的大版本来进行划分统计的数据表。有了表 4-2 所示的这些卡牌出现的频率，我们就可以知道哪些卡牌是版本的强势策略，为后续的优化和更新提供参考。

3. 数据分析

我们获得游戏分析相关的数据后，便可以带着目的和问题去发现隐藏在数据中的不和谐因素。我们可以遵循一定的方式来分析数据。

- ❑ 异常观察。通过观察数据的大小来判断数据是否正常，既可以凭借经验判断，也可以在普遍数据情况下找到某些表现异常的数据，例如在整数分析中得到非整数、在负数中混入正数、在多位数中混入个位数等。
- ❑ 预期分析。对于收集到的数据，可以和我们预期的数据进行对比，如果和预期的数据有较大的偏差，我们可以将其归为需要进一步处理的内容。例如，正常来说我们期望玩家在游戏中对各种宠物的收集没有过大的数量差异，如果选择某个宠物的玩家数特别多或者特别少，就应该引起我们的注意。

- 曲线分析。对于连续型的数据，我们可以通过观察数据的曲线变化查看数据增减变化的情况，对于那些曲线突然变陡或者变缓的位置需要特别留意。
- 对比分析。对比分析在周期时间内数据的变化差异，周期可能是天、周、季度和年。通过比较周期时间内的曲线变化（变化幅度、最值），很容易判断出异常数据，从而去做针对处理。例如，对比版本更新前后每天的活跃玩家数，可以有效判断版本迭代的成效。
- 归类分析。对于离散的数据源，我们可以将同类性质的点进行比较分析。例如，游戏内的 PVP 系统，单人 PVP 和组队 PVP 属于相同性质的数据源，我们比较两个系统中玩家参与的数量及变化趋势来判断二者是否符合正常的发展规律。
- 漏斗分析。对于连续型的数据，我们可以通过漏斗分析的方式来判断游戏或者系统中玩家的流失情况。例如，每天新增用户的游戏等级到达人数会很明显地呈现一个倒立的漏斗形状。漏斗分析会清晰地标识出每个步骤之间的转化率，对比每天的漏斗分析，可以很好地判断当前游戏内新手阶段的生态是否正常。表 4-3 和图 4-15 用漏斗分析统计了玩家等级到达的情况。

表 4-3　　　　　　　　　　　　　　　　每日玩家等级到达数

注册日期	等级 1	等级 2	等级 3	等级 4	等级 5
9 月 2 日	5 812	3 334	2 311	2 299	1 920
9 月 3 日	4 201	2 393	1 575	1 565	1 307
9 月 4 日	5 700	3 138	2 033	2 003	1 561
9 月 5 日	7 974	4 455	2 890	2 855	2 357
9 月 6 日	5 728	3 101	2 010	1 884	1 484
9 月 7 日	7 685	4 117	2 733	2 649	2 184

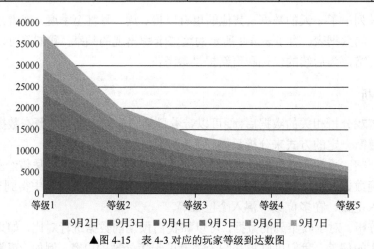

▲图 4-15　表 4-3 对应的玩家等级到达数图

- 雷达图分析。针对游戏中的具体系统，我们可以抽象出系统中的一些关键维度，通过玩家的选择来判断系统各个维度的设计是否正常。例如，在副本系统中，玩家需要组成一个拥有防御、辅助、输出至少 3 个定位的角色来完成挑战，通过观察某个副本玩家通关的职业组合来看各个职业的具体参与情况，从而知道职业之间在副本上的需求是否处于合适的状态。图 4-16 通过雷达图清晰地表达出了各个职业在副本中的定位风格。

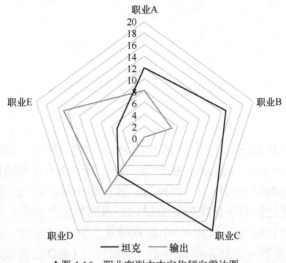

▲图 4-16　职业在副本中定位倾向雷达图

❑　回归分析。回归分析是以预测为目的的数据分析，通过已有的数据发现数据间可能的关系。例如，每天自然新增用户和服务器开服天数的数据关系，我们可以通过已有的数据进行最小二乘法或者牛顿插值法（见 4.2 节）分析来获得服务器开服天数和用户数之间的表达式，从而推断出其他任意天数下可能的新增用户数。

4.5.3　小结

数据分析是以数据为依据的，如果后期需要依据数据判断游戏内容的优劣，我们就需要事先埋下收集数据的点，并让程序员加入日志记录，进行数据正确性的校验。数据的正确性需要格外注意，否则依据不正确的数据极有可能做出错误的决策。数据分析是一个需要不断积累运营经验的过程，关乎如何能够更好地处理数据，是我们更容易得到想要结果的关键所在。

4.6　练习

练习

（1）高等数学的计算量在没有计算机的时候十分繁杂，我们虽然知道可能的计算方法，但是无法真正计算出来，如今在计算机的帮助下，很多计算过程都可以轻松实现。尝试将书中提到的牛顿插值法用自己熟悉的编程语言来实现。

（2）找几个自己感兴趣的游戏，并了解这些游戏中使用的一些公式，尝试分析为什么采取这种公式。

第 5 章 概率论与游戏数值

喜欢角色扮演类游戏的玩家肯定知道 D&D，D&D 是《龙与地下城》（Dungeons and Dragons）的缩写，是以骰子作为行动检测工具的剧情冒险类游戏。游戏里的一切行为，如掉落、技能命中等都是通过掷骰子来进行判定的，当掷出合适的数字后就判定为成功，否则判定为失败。毫不夸张地说，游戏的一切都要看运气。这样的一个游戏模式发展了 30 多年，并且还在不断地发展下去。著名的情景喜剧《生活大爆炸》中就不止一次出现过 D&D 的游戏过程，剧中诸多高智商的人物无一不对这个游戏充满极大的热情。

对于追求刺激的人群来说，那些不可预测的惊奇冒险能给予他们足够的吸引力。这种不可预测的魅力该怎么形容呢？用《阿甘正传》中的经典台词来说便是："生活就像一盒巧克力，你永远不知道下一块会是什么味道。"对于游戏世界来说，我们怎么复制这种不可预测的感觉呢？答案便是借助概率，也就是随机性。

随机元素大量地被用在游戏设计中，就好比不确定因素随时可能出现在生活中一样。因为有随机元素的存在，一成不变的游戏体验才变得充满变数，让人有继续玩游戏的欲望。在玩的时候也会充满期待和兴奋感。这种感觉让玩家能获得惊喜。

这样一种美妙的游戏设计元素，我们怎么能不好好掌握呢？

5.1 概率论基础知识

导读

概率论作为一门研究事情发生可能性的学问，起源于人们对博弈相关问题的研究。随着社会的发展，人类对不确定现象中隐含的一些必定关联的研究变得频繁，同时对不确定事情的确定因素越发渴求，于是便诞生了概率论这门严谨的学科。

5.1.1　基础定义

1. 标准定义

设随机实验 E 的样本空间为 Ω。若按照某种方法将 Ω 划分为若干事件，对 E 的某一事件 A 赋予一个实数 $P(A)$，且满足以下公理。

- ❑　非负性。$P(A) \geqslant 0$。
- ❑　规范性。$P(\Omega) = 1$。
- ❑　可并性。对于其中任意两两互不相容事件 A_1、A_2 有：

$$P(A_1 \bigcup A_2) = P(A_1) + (A_2) \tag{5-1}$$

则称 $P(A)$ 为事件 A 的概率。

注意

通俗地描述概率的定义：某个事件出现的可能性大于 0 且不受其他因素的影响，那么描述这个事件的可能性便具有概率上的使用价值。

标准公理定义如同我们设计游戏规则，通过 3 个维度将概率的定义完美地阐释了出来。非负性表示只要次数足够，A 便一定会发生；规范性表示事件的集合总概率为 1，即每一次的结果必然是某一个事件 A；可并性表示事件 A 和其他事件都是完全独立的。

标准公理定义给我们的启发是，如果你设计一个概率性事件的集合，那么一定要满足这 3 个条件才不会出现数据计算和统计的失误。其中需要指出的是第三点，如果在划分 A_1、A_2、$A_3 \cdots A_n$ 事件时不满足可并性条件，那么必然有一些规则或者事件是被重复计算或者利用的，这会给后期的测试和故障排除带来隐性的干扰。

在上述定义中，我们提到了事件这个关键词。那么什么是事件呢？

2. 事件的基础要素

事件的基础要素包括单位事件、事件空间、随机事件。

在进行一次随机性质的行为实验时，可能发生的唯一且相互之间互不影响的独立结果被称为一个单位事件，一般用 e 表示。这次随机行为带来的所有可能结果便是事件空间，又叫"样本空间"。比如，在一次赛马比赛中，参赛的所有马匹都有可能夺冠，那么夺冠的事件空间便是参赛的所有马匹。需要注意的是，事件空间的所有元素可分别被看作一个单位事件，这是必要条件。事件空间还可以分为有限事件空间和无限事件空间，例如在跳高比赛中，运动员可能的跳高成绩的事件空间可用公式（5-2）表示，这是一个拥有无限可能的集合，其中 a 可能是任何大于 0 的数值：

$$S = \{a | a > 0\} \tag{5-2}$$

随机事件是事件空间的一个子集，单位事件可以被独立称为一个随机事件，多个单位事件构成的集合也可以称为一个随机事件。例如上面提到的赛马有一种随机事件：最终可能是棕色马匹获得第一名。在这个随机事件中，所有参赛的棕色马匹都是随机事件的构成元素。各个随机事件一般用大写英文字母（A、B、C……）表示。

如果随机事件构成的集合必然会发生，那么这个事件便被称为"必然事件"。例如，在赛马比赛中，如果参赛的马都是棕色，那么"最终可能是棕色马匹获得第一名"就是必然事件。相应地，如果随机事件里的所有子集不包含任何一个单位事件，则称该随机事件是"不可能事件"。同样以赛马举例，在上述所有棕色马匹参加的比赛中，"白色马匹获得第一名"便是一个不可能的随机事件。

3. 事件关系

除了基本事件，其他事件大多是以基本事件的集合而存在的。所以，事件之间的关系可以参照集合间的关系，如表 5-1 所示。

表 5-1　　　　　　　　　　　　通过集合表示事件 A 和 B 的可能关系

集合	意义
A 的补集	不属于 A 的事件发生
并集 A∪B	当且仅当 A、B 中至少有一个发生时，事件 A∪B 发生
交集 A∩B	当且仅当 A、B 同时发生时，事件 A∩B 发生
差集 A−B	当且仅当 A 发生、B 不发生时，事件 A−B 发生
空集 A∩B=φ	A、B 事件不同时发生
子集 B⊆A	若 B 发生，则 A 一定发生

此外，通常把事件 B 在事件 A 发生后出现的概率称为"A 条件下的 B 概率"。特别地，当样本空间中只有 A、B 两个事件时，可以有：

$$P(B \mid A) = \frac{P(AB)}{P(A)} \tag{5-3}$$

$P(AB)$ 表示 A、B 同时发生的概率。条件概率是贝叶斯公式的基础，在处理复杂的条件概率问题上，使用贝叶斯公式将事半功倍，贝叶斯相关知识可以作为扩展内容，感兴趣的读者请自行了解学习。

当 $P(A \cap B) = P(A)P(B)$ 时，可以称 A 和 B 是相互独立事件，即 A 的发生或者 B 的发生并不会对其他独立事件产生影响。这里需要特别指出的是，当我们进行数据分析的时候，需要仔细划分清楚样本空间中的独立事件，保证在数据分析的时候不会出现计算和判断上的失误。

5.1.2　统计概率

设随机事件 A 在 n 次重复试验中发生的次数为 x，当试验次数 n 很大时，频率 x/n 稳定地在某一数值 p 的附近波动，且随着试验次数 n 的增加，其波动的幅度越来越小，则称数 p 为随机事件 A 的概率，记为：

$$P(A) = \frac{x}{n} = p \qquad\qquad (5\text{-}4)$$

更为精确的表示方式是：

$$P(A) = \lim_{n \to \infty} h_n(A) \qquad\qquad (5\text{-}5)$$

表示 n 次实验中事件 A 发生次数的概率在 n 趋近于无穷大的时候将等于 h_n。

统计定义是基于一种假定的实践行为所做出的描述。这个统计定义也代表了概率论的由来：概率论的知识大多来自对现实发生的事情的观测和统计。这表明概率论对解决现实问题是有实际意义的。同样，统计范畴上的定义很好地告诉我们测试概率正确与否的方法就是尝试和实践。

在无尽的测试假设下所得到的推论被称为"大数定律"。大数定律是数理统计学的基础。通过对某些现象进行持续观察来推断该现象出现的规律性，并做出具有可靠精度的模拟和预测，然后将这些研究结果整理和归纳，形成一定的数学概率模型和公式，便组成了数理统计的学科内容。

> **大数定律**。在随机事件的大量重复出现中，往往呈现几乎必然的规律。

在游戏设计中，我们学习的是数理统计的反面：我们需要理解数理统计是如何发现事物潜在规律的，从而指导我们在设计游戏的时候应该给玩家留下何种信息和线索，让玩家能够从我们设计的信息和线索中"无意"地获得有效的游戏规律，从而顺利掌握游戏的核心规则，完成对游戏世界的认知和认可。这一点在 4.5 节中通过分析玩家行为数据，从而得出改进和优化的意见已经有所体现。

5.1.3 主观概率

在基础的概率论知识中，鲜有提及的还有主观概率。

1. 什么是主观概率

主观概率是指根据过往的经验和历史数据对未来事态的发展做出的主观判断的概率。这种判断往往带有个人主义色彩，反映的是当事人对事态或者事物的非客观发展规律的表述。根据我们常说的"直觉"或者长辈们的投资经验判断得出的概率都可以视为主观概率。主观概率带有一定的科学性，当事人的经历不同，其准确性以及可靠性也会不同，这和客观规律分析带来的自然概率完全不同。客观规律分析带来的自然概率是对已有的测试和现象的总结和分析，而主观概率多用来猜测事件未来发展的可能性。

例如，我们通过测量可以得出在无限次抛掷硬币的情况下，硬币为正面的概率无限趋近于 0.5，这是一个客观自然概率；依据这个数据，我们推断下一次以及接下来的第 N 次抛掷硬币为正面的概率等于 0.5，这就是一个主观概率。

所以，主观概率从某种程度上可反映观察者对客观自然概率分布的信任程度。

2. 提高主观概率准确度的作用

在游戏设计中，我们设定第一版数据时都会依赖主观概率做出判断，而我们信任的自然概率则是来自已有的同类游戏、已有的运营数据、已经发生的玩家行为……通过对已有的数据做出合理的推断，是需要我们自己结合经验不断磨炼的设计能力。

在 2.5 节中，我们知道在设计具体数值的时候往往需要敲定一些初始值、变化步长等相关的数据。我们在设定好系统模型后，第一步设定的数据（可靠度会随主观概率的准确度而提高）都是依据经验来进行的，之后再依据实际测试的体验来修改该数据。

3. 如何提高主观概率的准确度

主观概率其实也是观察者和当事人对事物发展走向的某一概率判断，就如同我们在玩资源分配类游戏时需要不断地做出判断，确保自己的决策能带来更为正确、更为高效的收益。

可以由以下方式锻炼我们做出判断的准确性。

- ❑ 零数据预估。在没有获得客观数据前，设定自己估计的主观概率。
- ❑ 历史性预估。对同类游戏、同类行为、同类状况的数据进行分析和整理，获得自然客观数据，并做出自己的判断。
- ❑ 修正性预估。持续记录自己对同类事物的多次主观判断情况，总结和反思自己的判断应该如何进行调整，这个过程也是将自己的判断作为数据的分析过程。

提示

刻意锻炼自己判断的准确性，对设计者快速分析需求、设计原型、调整优化都有着极大的帮助。

5.1.4　常见的基础概率模型

1. 均匀概率模型

均匀概率模型又叫"等可能概型""古典概型"，是一种离散型概率分布模型。均匀分布意味着在单位事件的发生概率都是一致的：

$$P(A) = P(B) = \cdots = P(N) = \frac{1}{n} \tag{5-6}$$

均匀概率模型可以说是人们最容易发现和感知到的概率模型了。例如，在商品质检的时候，任一商品被抽检的概率是 1/商品总数；或者掷骰子向上的一面为 1~6 的概率都是均等的 1/6。

> **离散型概率分布**。概率分布的样本空间是有限数量的，所有取值情况都可以逐一列举出来。

在古典概型中，根据基本事件的组合或排序可以分为选取问题和排序问题。

选取问题是指不考虑先后顺序，只考虑需要纳入哪些基本事件。我们常见的击杀普通怪物或者领主怪物掉落道具就是这类问题。在掉落产生的过程中，往往是从可能掉落的范围内按照权重和数量抽取满足条件的随机对象。需要注意的是，选取过程中放回和不放回会对后续的概率产生影响。放回是指每次抽取事件的库都不会减少，不放回是指抽取后后续抽取时不会再碰到，每次抽取后的后续抽取概率都会发生变化。在上述提到的掉落举例中大多数采用的都是放回的方式，即掉落时可能获得重复的道具，如果想要任意次掉落中都不会产生重复道具，就需要用不放回的计算方式。

排序问题是指对基本事件的组合具有一定的顺序要求，常见的如密码组合、双色球的特等中奖码等。增加了对顺序的要求，在有限的基本事件中大大增加了可能事件的样本空间。当我们在设计上需要用有限的基本元素来营造丰富的可能性时，便可以在样本空间中加入排序的要求。例如，在经典的《暗黑破坏神 2》中，符文之语的激活条件就需要满足特定符文排序才能激活，大大提高了玩家探索符文之语的复杂度。图 5-1 所示的誓约符文之语需要 13 号、21 号、23 号、17 号符文按照顺序插入装备的宝石孔位中才能激活强大的隐藏属性。

▲图 5-1　《暗黑破坏神 2》誓约符文之语

2. 几何概率模型

几何概率模型属于连续型概率分布，即模型中含有的事件结果是不可数的。例如，射出去的箭落在箭靶的位置是不可数的，箭靶上的每一个点都是可能的；又例如，从[0,1]中任意取一个数。类似这样的样本空间的基本事件是无限而不可数的，要么用范围区间段表示，要么用一个面积区域来表示，称这种模型为几何概率模型。

对于这样的情况，我们可以用其他方式来表示所需要的概率。例如，在射箭中，有 0～10 环（0 环表示脱靶，10 环表示正中靶心），忽略射箭人自身的技术，1～10 环对应的面积和靶子的总面积的比便是该环对应的可能概率。

在游戏的技能设计中，作用效果范围越大，威力权重越低，这是由作用范围和命中对手的相对概率决定的。如果需要数据化这些技能权重，就需要将无限的可能化为几何长度、面积、体积等方式来转换计算。

5.1.5　稳定趋于混乱：熵

在概率论基础的最后，我们来讲一个有趣的内容——熵。

物理学中热力学第二定律的克劳修斯表述为：热量可以自发地从较热的物体传递到较冷的物体，但不可能自发地从较冷的物体传递到较热的物体。这表示在自然状态下很多事物的发生是不可逆的，同时也表明了在自然状态下很多事物的变化是有固定方向的，如由热转冷。

用熵来表示，熵热总是向熵冷的状态变化，熵值总是处于不变或者变大的过程，或者说任意系统或事物总是向着更加混乱无序的程度演变的。热和冷并不能表示混乱程度，但从能量消耗上来说，显然维持热的状态需要有更大的消耗，而冷则是无须做任何事情的"懒惰状态"。

均衡状态（博弈论中）、高熵状态（物理学中）。这些都可以描述一个系统或者一个事件处于某种可趋向的稳定状态，从不同的角度用不同的方式都可以发现世界运行的规律，这是地球或者宇宙最奇妙的地方。游戏设计如果也能做到这种诸多方式而达成一个目的，那就是极高明的设计了。

通俗地说，熵表示的是当前状态的混乱（无序）程度，因为无序和混乱不需要任何约束和消耗。从这种意义上来说，自然界总是"懒惰"的，它并不想做任何付出，而是放任事物朝着混乱无序的状态进行演变。

把这个规律放到概率上来便可以表述为：在自然的状态下，事件发生足够多的次数后总是会趋向概率分布大的事件组合发展。例如，硬币要么是正面，要么是背面，而且概率都是 0.5。我们假设将 10 000 枚硬币都正面朝上，然后不断强力地敲击桌面，让硬币不断地翻动，重复足够多次数后，会发现正面和背面朝上的硬币都趋近于5 000 枚。这便是一个具体的概率论下处于"懒惰状态"下的熵。在某些概率分析中，常常将事件的概率 $P(A)$ 表示成熵 $H(A)$，表明二者的相通之处，不过在此并不详细论述熵的相关基础内容。

我们需要扩展的是，这样一种"懒惰理论"对游戏设计是不是有什么启发呢？游戏世界是人为构建的，通常情况下我们往往会做很多约束，也会设定很多限制，以保证我们的设计意图能够得以实现——玩家能够按照我们期望的方向体验游戏内容。从如今游戏的设计趋势来看，优秀的设计者越来越放任规则，越来越容忍玩家按照"无序"的状态去体验游戏。2017 年年度游戏《塞尔达传说：荒野之息》便是这样的设计思路。玩家进入游戏后，可以随意地进行攀爬、砍伐或者采集等动作，《塞尔达传说：荒野之息》的设计者只做了最基础的设定：植物和动物可以烹饪、冰会让人感觉到寒冷、焦土会让人感觉到炎热、火会顺着风势扩散、水会导电、水能灭火……做完这些司空见惯的事情后，便让玩家"自生自灭"了。所以说，设计师是不是很"懒惰"？在这样的环境下，玩家产生了从来没有过的沉浸感，他们觉得自己存在于一个可以"为所欲为"的世界中。所以，玩家放任自己"为所欲为"，将自身的"熵值"放任到最大，从而获得一种前所未有的游戏体验。

如果将熵的这种流动视为玩家对沉浸感的自发追求，那么我们便已经开始步入设计优秀游戏的阶段了。

5.1.6　小结

概率相关的基础知识只是将一些我们原本知晓的内容用更严谨的方式表述出来,其他关于概率事件之间的计算并没有深入地探讨,希望读者可以自己去学习相关的内容。

5.2　概率与随机的游戏意义

📖导读

概率和随机是分不开的,因为随机状况的发生,概率的衡量才有意义。在游戏设计中,我们不仅要创造规则,让游戏世界趋于稳定和可靠,还需要设计随机因素,让游戏世界充满变数和惊喜。

5.2.1　变化是人性的期望

惊喜和失望是构成丰富情感体验的重要元素,因为只有生活充满变化,人类的社会活动才变得丰富多彩。同样,我们在构建一个有趣的游戏世界时,也不能忽略这两个因素。

设想一个简单的游戏机制:竞跑,玩家控制一个游戏角色,从起点跑 1 000 米到终点,比拼的是谁能更快地到达终点,移动速度就是点击屏幕频率的高低。在这个规则下,整个过程是严谨而简单的,没有任何变化和趣味可言。我们稍稍增加一些内容——规则 1:道路上每隔 50米便有 25%的概率出现一个奖励宝箱,打开宝箱会获得速度加成。在规则 1 的帮助下,玩家会对每一个 50 米充满期待——前面会不会有宝箱在等着我? 此时,我们相信玩家不再只有到达终点这一个期待了。我们再增加一个规则 2:每个游戏角色的背后都有一只凶猛的野兽,如果跑得太慢,就可能会被野兽吃掉。然后增加规则 3:每隔 30~80米便需要跳跃或者翻滚来躲避障碍。有了这 3 个规则,玩家除了有获取奖励(移动速度加成)的惊喜,还有克服困难的欣喜。再丰富一下内容,这个简单的游戏机制就要变成曾经风靡一时的休闲游戏《神庙逃亡》(见图 5-2)的游戏机制了。《神庙逃亡》的游戏机制十分简单,每时每刻都可能出现的随机元素让游戏过程充满了刺激和惊喜,就此开创了跑酷类游戏的黄金时代。

越简单的规则,往往越需要随

▲图 5-2　《神庙逃亡》游戏截图

机性来包装和丰富，否则不足以支撑起一个完整的游戏，也不足以支撑起玩家对内容的期待。

5.2.2　概率的正面和负面

简单来说，事件概率的正面和负面就是事件发生和事件没发生。

我们增加游戏机制的时候都是带着正面期望的，或者说是为了让游戏变得更加有趣。有趣不一定 100% 是正面影响，可能是 70% 出现正面影响，30% 没有影响或者是"小惩大诚"的负面影响，这种调和下的结果可能带来更好的游戏感受。

注意

　　增加机制的唯一原则：增加这个机制/内容后，会让游戏变得更加有趣。有趣不一定都是正面的，但要保证负不胜正。

　　　心流体验。当我们完全投入到一件事情或一种环境中时，我们会进入一种奇妙的状态，在这种状态下，思考和决策都轻松、快速且精准，这种奇妙的状态便是心流体验。心流体验的环境很多：阅读、看电影、画画，当然还有玩游戏。制造心流体验最简单的方式便是营造期待感——接下来男女主角会怎么办？爆炸后还能活下来吗？下一步的奖励是什么？这是最容易激发人类情感产生共鸣的方法之一。

正面的机制随便就可以列举很多，如更多的奖励、更好的奖励、更强的力量、更具有压倒性的优势等，这些正面的信息不断地将玩家推向成功、胜利的天平一方。

如果天平过早地绝对趋向于胜利一方，这个过程未免变得过于单调，所以适度的负面影响也是很有必要的。需要注意的是，"负面"可以理解为没有正面收益或者带有适度的惩罚，但不能失控，就好像大人和小朋友玩跷跷板，不断地让小朋友此起彼伏的升降才是最令小朋友开心的，既不能一直高高在上，也不能让跷跷板一动也不动地低沉着，需要随时照顾小朋友的感受，就像我们应该给予玩家的心理体验。

概率的设计能很好地达到我们期望的目的：一件好事等着你，但它不一定会降临在你的头上。利用概率适当地丰富游戏是一件简单而又讨巧的事情：触发的时候会令玩家惊喜和开心，甚至兴奋；没有触发的时候也能激发玩家的期待——没有比这更简单的带动玩家情绪的方法了。

5.2.3　伪随机

概率是一些无法准确预估事件发生与否的集合。在实际的游戏设计中，为了合理地分配正面和负面影响，我们需要更好地控制概率的发生，特别是正面影响。

1．伪随机概率

如字面意思一样，区别于真正的随机概率。在伪随机概率下，我们可以精确控制期望事件发生的次数。例如，在某个抽奖系统中有 20% 的中奖率，在正常的概率下，不会因为抽了 10

次扭蛋而中奖 2 次，运气不好的话可能只能中奖 1 次甚至更少。通过伪随机控制，我们可以保证参与的人可以在抽了 10 次扭蛋时准确地中奖 2 次，从而让参与人能感受到应有的收获，获得对应的正向反馈。

> **保底次数**。记录事件发生时最大的参与次数，一般为（1/随机概率）。更多的时候是我们设定了保底次数，然后将其设为随机概率期望。

要做到这样的控制，需要做一些额外的数据记录和逻辑辅助。将玩家的参与次数、获奖情况等记录下来，同时对伪随机的保底次数进行设定。保证在参与次数到达保底控制时，可以让玩家 100%中奖。同样，如果在达到保底次数前已经发生过，那么在参与次数达到保底次数前，在伪随机概率中往往采取不再予以命中的处理方式。

2. 应用场景

对于伪随机概率，我们有以下两种应用场景。

其一，控制价值投放。我们需要控制投放的时候，特别是玩家投入成本大时，可控制价值投放来帮助我们稳定玩家所获取的价值。我们可以准确地按照设定概率来投放，避免出现运气太好或运气太差的玩家。所以，这里包括正、反两方面的控制作用。

其二，平衡控制。有些对平衡要求较高的控制中不可避免会出现一些概率计算问题，同样为了控制收益，不至于少部分情况下概率过于极端，可以使用伪随机来进行平衡控制。在极端的情况下，有些设计甚至会将其稳定为 "N 次后必定触发一次"。

5.2.4 随机种子

玩过单机游戏的玩家也许有过这种经历：为了在战胜首领后获得一个好的奖励，要不断地通过退出该局游戏、重新击杀首领来换取重新掉落道具的机会，例如在经典的《暗黑破坏神 2》中刷暗金武器或者某些特定的符文石。随着游戏设计的发展，这种重复而无聊的行为在新的设计中不断地被避免，随机种子却被广泛应用。

1. 什么是随机种子

随机种子是计算机的一个术语，通过一个初始的数值可以生成一系列均匀分布在[0,1]范围内的数字。通过乘数放大后，便可以得到我们所需的任何范围的数字。公式（5-7）是随机数生成的一般形式：

$$R_n = f(R_{n-1}) \tag{5-7}$$

随机种子不一样，得到的序列将会不一样。如果初始随机种子相同，那么随机的数列就是固定的。

在实际应用中，为了保证随机结果自然而有效的分布，通常会选择一些不断变化而且无规律的数字作为初始值，例如：

❑ 当前系统时间。

- 当前进程编号数值。
- 当前线程句柄。
- 电源状态。
- 内存状态。
- 声卡录音噪声。

通过上述来源可以保证取得的数字在一个短暂的时间内不会重复，从而保证随机结果分布的均匀。

2. 应用场景

相关应用场景有如下两类。

- 关卡内容。在单机或者某些特定环境下，我们需要在局部保证游戏体验的随机结果是固定的，但对于没有开始这个进程的玩家来说，却是未知而神秘的。一旦打开潘多拉魔盒，那么一切都是固定不可改变的，即使可以读档重来也无法改变，就好像我们的现实世界——发生过的事不可改变，未来充满期待和变化。
- 数据恢复。很多随机生成的内容要保存下来是很繁杂的。通过随机种子去还原过程中每一次状态变化的随机结果，就会令保存过程中的所有状态变得轻而易举。

第二类也可以理解为第一类的特殊情况。

3. 应用示例：线性同余随机数生成器

良好的随机数生成函数，需要保证计算足够多次数后，其结果在[0,1]的区间内是均匀分布的，即结果可能是区间内的任何值，并且它们的概率均等，这就是线性同余法，由美国数学家莱默尔（Lehmer）在 1951 年提出。为了达到这个效果，我们所选择的函数关系必须满足线性同余随机公式：

$$R_n = (a \times R_{n-1} + c) \bmod(b) \tag{5-8}$$

在公式（5-8）中，a、b、c 的取值需要满足以下关系。

- c 与 b 互质。
- $a-1$ 可以被 b 的所有质因数整除。
- 如果 b 是 4 的倍数，那么 $a-1$ 也必须是 4 的倍数。

例如，当 $a=9\,301$、$b=233\,280$、$c=49\,297$ 时，以上 3 条就全部满足。通过这个公式，我们可以选择任意初始值，得到一系列的随机数。当我们在某个局部环境（可能是一个战役或者是一场新的对局）使用一个固定的初始随机种子 R_0 时，我们便可以预知后续所有随机数的取值情况，从而产生一个潘多拉的魔盒——没有打开时一切是未知的，一旦开启，内容便无法通过被重启或者重开来改变。

5.2.5　彩蛋：充满惊喜的互动

玩游戏的人大概都知道"彩蛋"：它代表着被游戏开发者藏起来并且不容易让玩家知道，

但仍有途径被玩家找出来的内容。世界上多少科学奥秘都被挖掘出来了,何况游戏中的小秘密。偶然的发现使玩家获得的惊喜和愉快是难以想象的,所以游戏设计者也乐于做一些彩蛋,通过一些复杂的操作或者一些较高的门槛使得事件触发的概率极低,从而满足玩家的惊喜感。

不过,最早的时候,彩蛋并不是为了惊喜而存在的,20 世纪的游戏大厂雅达利为了公司宣传和包装的统一性,不论是在游戏内还是在包装上都禁止游戏的开发人员署名。机智的开发人员为了对抗这种"无良"的条款便设计了一些特殊的操作和内容,这些隐藏内容无一例外都包含了开发人员的名字。在 1977 年发售的《Starship 1》中,按住两个键位的同时投币,扔下硬币后松开两键,再马上把机器的挡位换到"低速",便可能触发 "HI RON!" 这句问候语,而 Ron 正是这款游戏的开发人员的名字,玩家有着极低的概率发现这些隐藏的内容。

在后续的游戏中,彩蛋的作用已经不光是为了署名,更多的是用另外一种方式来表达设计者的一些奇思妙想,或者是和玩家开一个小玩笑。在游戏中出现过的彩蛋形式有且不限于以下这些。

- ❏ 特殊区域。
- ❏ 隐藏道具。
- ❏ 额外剧情。
- ❏ 搞怪的文字。
- ❏ 特殊的怪物。

可以说,我们能想到的地方,都已经被以前的游戏设计者们用来植入彩蛋了。

当然,更多奇怪的形式也是被允许的,彩蛋作为游戏中十分独特的惊喜内容,只要有心去设计,便能找到位置放进去,毕竟作为彩蛋的第一标准便是正常的游戏流程不会受到干扰。所以,可以尽情地设计彩蛋。对于玩家而言,在正常游戏内容不受影响的情况下,谁都愿意有更多的惊喜内容。

5.3　战斗随机性需求分析

🎮导读

对大多数游戏的战斗系统来说,需要交给玩家的是具有策略性和可控制性的内容,让玩家能掌握技巧,并通过练习来提高战斗的胜率。加入随机性便意味着可控性下降,但是如果战斗中一成不变也未免无聊,所以我们来看看战斗如何合理利用"随机"。

5.3.1 "战斗"无处不在

战斗系统往往是一个游戏的核心,除了常规的战斗,还可以包括一切为了目的而采取的竞争行为。广义上竞争行为的"战斗"可以包括以下内容。

- ❏ 格斗动作对抗。
- ❏ 射击对抗。

□　角色属性对抗。
□　回合策略对抗。
□　多战斗单位即时对抗。
□　行动力策略对抗。
□　消除玩法。
□　搭配玩法。
□　棋类对弈。
□　传统卡牌。

在这些类型的基础上，通过包装或者变化衍生，基本涵盖了所有的游戏对抗模式。例如，在侦探解谜类游戏《克苏鲁的呼唤》中，游戏的核心对抗体现在对环境、事件、人物的分析和观察上，玩家可以通过心理学、调查、力量、洞察力、医疗、神秘学等多个方面来提高能力（见图 5-3）。我们所看到的属性代表了玩家对抗游戏谜题的可能方式，提供了不同角度的解决问题方式。这便是一种变化衍生的角色属性对抗设计。

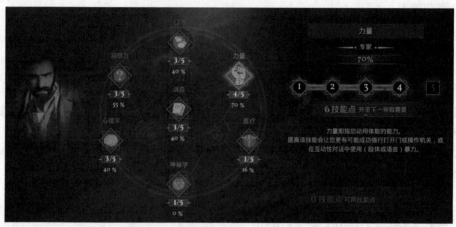

▲图 5-3　《克苏鲁的呼唤》角色能力加点界面

5.3.2　运气是实力的一种

战斗随机性需求的本质是惊喜的奖励，我们常说"运气"也是实力的一种，是因为我们给予"运气"发挥作用的可能。

并不是所有的战斗都适合加入有关运气的内容，例如传统棋类对抗便无法拥有运气成分，它属于动态完全信息博弈。当我们交给玩家一种对抗游戏谜题、关卡或者怪物的技巧时，我们希望玩家能准确地将这种技巧运用在合适的地方，从而完成我们给予玩家的过程体验。在这个过程中，我们期待看到的是玩家做出正确的选择——合适的状况下选择合适的技巧去克服困难，此时以选择为主，显然不应该再有不确定因素来干扰结果——正确的选择应该获得成功的结果，特别是战斗不频繁、过程选择少而且很关键的时刻。

在大多数的对抗中，特别是涉及频繁而重复的数值性对抗时，选择的比重下降，或者是有复杂而连续的多次选择时，如何在一长串非关键的选择中给予更好的惊喜性奖励是我们设计核心战斗对抗时需要认真去考虑的。例如，在角色扮演类游戏中，当技能越来越多时，在战斗中可释放的技能也会变多，使用 A 技能和 B 技能的区别可能大部分时候并不会特别明显。随着选择维度的丰富，单次选择的重要性下降，如果能增加一些额外的惊喜显然是更好的。此外，在战斗中适当加入合适的变数，也会让战斗产生变化，避免战斗过于沉闷，或者太过容易分析出结果。

5.3.3 各种战斗变数的设计方式

对不同的游戏类型，我们会有不同的处理方式，通常有以下表现形式。

1. 概率类属性

我们熟悉的暴击、闪避、招架等属性都属于有一定概率或者判断条件才能生效的，当在对战中触发这些属性时往往会令人产生兴奋或者惋惜的情绪。

2. 环境元素变化

对于依托场景进行对抗的游戏，可以在场景中增加一些随机的奖励元素。例如，在《DOTA2》中，我们会在对抗地图的中间河道区域随机刷出奥术、极速、双倍伤害等神符（见图 5-4）。这些资源可以帮助玩家在某个短期时间内获得较大的优势，包括技能强化、速度强化、伤害强化等强力的效果，在合适的时候取得合适的神符足以改变局势。

▲图 5-4 《DOTA2》中的神符

3. 过程策略随机

在传统纸牌以及《万智牌》《炉石传说》等卡牌游戏中，获得的策略组合都是随机的，因为每次抓取的牌都不一样，所以我们需要根据当前手牌合理应对才能出奇制胜。

4. 内容元素获得随机

《俄罗斯方块》《糖果大作战》等消除类游戏都是在 4~6 种元素中随机给予玩家一种或者多种，需要玩家即时进行排列、组合或移动。也正是因为如此，所以这种"简单"的游戏才有这么长的生命力。

5. 关卡内容随机

在《神庙逃亡》《节奏超跑》等跑酷类游戏中，通过随机算法构建的关卡内容让玩家每次都获得不同的线路体验。Roguelike 类游戏随机生成关卡内容、事件、机关等则是一种更为直接的对动态环境的利用。

5.3.4　战斗随机数据的选取方式

在战斗计算的过程中，我们随时都有可能用随机数来判断某些特殊机制生效与否。一般可以用两种方式来进行随机数命中的判断：圆桌计算和逐层计算。

1. 圆桌计算

圆桌计算是一种能比较准确反映属性数值面板构成的随机计算逻辑，特别是在战斗中有多个随机判断需求时，例如战斗中有命中判断、暴击判断、敌方招架判断、敌方格挡判断、敌方抵抗判断等。顾名思义，圆桌计算就是将所有随机属性都放到一张圆形的桌子上，通过一次随机数判断来决定应该是什么结果。例如，一组战斗判断随机逻辑如表 5-2 所示。我们需要进行 4 个判断，即进攻未命中率、防守闪避率、防守招架率、进攻暴击率。我们将这 4 个判断放在同一张"圆桌"上，任意结果发生后其他结果便不会出现，如果最终什么都没发生，结果为普通攻击命中，概率为 100%-5%-15%-8%-24%=48%，所以在图 5-5 所示的圆桌算法示意图中，普通攻击命中率为 48%。

表 5-2　　　　　　　　　　　战斗判断随机逻辑表（一）

进攻未命中率	防守闪避率	防守招架率	进攻暴击率	普通攻击命中率
5%	15%	8%	24%	?

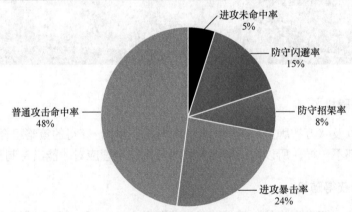

▲图 5-5　圆桌计算将所有判断集中在一个 100% 的总分布圆上

如果进攻未命中率、防守闪避率、防守招架率、进攻暴击率的概率之和大于 100% 会怎样？当然是普通攻击命中率被挤出"圆桌"，在这种情况下，部分进攻暴击率也会被挤出"圆桌"，如图 5-6 所示。

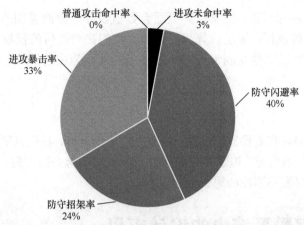

▲图 5-6　圆桌计算下普通攻击命中率和部分暴击率被挤出了"圆桌"

在表 5-3 所示的情况下，普通命中肯定是不会发生了，但进攻暴击率会是多少？100%-3%-40%-24%=33%，在"圆桌"上只剩下 33%的空间了，所以即使进攻暴击率有 54%，最终也只会有 33%的概率生效，出现这种情况是因为在这个战斗的逻辑中进攻未命中率优先，接着是防守闪避率，然后是防守招架率，再是进攻暴击率，都没发生才是普通攻击命中率。进一步，当进攻未命中率、防守闪避率、防守招架率之和大于 100%时，暴击率也会被挤出"圆桌"。所以随机属性溢出时被挤出"圆桌"的顺序是普通攻击命中率→进攻暴击率→防守招架率→防守闪避率。这和实际的感受也是相符的，对方没有闪避、没有招架才能暴击或者命中。

表 5-3　　　　　　　　　　　战斗判断随机逻辑表（二）

进攻未命中率	防守闪避率	防守招架率	进攻暴击率	普通攻击命中率
3%	40%	24%	33%	?

2. 逐层计算

逐层计算和圆桌计算相反，它是指在随机判断中多次取值，每个需要判断的机制都进行一次随机取值并判断其命中情况。按照逐层计算，我们需要事先确定判断的先后顺序，即先判断什么再判断什么，这和圆桌的先溢出什么恰恰相反。我们以进攻未命中率、防守闪避率、防守招架率、进攻暴击率为先后判断顺序，同样以表 5-2 中的数据作为玩家的面板属性，但在实际计算中，属性生效的概率应该如表 5-4 所示。

表 5-4　　　　　　　　　　　战斗判断随机逻辑表（三）

进攻未命中率	防守闪避率	防守招架率	进攻暴击率	普通攻击命中率
5%	14.25%	6.86%	22.35%	100%-22.35%=77.65%

当攻击未命中时才会进行防守闪避判断，所以防守闪避的概率为（1-5%）×15%=14.25%。依此我们可以按照条件概率来计算出各个属性的实际概率，最终当进攻暴击没发生时才进行普通攻击命中率的结算，所以实际生效的概率和玩家在属性面板看到的概率有一定的出入。

这两种计算方式各有利弊：圆桌计算更适合数值设计严谨而克制的内容，在这种算法下属性的效果会更好地被执行；逐层计算相对粗放，我们在对数值的投放和规划上相对来说不必过于拘束，对于那些以属性克制为主而不是以属性构成为主的游戏，逐层计算是极具设计性价比的。

5.3.5　小结

我们常常说优秀的内容需要充满变数。即使是严谨的对弈，我们也期待对手能使用出其不意的招数来提升获胜的喜悦感。追求稳定的游戏规则是我们努力的方向，但制造各种规则范围内的小惊喜也是我们需要不断花心思去做的内容。

5.4　随机在奖励系统中的设计应用

导读

建立期待感最简单的方式是什么？当然是保持神秘感。我们拆礼物的时候比看到礼物时往往更开心，这种开心便是对未知的期待感，在游戏中这种未知的期待也可以提升游戏的体验。我们通过随机奖励来营造奖励的不确定性，从而让玩家在最后一刻才能获得最终的奖励，最大程度提高玩家期待感的持续时长。

5.4.1　建立期待

要通过随机来增加奖励的不确定性，我们首先需要建立期待。游戏对玩家来说肯定会存在一些陌生的内容，在玩家没弄明白这个游戏里什么东西是好的、什么东西是更好的时候，便无法产生期待。建立玩家的期待就是建立一个容易理解的物品好坏规则，或者是价值表现规则。如今大多数的游戏都会在道具的名字、图片边框上增加颜色标识。例如，灰色或白色代表常见的普通物品，绿色或蓝色代表具有一定稀有性的物品，橙色或红色代表史诗或者传奇的强力物品，给玩家传递的信号就是：非灰色或白色的就是好东西，橙色或红色的物品就是大大的礼物。在《魔兽世界》中，装备的品质由低到高分别用白、绿、蓝、紫、橙（见图 5-7）来表示。

▲图 5-7　《魔兽世界》中最高级的装备为橙色

建立期待的另一个方面是给予一定的掉落预期，特别是游戏道具繁多的时候。例如，我们要进行一次高难度的挑战，更希望事先知道可能会获得哪些好东西，这样做一方面能让玩家知道何种行为能获得何种奖励，另一方面也能让玩家的挑战变得更加具有目的性。

让玩家处于漫无目的状态，对任何类型的游戏来说都是一种很危险的设计。

5.4.2 随机奖励的设计

游戏奖励的随机也有诸多形式，从数量到类型，从组合搭配到类型限定等。数量范围、类型多少则大多依据期望掉落的价值来决定。

1. 数量随机

一般情况下，货币的掉落会有数量上的随机，特别是游戏的通用货币（见 11.5 节），而其他类型的货币、道具则多为固定数量 1 或者其他某个固定值。当然有时候为了设计更平滑的掉落价值的随机范围，道具数量上的随机也是存在的。

2. 类型随机

在掉落结果中会限定唯一类型，例如掉落结果要么是材料、要么是装备，不会同时掉落材料和装备，二者互斥。

3. 组合随机

在大多数掉落的处理中，我们会优先采用组合类型的掉落，例如单次掉落中必定会有金币和一个随机道具，这就是一种组合随机。更进一步，有些掉落可能由金币、白色道具 1 件、40%概率的绿色道具 1 件和 3%概率的橙色道具 1 件组合而成。

4. 结果随机

这里的结果是指拿到奖励后还有一层随机过程。例如，我们知道可能掉落蓝色品质的装备，而实际掉出来后装备上的属性词条可能加力量、加智力，也可能全加，这就是结果随机。

5.4.3 随机掉落的配置结构浅析

在实际的制作中，往往会需要一个支持诸多掉落结果的灵活配置方式，保证我们可以通过一套掉落配置和对应的随机算法来满足所有的掉落结果。

在表 5-5 中，掉落编号代表一个掉落包，掉落组号的组选择权重代表该组被选择的可能性。例如，在掉落包 101 中，掉落组号为 1 的总权重为 50+50+50（组选择权重选每个组的第一个权重即可），那掉落包 101-1 组的掉落可能为 50/(50+50+50)，该情况下组 1 和组 2 只会掉落其中 1 组，并且有 1/3 的概率为空，即什么都得不到。如果想组 1 和组 2 都掉落，按照掉落包 201 中将组选择权重填 0，保证材料和武器都至少掉 1 个。当确定组后，便可确定道具的掉落概率，将组内所有的道具权重相加即可得到总权重，如传奇剑的掉落概率是 5/(95＋5)＝5%。

表 5-5 掉落配置表

掉落编号	掉落组号	组选择权重	道具	道具权重	道具数量
101	1	50	材料 1	33	1
101	1	50	材料 2	33	1
101	1	50	材料 3	33	1
101	2	50	大剑	95	1
101	2	50	传奇剑	5	1
101	3	50	空	100	1
201	1	0	材料 1	33	1
201	1	0	材料 2	33	1
201	1	0	材料 3	33	1
201	2	0	大剑	94	1
201	2	0	传奇剑	5	1
201	2	0	掉落编号 X	1	1

当然，更复杂的还可以将掉落编号作为一个结果配置在道具栏位里，作为一个掉落某个掉落包的便捷手段。例如，掉落包 201 里有 1%的概率掉出 "掉落编号 X"：当命中掉落编号 X 时，需要根据掉落编号 X 的配置情况执行一次掉落。一般来说为了让 X 的标示独一无二并且不干扰其他的表格编号，我们将以负数 X 填入表格中作为编号链接的数据标示。

注意

依据这种配置来控制掉落，一定不要出现死循环的掉落配置，例如掉落编号 $X=-201$ 就可能无限循环掉落下去。

5.5 随机性的控制理论

导读

随机却又要控制，这是什么理论？世界上的一切都是有迹可循的，这种 "迹" 便是规律。规律被人发现和掌握，才有了现在的社会、科技的发展。对游戏世界也是这样，首先有主旋律（即核心规则），然后才有随机性。对玩游戏的过程来说，实现 "一切的随机都是必然" 才是真正的优秀随机设计。

5.5.1 不能失控的随机

随机性对游戏来说增加了不确定性，可能带来惊喜，如果不善加控制，就可能带来挫败。一个拥有大量随机内容的游戏，在开发层面上会少很多工作量。相反，如果一个不善加控制的随机内容出现在游戏中，对游戏体验来说是致命的——有些人会因过度惊喜而情感趋于平淡，有些人则没有获得任何惊喜。无论哪种情况，都是设计者不希望看到的。

随机性对游戏设计来说是一把双刃剑，一旦使用随机元素，就意味着在规则上需要有更多玩家看不见的力量来修正可能的负面影响。真正优秀的随机系统一定是能总结出很强的规则。

5.5.2 看不见的规则

著名经济学家亚当·斯密提出的"看不见的手"是市场经济宏观调控的主要理论。游戏中的规则也可以这样类比，那些玩家"看不见的规则"很好地辅助了随机内容的生效，保证玩家在一个可控的范围内获得各不相同但量级大体相当的惊喜和变化。

1. 战斗中看不见的规则

在有些战斗中，特别是竞技游戏中，除了暴击这种随机元素是"常客"，在闪避、致盲等特殊效果的触发设计上大多都使用了伪随机算法，或者避免使用这类元素。在《英雄联盟》的早期版本中，装备还存在闪避这个属性，随着对平衡的考虑和调整，闪避仅仅出现在极少角色的技能上，装备不再带有闪避属性。虽然是出于对平衡的考虑，但设计者并没有完全放弃这些元素，在某些技能或者某些特定情况下这类属性还是会在一段时间内出现，因为小范围波动不影响大局的感受，产生的结果在控制范围之内，所以能够这样去做。

进一步考虑一下为什么不管是何种战斗规则，绝大多数设计者都会保留暴击而放弃闪避、抵抗等元素。原因在于，对结果的施加方而言，暴击是一种主动的奖励性随机结果，而闪避、抵抗等是一种被动式的负面随机结果。另外，暴击依赖基础攻击，不会无限放大收益；闪避、抵抗则可能将收益缩减为0，是收益偏差十分巨大的机制类型。我们并不是为了去除战斗的变数，而是为了避免出现过于不稳定的机制，因为这对严格意义上的平衡会带来不好的影响。

此外，在非属性对抗的战斗中，例如卡牌类型，我们总会对牌库数、手牌数进行必要的规定或者限制，因为在这种类型的游戏中抽取到关键牌的概率不能太低，否则战斗会过早陷入高潮而没有合适的发育阶段，直接后果就是战斗本身的丰富性大打折扣。类似三消类游戏，在设计新出现的消除元素时也会适当考虑场上元素数量，采用更为均衡的生成方法，而不是过于野蛮地用全平均概率来控制新的元素。

为了追求战斗结果的丰富程度，我们一方面引入了一些有趣的变数和过程；另一方面为了让变数的影响处于合理范围内，我们需要通过额外手段控制那些变数，这是我们在决定战斗机制时需要仔细衡量和考虑的。

2. 选择中看不见的规则

在大量使用随机元素构筑的卡牌游戏中，常常给玩家一种错觉：这游戏真是太棒了，遇到的事情丰富而且恰恰是我想要的，我真是太幸运了。可事实真是如此吗？某种程度上确实是这样，但更大的可能是设计者将随机内容进行的分级推送，如按照危险系数、按照复杂程度等将内容进行划分后，根据玩家当前的状况进行某些内容的推送，而不是过早地将玩家推入无节制的"混乱"之中，去面对无法承受的困难局面。

3.　奖励中看不见的规则

接触过游戏的人大概都会知道，小怪一般不会掉落太稀有的道具，厉害的首领怪物、精英怪物才有可能掉落好的道具，这已经是看不见但有共识的一种设计方式，就好比经济学的供需理论一样，是常识。

奖励中看不见的规则遵循了实力越强回报越高的设定，即挑战越强，平均掉落的奖励价值更高。在通常意义上风险和回报都是成正比的，这点在掉落奖励中显得尤为重要，在制作奖励的过程中，我们需要保证基础价值符合该风险的基础回报，同时设计一些额外的特殊奖励，作为可能获取的随机奖励——这也是一种放大奖励而不是让玩家感觉亏损的设计——在有保底追求的基础上，任何其他奖励都是惊喜。

5.5.3　控制随机

随机元素充满魅力却又十分危险，遵循看不见的规则，我们需要对随机元素有如下考虑。

1.　同等价值分组投放原则

对于具有相同性质但价值不等的随机元素，我们需要将同等价值的元素统计分组，当我们需要在某个位置增加随机元素的时候，可以以组为单位考虑。例如，《DOTA2》中有赏金神符和状态神符，状态神符带来的效果和赏金神符的完全不一样，所以河道上会出现的只有随机的状态神符，而不会有赏金神符。类似同品质的装备、同样价值权重的策略、同危险系数的事件等都符合同等价值分组投放原则，对不同价值的内容，需要按照合理的推送节奏逐步开放给玩家，从而避免出现过于混乱的随机结果。混乱随机对玩家特别是新手玩家来说是绝对不友好的。

2.　价值补偿原则

将货币或者其他可以最小价值单位化的对象作为弥补，保证每次随机时都能得到稳定的价值——通过掉更多或更少的货币使得掉落的总价值处于比较一致的水平，每次的内容可能都不一样，但总体价值是一致的，这样可以更稳定地平衡玩家的付出和回报。例如，在《皇室战争》中，通过宝箱能获得金币和随机卡牌：如果随机掉落的卡牌比较多，那么金币掉落数量就会偏少；如果随机掉落的卡牌数较少，那么金币数量相对就会更多。

3.　价值可兑换原则

过于稀有的道具（小概率事件触发）需要有相应的价值兑换体系来给运气不好的玩家用以获取希望。例如，现在越来越受到关注的"开箱子"，玩家为了获得箱子里可能的稀有奖励，会不断地尝试。如果每次开箱子给予玩家 1 积分的奖励，并且这个积分可以稳定换取稀有奖励，那么这就是价值可兑换原则——在最差的情况下玩家可以通过积分换取自己想要的内容。这在某种程度上也是对价值的补偿，只不过是通过额外的系统机制来实现的。

5.5.4　小结

对随机的控制其实是为了控制随机内容的出现范围和节奏,从而稳定控制玩家遇到随机内容的感受。玩家期待的永远是只有惊喜而没有惩罚的随机内容,但当玩家的游戏忠诚度上来后,离开成本变高,适度的负面随机内容以诙谐的方式出现也是一种丰富游戏体验的方式。

5.6　神奇的正态分布

导读

在统计数据的时候常常会说这些数据是呈现何种规律分布的,如梯形、断崖、锥形、金字塔等。正态分布是出现较多的一种分布规律。

正态分布的英文为 Normal Distribution,可以直接翻译为"典型的分布",那么有多典型呢?例如全国 18 岁男青年身高的人数分布、人类智力水平的分布、水稻种子单粒的重量分布、森林中树木的高度分布、某个地区的日降雨量分布、竞技游戏中不同实力的玩家数量分布……那些没有任何外界因素干预而表现出来的具有不确定的内容,其不确定性元素统计而成的分布都是呈正态分布的。

正态分布的曲线在坐标系上为一个倒扣的钟形,如图 5-8 所示,两头低、中间高、左右对称,因其曲线呈钟形,所以也称之为"钟形曲线",表示同类性质的事物在某个数值表现的分布上,中间区域占绝大多数,而两端的占比相对较小。

为什么会有这么多的自然生成的数据呈现这种分布呢?

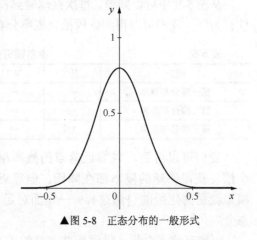

▲图 5-8　正态分布的一般形式

5.6.1　"上帝会抛硬币"

如同我们每天会面临很多选择一样,自然界的万事万物也随时都存在着选择,而且面临的都是二选一的情况。例如,生物的基因是从基因对中进行二选一形成的特征。其他连续变化的问题也可以化为二选一,例如某个地区的每天降雨量分布,可以将每天的降雨量划分为某天某个时间是否开始下雨、下雨量比 40ml 多还是少,如果比 40ml 多,那么比 40ml 多多少……这就将看起来复杂而麻烦的问题转化为二选一的问题了。大量如同抛硬币一样的选择,在正面与背面的抉择中对分布的影响,我们可以通过高尔顿钉板来学习。

高尔顿钉板(见图 5-9)是在一块板子上交叉排序钉着规律分布的铁钉,然后从顶部固定位置不断掉落铁球,最终落到下方对应出口的槽位后铁球的分布呈正态分布。

▲图 5-9　高尔顿钉板示意图

从图 5-9 中可以知道，每次铁球碰到铁钉后都有概率从钉子的左边或者右边掉落，以 3 层铁钉为例，我们可以得到钉板槽位概率分布表 5-6。

表 5-6　　　　　　　　　　　　　高尔顿钉板槽位概率分布表

槽位	左 3	左 2	左 1	落点	右 1	右 2	右 3
第一层分布概率	—	—	1/2	—	1/2	—	—
第二层分布概率	—	1/4	—	1/2	—	1/4	—
第三层分布概率	1/8	—	3/8	—	3/8	—	1/8

我们可以看到，越靠近落点的概率越高，离落点越远的概率越低。虽然逐层增加后每个槽位获得铁球的概率都在降低，但靠近中间的位置永远具有更高的概率获得铁球。这个模型就是简化版的自然选择——当面对足够多的左右选择问题时，最终结果往往都会呈现正态分布。

可能有读者会想，世间那些常见的正态分布难道左右概率都是 50%？这并不重要，只要是二选一，即使初选位置的左右概率不均等，通过层层筛选也会从某个位置开始形成优势区域，使得在"铁球"足够多的情况下呈现出正态分布的结果。

5.6.2　正态分布

1．正态分布的定义

若随机变量 x 服从一个位置参数为 μ、尺度参数为 σ 的概率分布，且其概率密度函数为：

$$f(x) = \frac{1}{\sqrt{2\pi}\sigma} e^{-(x-\mu)^2/2\sigma^2} \tag{5-9}$$

则这个随机变量称为"正态随机变量"。正态随机变量服从的分布称为"正态分布"，记作

$x \sim (\mu, \sigma^2)$，当 $\mu = 0$、$\sigma = 1$ 时的正态分布是标准正态分布。μ 是正态分布的位置参数，描述正态分布的集中趋势位置，即最具优势的部分。概率分布的规律为，取与 μ 邻近的值的概率越大，取离 μ 越远的值的概率越小。正态分布以 $x = \mu$ 为对称轴，左右完全对称。正态分布的期望、均数、中位数、众数相同，均等于 μ。σ 表示正态分布的离散程度，σ 越大，数据分布越分散，σ 越小，数据分布越集中。σ 即为正态分布的形状参数，σ 越大曲线越扁平，反之，σ 越小曲线越瘦高。

2. 正态分布曲线的一些特点

- ❑ 集中性。曲线的定点位于正中央，即平均数所在的位置。
- ❑ 对称性。曲线以平均数为中心，左右对称。
- ❑ 均匀变化。曲线由平均数所在处开始分别向左、右两侧逐渐均匀下降，并且曲线两端永远不与 x 轴相交。
- ❑ 面积恒定。曲线与横轴间的面积总等于 1。
- ❑ "3σ"原则。区间 $(\mu - 3\sigma, \mu + 3\sigma)$ 的概率为 99.74%，因此可以将该区间看作曲线实际可能的取值区间。

🐞提示

这些特点可以帮助我们快速分析已有的正态分布，特别是"3σ"原则，它可以快速处理很多边界值的问题，要牢牢记住。

3. 正态分布的面积意义

正态分布公式参数不论怎么变化，它的曲线在笛卡儿坐标系上和 x 轴所构成的图形面积始终为 1。从概率论上来理解可以表示为概率密度函数从正无穷到负无穷积分的概率为 1，即频率出现的总和为 100%。

概率密度函数用数学公式表示的是一个定积分的函数。定积分在数学中是用来求面积的，在这里把概率表示为面积即可。例如，在一个标准的正态分布函数里，$(-\infty, 0]$ 的面积为 1/2，表示在标准正态分布下负区间的取值区域的概率

> 随机变量的取值落在某个区域之内的概率为概率密度函数在这个区域上的积分。

为 50%。图 5-10 所示的 0~Z 的区间面积大小可以通过积分算出，而获得的结果即为函数取值落在 [0, Z] 区间的概率。

4. 正态分布的应用场景

正态分布在实际的社会中有着重要的作用。

在医学上，人体红细胞数、血红蛋白量、胆固醇含量等在大量的数据下都呈现出近似正态

分布的规律，通过拟合出正态分布公式就可以得到某个具体数值区间段。类似地，身高、指长等这种生物遗传特征也具有正态分布特征。

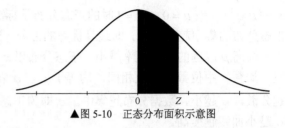

▲图 5-10　正态分布面积示意图

误差是常常要面对的，在工厂生产或者实验测量中可以很明确地发现误差都是以正态分布曲线呈现出来的，从而可以根据结果划分出优秀、良好、不合格等关键的评价，并对后续的生产和实验做出一定的指导。

> **同质群体**。同质群体是根据年龄、智力、能力等指标划分在某些方面相同或相近特征的群体。在游戏方面，可以是内在属性、行为习惯等具有相近特点的玩家，或者是反应能力、技巧水平相近的玩家。

在教育上，量化的数据，如考试成绩（智力反映）、体育测试成绩（生理素质）、心理测验（心理素质）等都有着呈现正态分布的特征数据，我们可以根据现有数据对未来的一些测试做出更好的判断，形成正确的预期。在复杂的现实世界中，没有两条相同的河流，但会有两条相似的河流，我们可以利用正态分布来对同质群体的特征进行整体观察，并重点研究频次最高的情况，从而建立更好的发展和规划体系。

需要注意的是，游戏的随机分布设计是一个从确定到不确定（增加变数和随机）的过程，游戏设计在一定程度上是对现实的模拟，但永远无法做到像现实世界那样有那么多的"参数"来影响我们的设计。我们会用控制理论来控制随机，所以，我们也要让游戏中的元素尽可能在同质群体内符合正态分布——更真实、更自然的规则设计永远是我们的追求，所以应该利用这种工具来帮助我们做得更好。

5.6.3　正态分布带来的"自然"设计

我们知道了正态分布是什么，而且知道它是自然界规律的体现，那么我们怎么把这个强有力的工具利用起来呢？

我们以一个"生产"过程来举例。假设副本掉出的装备都是有随机价值的，总属性价值有高有低，通过总属性价值然后随机生成装备的属性（9.2.3 节有详细的生成步骤），目的是使得玩家不断通关副本获得属性更好的装备。以装备属性总价值 500 为生成装备的价值均数，约 16%总价值的属性浮动，对正常世界来说，如果副本随机产出质量不等的装备，那么大部分的装备应该是差不多等于 500 的，然后极小概率有属性超低的装备，当然也有极小的概率有属性超高的装备，总之一切很自然，结果呈正态分布，并且覆盖我们期望的(420,580)范围。我们看看如何利用正态分布将其完美地实现出来。

我们以标准正态分布($\mu = 0$、$\sigma = 1$)为基础，适当改动一下正态分布的公式：

$$f(x) = N + E \times \frac{1}{\sqrt{2\pi}} e^{-(x)^2/2} \tag{5-10}$$

这便是我们想要的标准正态分布下的价值随机公式。其中：

$$N = 价值平均值 - 价值波动范围 = 500 - 80 = 420 \qquad (5\text{-}11)$$

$$E = \frac{价值波动范围}{\dfrac{1}{\sqrt{2\pi}}} = \frac{80}{0.4} = 200 \qquad (5\text{-}12)$$

代入公式（5-10）可得：

$$总价值 = 价值平均值 - 价值波动范围 + 价值波动范围 \times e^{-(x)^2/2} \qquad (5\text{-}13)$$

公式（5-13）在$(-3\sigma, 3\sigma)$的 x 取值范围内，以标准正态分布的呈现覆盖(420,580)的价值范围取值。

至此，我们算是完成了准备工作。此时如果随机取值(−3,3)，那么总价值在(420,580)范围的概率是均等的，因为随机取值(−3,3)的分布是均等的，并不能实现我们所需要的真正的正态分布。

我们需要按照如下步骤来取得真正符合正态分布的 x 取值。

（1）从区间(0,1)上获取两个独立的随机变量 U_1 和 U_2。

（2）将 U_1 和 U_2 代入公式（5-14）中，得到满足正态分布的随机数：

$$x = \sqrt{-2 * \ln(U_1)} * \sin(2 * \pi * U_2) \qquad (5\text{-}14)$$

（3）将 x 代入公式（5-13）便获得此次满足正态分布的价值取值。

上述公式（5-14）中将 sin 函数换为 cos 函数同样可以生效。这个方法便是 Box 和 Muller 在 1958 年给出的由均匀分布的随机变量生成正态分布的随机变量的算法，被称为 Box-Muller 算法。

这样就得到了装备总价值按照正态分布进行"自然"生产的完整逻辑。在整个算法的计算过程中，默认采用了标准正态分布，如果希望正态分布波形的形状更平滑一点或者更陡峭一点，调整 σ 的值即可做到！

注意

这个"生产"过程看起来并不简洁（真正的正态分布的产生其实更加复杂），我们似乎也有其他的（如配表）方式可以达到近似的效果，但这里面对玩家实际感受上的效果及影响很难估计。在计算量允许的情况下，建议尽量采用能还原设计意图的方式。

5.6.4 小结

作为游戏制作方，我们是数据生产的控制者，我们应该学习自然规律，掌握各种从自然规律中总结的数学、物理、化学知识，将其变成生产工具。在我们制造的世界中，要尽力呈现更为自然的内容，提高游戏不可察觉却微妙至极的感受。这就是数学在游戏中不可或缺的作用。

5.7　思考与练习

1. 思考

关于游戏的非设计类数据，有哪些是符合正态分布的？可以包括玩家统计类数据、市场数据、运营统计数据等，还可以将这些数据在 Excel 表格中做成正态分布的样子。

2. 练习

（1）用任何已知的程序开发语言实现线性同余法。

（2）用 Excel 或者任何已知的程序开发语言将 5.3.4 中的两种战斗随机算法过程实现出来，使用需要的数据简单搭建一下即可。

（3）用 Excel 或者任何已知的程序开发语言将 5.6.3 中的过程实现并输出足够多的结果，然后进行统计，看看结果分布是否符合正态分布。

第6章 经济与游戏数值

在日常生活中，我们常常会和商品、货币打交道，大部分时候我们接触的日常用品都保持在一个合理的价格区间，我们不用担心睡一觉起来后便无法负担今日的电费或者水费，因为在一个稳定的社会环境下供求总是维持着相对合理的平衡关系，即商品的生产供给和人们的消耗需求稳定而持久。

任何时候，当商品的供给出了问题，价格上的波动就会变得十分明显。经济学涉及的内容和社会生活息息相关，小到个人的日常支出，大到世界各国的经济合作，都包括在经济学的范畴内。可以说，社会生活中的方方面面无可避免地都会被经济学相关的内容波及。那游戏和经济学有什么关系呢？我们又该如何利用经济学知识做出更好的设计呢？本章将从有益于游戏设计的角度来做关于经济学的相关内容阐述，读者如果在此过程中对经济学感兴趣，推荐阅读其他更为专业的经济学书来进行深入的学习和研究。

此外，在本章中，我们会多次提到系统结构、框架相关的内容，因为这些内容决定了游戏的经济基础，决定了游戏的行为价值是在何种范畴内产生、运用何种方式进行转移的。当我们确定好这些框架后，便可以利用在第1~5章学习过的设计方法来完成具体的数值设定。

6.1 关于经济学的基础要点

导读

经济学是社会科学中的一门基础学科，是研究和阐释人类生产行为、服务行为、社交行为所产生的价值创造规律、价值转移规律的学科。经济学在生活中的各个方面都会涉及。

6.1.1 基础概念及在游戏中应用的概念修正

在博弈论一章已经讨论过关于博弈论的一些知识，准确地说博弈论也属于经济学的范畴，但我们现在讨论的是关于经济学更普遍的一些概念，并且这些概念都是有助于我们进行更好的游戏设计的。学习这些新概念的同时，别忘了复习有关博弈论的内容。

1. 什么是经济

在一个有利益差异的社会关系中,通过个人或者团体的创造行为、生产行为所获得的利益,以及利益的分配和转移统称为经济。根据个体或者团体的大小不同,可以分为宏观经济学和微观经济学。在宏观经济学中,我们更关注物资、价值、劳动力的整体流动和变化,从而整体去改善和优化整体的利益创造、分配和转移。微观经济学则体现在每一个参与个体的得失,从个体参与行为来进行分析和解决经济问题。

经济体现在游戏中就是玩家拥有的所有(实力以及财力、物力)数据总和及其变化的过程。宏观经济对应游戏内各个能力获得与释放系统的协调关系,也就是我们常说的游戏整体结构,微观经济体现在玩家可以参与、执行的行为策略上。

2. 资源配置

> 资源配置的游戏礼包怎么搭配好?我们在玩游戏的时候时常会遇到一些免费或者付费的礼包,很少看到单一种类道具的礼包。因为单一的道具在数量超过一定程度后边际效用变得极低,远不如增加道具种类来获得更高的总效用。

社会经济体必须要面对的 3 个环节:生产什么、怎么生产、如何转移生产结果。在一个合理的社会结构体制下,能无损地解决这 3 个环节是经济社会的理想状态。

在游戏中,我们的思考更直接,比如玩家如何获得收益、收益之间如何转换,以及如何将收益变为实力。

3. 供给与需求

供给:在其他条件不变的情况下,固定价格,生产者愿意并能提供给市场的商品数量。

需求:在其他条件不变的情况下,固定价格,消费者愿意并能购买商品的数量。

供求关系是经济关系的最基础呈现,这点游戏内外并无异同。需要指出的是,在游戏中,价格可以从现实货币、游戏货币、时间成本等多方面体现出来。

4. 效用

人们从物品的消费中获得的综合收益,包括快乐和满足等精神层面的收益,这点在任何范畴都是通用的,而游戏更加强调精神层面的满足感。

5. 边际效用

新增加一个单位的商品所能增加的总效用。需要指出的是,不断地增加对同一种商品的消费,所增加的总效用会越来越少,即边际效用会递减。

这和我们提到过的不断给予玩家惊喜而惊喜效果越来越弱是一个道理。

6. 机会成本

机会成本是指当我们做出一种选择时放弃的其他机会的最高价值（收益）。在游戏中，考量平衡的时候，我们会需要考虑某个策略的机会成本是否不高于当前的决策，即玩家是否合理地做出了最好的选择。

7. 货币

货币是生产结果（即商品）交换的媒介，是为了提高生产价值的转移效率而诞生的交易媒介。在后续的内容中我们会重新对游戏中的货币进行定义。

8. 通货膨胀

通货膨胀是指在特定的货币环境下，货币的供给大于货币的需求，即货币流通购买力大于市场上的商品供给，会导致货币贬值、物价上涨所产生的现象。在游戏中，通货膨胀主要体现在消耗的途径不够，导致玩家货币囤积得较多。

9. 通货紧缩

通货紧缩是指当市场上货币的流通变少或者商品的供给远超货币的购买力时，会出现货币流通紧缩、物价下降的现象。游戏中的通货紧缩往往会加大玩家的时间投入或者资金投入，但这也会增加玩家流失的风险。

10. 恩格尔系数

恩格尔系数是生存必需品占个人消费支出总额的比重。恩格尔系数是衡量一个社会群体或者国家贫富的指标。一个国家越穷，每个国民的平均收入中（或平均支出中）用于购买生存必需品的支出所占比例越大，即恩格尔系数越大。随着国家或国民越来越富裕，这个系数呈下降趋势，意味着人民有更大的能力满足额外的消费追求。这在游戏中体现为玩家有多少比例的货币用在了非实力提升上面，这个比值越大，意味着游戏的周边建设越丰富，游戏的整体吸引力也就越大。

11. 基尼系数

基尼系数是根据劳伦茨曲线定义的判断收入分配公平程度的指标，国际上用来综合考察居民内部收入分配差异状况的一个重要分析指标，其取值范围为 0～1。1 表示居民之间的收入分配绝对不平均，即 100%的收入被一个人全部占有了；0 表示居民之间的收入分配绝对平均，即人与人之间收入完全平等，没有任何差异。这两种情况只是在理论上的绝对化形式，在实际生活中一般不会出现。因此，基尼系数的实际数值只能介于 0～1。

在游戏里，对于那些开放度不够的游戏，玩家能获得的收入决定于他的投入时间（见 11.1 节）。对于那些开放性足够的游戏，玩家可以通过交易等方式极大地提高获取效率，但我们也还是可以通过限制每日收入来控制"贫富差距"。针对那些过于极端的情况，我们应该优先考虑合理性，而不是玩家的个人感受。

12. 税收

税收是国家通过政治权利，强制地、无偿地取得财政收入的一种形式。

游戏中往往会对那些交易行为进行抽税。与国家税收是为了维持社会公共需要不同，游戏中的税收行为要么是货币的回收，要么是游戏运营收入的保障。

13. 帕累托改进

如果改变资源配置可以不使任何人的境况变坏，并使至少一个人的境况变得更好，则称之为帕累托改进。

14. 帕累托最优

对于一种资源配置状态，任何改变都无法在不损害任何人福利的情况下增加至少一个人的福利，这种资源配置称为"帕累托最优"。在该状态上，任意改变都不可能使至少一个人的状况变好又不使其他任何人的状况变坏。这和我们在讲博弈论一章接触到的概念是一致的。

6.1.2　经济相关的定律

经济是由人和物相互之间的关系变动而产生的结果，因为有人的因素存在，所以在很多情况下有很多人性的因素掺杂在里面。我们有必要了解一些常常挂在嘴边的有趣的经济定律，它们往往也是著名的社会定律。

1. 污水定律

一桶污水和一桶酒，将一勺污水倒入酒中，得到的是一桶污水；反之，将一勺酒倒入污水之中，得到的还是污水。

在实际的设计中，我们需要谨慎地处理一些规则的界限问题，有些规则的加入是灾难性的，将导致全局毁灭，这些内容必须要排除在外。在游戏的测试阶段，要千方百计地进行这种灾难性的破坏尝试，保证系统和规则的健壮性。

2. 彼得原理

在一个等级制度中，每个员工趋向于上升到他所不能胜任的层级。

在人与人的社会关系中，包括但不限于商业、工业、政治中的每个人都和层级组织息息相关，当前层级的人表现良好或者优异将会提升他在层级组织中的地位，直到上升到他所不能胜任的层级。游戏中同样会有显性或者隐性的层级关系，如公会职务、社区声望等，控制玩家之间的交互关系的复杂度、社群数量可以有效地避免层级天花板过高，导致玩家无法胜任而获得挫败感的情况发生。

3. 马太效应

马太效应讲述的是一个国王远行前，交给 3 个仆人每人 1 锭银子，吩咐道："你们去做生意，等我回来时，再来见我。"国王回来时，第一个仆人说："主人，你交给我的 1 锭银子，我已赚了 10 锭。"于是，国王奖励他 10 座城邑。第二个仆人报告："主人，你给我的 1 锭银子，我已赚了 5 锭。"于是，国王奖励他 5 座城邑。第三个仆人报告说："主人，你给我的 1 锭银子，我一直包在手帕里，怕丢失，一直没有拿出来。"于是，国王命令将第三个仆人的 1 锭银子赏给第一个仆人，说："凡是锭银少的，就连他所有的也要夺过来。凡是锭银多的，还要给他锭银，让他多多益善。"这就是马太效应，即"赢家通吃"。

"赢家通吃"是现代经济的一个显著特点，体现在自然界中即为普遍的"优胜劣汰"原理。在游戏规则中，我们应该尽量平衡赢家和输家的实际差异，转而将玩家的胜利效用转为精神追求，避免过大的现实差距，从而避免产生败者彻底出局的玩家流失局面。

4. 木桶定律

木桶定律是讲一只木桶能装多少水完全取决于它最短的那块木板。对于任何组织来说，构成组织的各个部分往往是优劣不齐的，而劣势部分往往决定整个组织的水平。

木桶定律对于组织或者个体都强调了短板的重要性，这在游戏设计中，尤其是平衡设计中，往往是用来丰富和完善游戏内容的一种设计思路。我们给予一个角色或者一个组织足够的长处，同时也要给予他足够的致命短板，这样才能在整体上达到一种有效的均衡状态，这样设计内容往往上限很高，但是如果没有其他模块进行配合，弥补短板，则可能下限很低，因为它的缺陷确实也是很明显的。

5. 帕累托法则

在任何一组东西中，最重要的只占其中约 20%，其余 80%尽管是多数，却是次要的，因此又称"二八定律"。

二八定律在社会中的体现是很广泛的。我们在设计时应该注意资源的分配，例如排行奖励的分配应该注重前 20%的奖励投放，又例如游戏新手阶段前 20%的时间需要注意其特色和细节的展示。

6. 墨菲定律

如果有两种或两种以上的方式去做某件事情，而其中一种选择方式将导致灾难，则必定有人会做出这种选择。另外一种表述是，如果事情有变坏的可能，不管这种可能性有多小，它总会发生。

在我们设计游戏内容的时候，为了平衡规则，或多或少都会有一些负面内容的设计。因为墨菲定律的存在，我们在设计负面内容的时候，往往需要更为慎重。因为只要你设计了便一定有玩家会获得这种负面体验，最终换来的可能是玩家的抱怨。

7. 华盛顿合作规律

"一个人敷衍了事，两个人互相推诿，三个人则永无成事之日"。人与人的合作不是人力的简单相加，而是要复杂和微妙得多。在人与人的合作中，假定每个人的能力都为 1，那么 10 个人的合作结果有时比 10 大得多，有时甚至比 1 还要小。因为人不是静止的动物，而更像是方向各异的能量，相互推动时自然事半功倍，相互抵触时则一事无成。

当我们需要组织一个多人合作的游戏时，如果不能让每一个人都获得明确的目标，那么这个玩法就不会令所有人满意，这个玩法注定会被那些找不到定位的人所抛弃。

6.1.3　小结

经济学浅显地说就是关于"稀缺"的学问：制造稀缺、处理稀缺，或者防止稀缺。围绕这 3 个点，科学家们研究和发现了各种经济规律。当我们了解清楚游戏里经济行为的呈现方式后，会发现游戏里的经济相比现实中的要简单得多。

6.2　游戏里的宏观经济

导读

宏观经济是指团体组织或者国家层面在经济总量、经济构成、经济发展（社会发展指数、福利指数、幸福指数）等宏观层面的经济内容。在游戏里是指什么内容呢？

6.2.1　宏观层面的游戏经济结构

在一个完整的社会中（无论是现实还是游戏中），都需要有生产线和消费线。生产线对应供给，消费线对应需求。我们设计游戏的经济结构其实就是梳理这两条线的过程。

不论是单机类游戏还是网络游戏，玩家会需要和 NPC 交互、需要完成事件、需要推进剧情、需要解决谜题，更重要的是需要获得最终的奖励。设计整个游戏规则和内容流程就是在设计一套合乎情理和感受的生产系统。

玩家通过"生产系统"获得游戏过程中的各种奖励，在获得奖励后，意味着玩家会获得大量的游戏资源，资源的积累不会产生真正的能力增长，只有引导玩家合理地使用和分配资源才能将游戏奖励变为玩家的能力，从而完成生产和消费的闭环。

在游戏设计之初，我们必须架构整个游戏的资源流动规则。一般来说，游戏中的所有行为都属于生产，都需要有奖励或者鼓励（物质奖励或者精神鼓励），如解决谜题、探索地下城、操作飞车完成杂耍等，这也是我们之前提到的能力释放系统——玩家通过行为释放能力和情绪，并期待和等待游戏给予正面的物质奖励和精神鼓励。消费行为属于消耗物资、资源、属性、荣誉等的过程，即一切非行为类的投入和分配都可以看作消费过程，如锻造装备、尝试天赋加点、思索操作方式等。

大部分时候，我们处理好生产方式和消费，游戏宏观层面的不协调就不会出现。

6.2.2 基于核心行为的宏观设计方法

在上一节，我们提到锁定游戏关键内容，大部分时候，这些内容其实就是基于游戏核心所需要表达的内容。当没有任何限制、任何故事背景或者任何参考时，我们往往通过核心行为来进行宏观设计。

1. 核心行为

核心行为可以理解为游戏的核心玩法，即玩家需要反复去尝试和学习的内容。游戏的核心行为往往需要具有这些特点。

- ❑ 可重复性：支持和允许玩家不断地重复进行，如战斗行为。
- ❑ 可变化性：行为内容不会一成不变，即时制战斗比回合制战斗更容易受到欢迎的原因之一是，每一场即时战斗发生的环境至少会有不同，而回合制处理得不好会使每一场战斗看起来都一样，这是关于表现的变化。另外，关于内容策略的变化，如通过不同的搭配组合可以获得不同的乐趣，或者通过选择不同的职业获得不同的体验等，也属于变化之一。
- ❑ 可进化性：很多单机游戏的关卡内容便是通过"一周目""二周目"或者是简单、困难等方式将玩法内容进行刷新，此外对于那些具有数值养成的游戏，养成系统的深度也是游戏内容的进化性体现。
- ❑ 可研究性：可以理解为游戏核心玩法的策略深度、操作复杂度，包括思维策略的提高和操作熟练度两个方面的研究性。

当然，并不是所有游戏的核心行为都具有以上特点，在不考虑内容复杂性的条件下，每满足以上1点特性，游戏的生命周期便可以延长25%左右。

2. 核心系统建设

当我们确定了核心的玩法，通过其可变化性、可进化性以及可研究性可以确定需要何种配合系统，大多数情况下指各种能力获得系统。我们常常接触的装备系统、技能系统、加点系统、职业系统等都属于核心系统，详见第2章的相关内容。

3. 内容建设

游戏的内容如同人物的皮囊和装扮，灵魂固然重要，外观干净、有统一特点也同样重要。内容建设就是将游戏故事以游戏内的流程表达出来，除了熟知的主线剧情，还有支线剧情、休闲玩法、日常活动等，任何可以提高玩家的参与度、黏着度、认知度的内容不论是否依托核心玩法，都可以算入内容建设的范畴。

6.2.3　宏观内容设计的一般流程

当设计一个游戏的宏观内容时，其实就是在设计游戏的框架系统。此刻讨论的经济与游戏数值也就是游戏的框架结构中数据的流动、转换过程。

1．确定游戏世界观和剧情、锁定关键内容

当开始设计宏观内容时，便意味着完成了立项阶段，也就是说核心玩法得到了肯定和验证，此时应该开始考虑如何讲故事、设定什么样的背景、拥有何种展开等，这些背景对游戏的提高并不明显，但有好的背景设定和故事结构，对游戏整体体验的提升是十分巨大的。而且，随着游戏作为"第九艺术"的呼声越来越高，这一块的重要性变得越来越大，希望每一个设计者都能认真对待。

2．包装游戏能力获得系统

作为和核心行为息息相关的内容，在包装上下的功夫也不能少，保证系统的逻辑性和叙事性能有机地和游戏故事背景结合起来。例如，武侠游戏中可以设定经脉系统来作为能力获得系统，射击游戏可以将枪械组装作为能力获得系统，提高代入感。

3．遵循接近 1：1 的投产关系设定能力释放系统

保证每个能力获得系统都有一个较为明确的产出系统与之对应，使其养成的目的和手段都更加明确。

4．依据期望游戏时长增加内容系统

确定了能力获得系统和主要的能力释放系统时，我们可以将这些系统的耗时统计起来，看看和预期总耗时的差距，从而决定是否需要增加额外的内容系统。

5．划分各能力系统、产出系统的结构性占比

将各个系统的消耗和产出仔细核算，同时拟合完成游戏内容所需要的有效耗时，整体估计游戏形成的节奏和体验是否合理。这里可以参考 7.2 节、7.4 节以及第 11 章关于时间节奏、产出消耗等相关的内容。

6．确定数值基调并细化数据分配

在完成能力划分和产出结构的设计后，就可以实际制订所有数值了，这一步在实践篇中有详细论述。

7．测试以及重新分配优化

当完成一版的数值配置后，就可以进行测试了，通过测试来观察自己设计的数据是否符合

设计预期,通过收集测试数据和游戏感受的反馈来改善和优化数据,不断地朝更好的体验方向进行改进。

6.2.4　小结

　　游戏里的宏观结构往往是需要玩家认真体会才能感受到的东西,不同游戏的宏观结构复杂度各不相同,所以设计流程可以根据情况进行缩减。在整个宏观内容的设计中,最能提升游戏体验的便是世界观内容的设计,就如同影视作品的编剧内容,这部分内容也决定了其他系统的表现力。虽然游戏最重要的是核心玩法,但并不妨碍在设计之初注重世界观的塑造。

6.3　游戏里的微观行为

📖导读

　　我们采用和宏观相对的词——微观,来分析和阐述游戏行为。在宏观层面我们更注重游戏的系统关系、内容的整体结构,正如宏观经济更注重经济总量、结构、发展等宏观内容,微观经济注重的是个体经济单位的经济活动,在游戏中我们将玩家的个体能做的行为都包括在“微观”行为里并进行统一的阐述。如果说游戏里的宏观内容是玩家用心才能感受到的,那么游戏里的微观行为则是玩家无法避免的。

6.3.1　游戏行为拆解

　　游戏中的任意一次交互都可称为一个独立的游戏行为。任意一次移动、转身、攻击或者是给角色进行一次装备的更换都是一个游戏行为。

　　通常情况下,设计游戏玩法或者设计游戏内容都在一定程度上模拟了生活行为。参考现实行为是必不可少的设计推演过程。例如,一个角色扮演类游戏,设定其常规的跑动速度往往是5～6m/s,而且期望角色在转动的时候能将肩膀转动的过程动画展示出来,当发出攻击时便会自然期待目标有受击的反馈……在设计这些行为的时候都会参照现实情况来设计。

　　更进一步,当设计一种核心玩法的时候,应该永远以核心行为的需求作为出发点进行设计。以下列举了几个不同类型的游戏是如何围绕核心行为诉求来进行设计的。

1.　角色扮演类游戏

　　在角色扮演类游戏中,其核心行为通常是围绕如何将玩家操作的角色变强来作为设计出发点的。角色扮演类游戏中各个人物之间情感冲突是主要的内容载体,玩家扮演的角色永远在处理与伙伴、敌人、中立路人之间的关系,对应会衍生出协同伙伴的合作组队、打败敌人所需的战斗技巧和与 NPC 进行交易等。这也是为什么大多数角色扮演类游戏会围绕战斗来设计核心行为的原因——对抗敌人永远是最直接、最有效的成长方式,我们需要设计的就是让玩家能以不同的方式击垮敌人,如用枪械、火箭炮等热兵器,或者是幻想、奇幻式的能量、魔法,抑或是刀、剑、棍等冷兵器……围绕不同的故事背景选择一个合适的战斗方式便是角色扮演类游戏的核心行为设计所在。

上述角色扮演类游戏，角色自身的养成和成长往往是主要的能力获得系统，获得资源后主要消耗在自己身上，在这个范畴内的角色扮演游戏都能以强化角色对抗行为为主要设计点。

2. 沙盒类游戏

沙盒类游戏本质上也是一种角色扮演类游戏，但和传统的角色扮演类游戏相比，它在角色的自我养成深度上较浅，但在周边的环境交互、环境改造上拥有着传统角色扮演无法比拟的深度。

在沙盒类游戏中，注重的是玩家"不想做什么就不做什么"的体验，这也意味着设计者在行为设计上不能做过多的线性关系内容，需要将整个内容设计得扁平化。在这种前提下，增加内容的丰富量就成为提高游戏生命力的重要因素。

在此类游戏中，探索和创造是两个最主要的元素。针对探索，我们需要结合实际情况给予玩家移动、挖掘、开采、破坏等行为的能力；针对创造，我们需要给予玩家收集、组合、改造、再组合等开放性的内容。

3. 解谜类游戏

解谜类游戏通常是玩家与环境或是关卡内容的直接碰撞。在这类游戏中，通常内容之间的线性内容会占比较大的比重，因为在解谜游戏中，关卡、剧情往往和环境息息相关，事件的发生环境 A 可能和环境 B 有着千丝万缕的联系，这需要玩家通过搜索、检查、联想起二者的关系，从而梳理清晰谜题，完成解谜。

在这类游戏中，角色与环境的交互变得极为频繁，核心操作往往是侦查、发现、操作物件等。这类游戏往往更注重剧情的探索、内容的收集，弱化对抗元素。在这种情况下，不需要过多的战斗元素，可以将它们弱化或者舍弃，如我们之前提到过的《克鲁苏的呼唤》便采用了这样的处理方式。

我们可以举例来区分沙盒和解谜类游戏的较大不同。例如，必须取得钥匙才能打开某扇门，在解谜类游戏中，玩家需要在附近的环境中通过各种线索获得钥匙；在沙盒类型中，除了通过搜索、解谜获得钥匙，也可以通过地道绕过这扇门，或者强行破开大门，或者直接通过传送技能到达目的地，或者完全忽略这扇门而不入。

4. 策略类游戏

这里涉及的策略类游戏包括一切非即时战斗、每次操作拥有足够的思索时间（可以以分钟为单位）或是有足够的准备时间发起决定性的进攻的游戏，这样能够保证玩家每次做出行为决策时都会拥有足够的时间来做出对应的准备和选择。

策略类游戏行为设计的核心是在独立策略的运用方面，使玩家在面对不同战斗环境时能做出合理的策略选择和组合。为了达到这种目的，我们需要将可行的策略尽量拆分为可组合的独立选择，每个策略都需要能单独使用，同时还能和其他策略进行组合，以获得全新的策略或者优势。

在即时战斗中，我们需要考虑各类兵种的搭配，还要考虑资源的生产和分配；在回合战斗中，我们需要考虑技能使用的先后顺序、伙伴单位的选择和搭配；在集换式卡牌游戏中，我们需要挑选合适的卡牌来组成战斗手牌，需要根据对手出的牌来思考合适的克制手段……我们提到的这些游戏中，每一个可选的战斗策略都能独立工作，并且其能力定位在整体行为策略库中，都是独一无二的——没有绝对劣势的策略，只有没有使用得当的策略——这是我们设计策略行为时需要特别注意的。

6.3.2　行为设计的准则

设计任何游戏都无法避开微观行为的设计。游戏的微观行为设计在很大程度上反映出这个游戏拥有的细节程度。我们常常会赞叹某个游戏做得太逼真了，感觉如同身临其境，很大可能是因为这个游戏参考并模拟制作了大量生活行为，例如 3A 制作游戏通常都会在配音上匹配角色的嘴型，达到语言表达和动作行为的一致，提高真实感受。我们大部分时候无法像 3A 制作游戏一样无止境地投入成本。对预算和精力投入有限的游戏，设计时需要有所取舍。

> **3A 制作游戏**。研发耗时长、开发成本高、参与人员多的游戏，它们通常有着高额的预算、超大型的开发团队，最终为玩家打造出具有顶级视听效果的游戏。

1.　确定游戏复杂度

简单来说，游戏复杂度即游戏期望玩家在操作耗时上决策的时间长短。期望玩家决策的时间越长，玩家面临的游戏复杂度越高，反之则越低。在一个即时战斗类游戏里，玩家的策略仅仅包含输出、防御、控制对手、恢复 4 个大策略，他们只需要在养成过程中根据这几个策略来做出装备属性选择，在战斗中把自己所选择的技能（即策略）在指定的时间点释放出来即可。在回合制游戏中，我们可能会期望玩家去推演接下来 2～3 个回合的交锋策略，在这个基础上做出最合适的策略选择。这是游戏类型层面的复杂度，包含了更深层次的推演和考虑。

另外，确定了游戏类型复杂度后，我们需要考虑在能力获得系统方面给予玩家何种程度的复杂度。在角色扮演类游戏中，我们可以只要生命和攻击两个属性，但也可以设计包括吸血、反击、魔法抗性等特殊而繁多的属性；在沙盒建造游戏中，我们可以只有一种货币资源，让玩家通过金币来决定自己能否建造或者解锁某种内容，但我们也可以增加木材、食物、矿石等资源，让玩家需要管理更多、更复杂的资源内容。这便是游戏规则内容复杂度所需要确定的。

游戏规则的复杂度将直接决定后续行为的丰富度。越复杂的游戏意味着可衍生的行为越多，一个只有血量和攻击力的游戏不可能衍生出过于复杂的战斗对抗。

当然，游戏并不是越复杂越好的。俄罗斯方块为什么只有 7 种方块形状，而不是 17 种？因为每增加一种都意味着玩家需要处理的信息会呈指数级增加，并且每一个现有的规则的影响价值都会被削弱，玩家也就需要花费更多的精力来掌握游戏的玩法。我们需要的是"恰到好处"，而不是无限地追求复杂度。

2. 穷举基础行为

确定好游戏的复杂度，就意味着我们大体上确定了一个游戏是何种类型的，拥有一些特定的基础规则。在这个基础上，我们需要开始设定游戏可以拥有何种行为。在这个阶段，我们采取的是穷举法，即将游戏规则下所允许的行为全都罗列出来。

以《绝地求生》为例，这是一个第一人称视角的射击游戏，核心规则是在一片荒岛上生存到最后。游戏采用的是对局式，即上一局的结果并不会对新开的一局产生影响，这就决定了玩家的能力获得系统是单局释放式的。在这个基础上，玩家所有的能力成长都是在对局开始后自己寻找和收集的，并且游戏采用的是军事模拟方式。在这个复杂度的基础上我们可以罗列哪些基础行为？

- ❑ 基础行动：走、跑、跳、攀爬、匍匐前进、蹲、伪装等。
- ❑ 基础攻击：肉搏、冷兵器、枪械等。
- ❑ 侦查危险：声音辨别方向、望远镜、雷达定位、热能定位、监视器系统、侦查陷阱等。
- ❑ 反侦查：消声器、潜伏、蹲位、狙击、区域警报等。
- ❑ 求生行为：自救医疗、重伤求救、防弹装备、防爆头装备、特效类医疗剂等。
- ❑ 快速转移：自驾载具、传送带、点对点交通工具、坦克、飞机等。
- ❑ 环境因素：地形、建筑、天气、视野距离等。

可以看出来，当我们罗列的时候是从基础行为到进阶需求逐步去丰富的，并且所有的方面都是符合游戏基础世界观的。其中有很多是《绝地求生》中实际拥有的，也有很多看上去可以存在但是并没有出现在《绝地求生》游戏中的行为（见图 6-1）。

▲图 6-1　《绝地求生》是一款写实竞技类的射击求生游戏

3. 筛选行为

通过穷举，我们可以罗列出多种符合游戏规则的行为。在一个角色扮演类游戏中，我们甚至可以按照现实的行为逻辑罗列出成千上万种可能的行为，所以我们必须要进行筛选。

那么如何筛选行为呢？套用黑格尔的一句话来总结：凡是存在的行为规则必须是合乎行为价值的。怎么理解呢？我们在设计游戏的任何阶段都可能会产生各种奇思妙想，而我们检验和审视这些奇思妙想的一个准则便是：这个做法是能给游戏带来乐趣的，是能让玩家产生投入精力冲动的。说白了便是，每一个游戏的行为规则对玩家来说都有意义和价值，也就是我们常说的游戏对抗平衡。

注意

游戏对抗平衡有两层，第一层是游戏策略行为之间，能形成选择性，不太容易得出谁更优的结论。第二层是策略行为的效用，需要和战斗过程平衡，好的策略行为应该是恰到好处的，而不是用完之后就能高枕无忧，否则也是一种不平衡。这二者如果设计不好都会破坏战斗感受。好的、令人享受的策略行为集一定是旗鼓相当、势均力敌的，而不是让哪一方占尽优势。

我们审视每个策略行为都应该遵循以下标准。
- ❑ 相比其他策略行为是否拥有不重复的优势——优势检查。
- ❑ 是否和其他策略行为形成策略组合——交叉检查。
- ❑ 是否会破坏既有的策略体系——融合检查。
- ❑ 玩家是否愿意尝试这种新行为——乐趣检查。

如果每个检查的结果都是肯定的，那么这个策略行为一定是值得肯定的；如果只有一半通过，那么就有待商榷。

4. 测试与检验

当我们通过上述 3 步确定了游戏的诸多策略行为后，就可以将这些内容，在实际的游戏中进行测试和检验，看看最终实现的结果是否和自己的预期一致。

在设计中前期，我们通过测试获得的反馈应该是快速而准确的，并且应该从各方面多多尝试、大刀阔斧地进行策略行为调整，从而在游戏制作前期给游戏确定一个更加强健和准确的制作方向。

> **自我测试的重要性**。作为设计者，一定是游戏的第一个测试者，测试游戏也是提升游戏设计的重要一环。我们在测试的时候一定要关注自己的实际感受，设计预期和实际结果的差距是我们必须密切关注的。我们应该不断地通过总结、积累经验，缩小设计预期和实际结果的差距。

6.3.3 行为的传递性

我们讨论的行为传递包括游戏外的行为传递和游戏内的行为传递两种。

1. 游戏外的行为传递

以单机游戏来说，玩家之间分享游戏攻略就可以视作一种行为的传递性。

在生活中我们常常会提到"传递正能量"，这种传递其实就是行为的传递。我们看到别人做过的事情，会想去试，特别是那些可获得益处的行为。这种行为的传递源自动物的模仿行为，在某种程度上属于玩家的自发学习。

动物的自发模仿行为是出于对结果的好奇、获利或者是取乐，是一种对有利结果追逐导致的结果。动物会记住并反复尝试，从而继续获得"收益"。玩家也是这样，当游戏出现一些更容易获胜的手段时，玩家会更倾向于使用这些容易获胜的手段；当游戏出现某些可以通过程序漏洞来获得收益的行为时，玩家往往会竭尽全力地利用，并且会通过一些社交途径将这种内容传递给其他玩家。如果游戏里这种问题十分频繁而明显，那么游戏的生态将会变得十分糟糕，并且单一的游戏选择必定会伴随着严重的玩家流失情况。所以一个游戏的发布往往需要经历很多次测试，便是为了降低和解决这些问题，使得上线发布后能有更稳定的游戏环境。

> **游戏对外测试的两个关键阶段**。技术测试（α测试），检验游戏程序逻辑运行的稳定性，在这个阶段应该着重将程序安装成功率、程序崩溃率、运行效率等关键的程序指标问题进行测试和收集数据。**游戏性测试（β测试）**，在这个阶段游戏具有很高的完整性，游戏"内容度"可以完整地表达出核心玩法，可通过测试看看玩家是如何看待游戏核心玩法和游戏内容的。

2. 游戏内的行为传递

游戏的行为传递源自动物本性的模仿和对利益的追求，我们可以利用这个特点来吸引或者教会玩家我们想要提示或者暗示给玩家的信息。

- ❑ 操作引导或者提示。
- ❑ 新的技能展示。
- ❑ 高级角色的展示。
- ❑ 兵种相克的演示。
- ❑ 战术的模拟演示。

这些方式都是我们在进行新手引导、教学时常用的方式。

在很多解谜类游戏中，我们会将很多提示设计为游戏中出现的桥段或者一些背景文字、图片等，这会给予玩家很多信息提示。例如，在《塞尔达传说：荒野之息》中，在很多室内的墙壁上有关于食物的海报，海报上的食物制作配方是可以直接使用的；在进入沙漠女儿国时，暗示林克可以穿戴女装后潜入沙丘之国（见图 6-2）。

将游戏的策略行为完美地融入游戏内容中是最高级的行为传递方式，让玩家感觉到一切都是自己探索发现所得的，会让玩家觉得自己很聪明。这种内容的设计很考验设计者的功力，也是内容制作者的终极梦想——不需要刻意的指示便能将自己想表达的信息传递给玩家。

▲图 6-2 《塞尔达传说：荒野之息》林克的正常装扮和女装展示

6.3.4 小结

　　游戏的微观行为是玩家无法避免的，是进入游戏后立即会接触的具象行为或过程。玩家通过这些微观行为来体会这个世界的宏观内容，我们在开发中最主要的时间都在调整和优化这些微观行为，协调不同行为之间的效益，协调微观对宏观的影响，期望最终能获得一个具有良好感受的统一体。

6.4 游戏经济行为的"七宗罪"

导读

　　我们知道人的逐利性，即对自己有利的事情会更愿意去做。在生活中是这样，在游戏中更是这样。即使是一个不好玩的产出系统，只要产出的价值够高，就会有玩家忍受难玩的内容去获取完成后的奖励，就好像现实中有人会为了金钱铤而走险一样。我们一起来看看游戏行为和经济行为有共性的一面。

6.4.1 "贪婪"：行为的逐利性

　　抛开游戏的体验感受不说，绝大多数情况下，我们在游戏中的行为是为了某种"奖励"：经验、技能点、装备、游戏币、代币点数、收集更多道具、解锁更多内容等。就好像小时候完成父母的要求后期望得到奖赏、鼓励一样，我们努力完成游戏给予的挑战后，也会有获得奖励和肯定的需求。

明白这个道理后，如果我们想让一个糟糕的玩法变得大受欢迎，最简单的做法是什么呢？将奖励调整到好得离谱、无法拒绝的程度？这么做无疑是饮鸩止渴，不仅对游戏无益，还会透支玩家的忍耐度，非必要时千万不要这么做。

6.4.2 "嫉妒"：价值的比较性

我们总会选择那些看起来更好的东西，不管是在生活中还是在游戏中。当我们在游戏中建立起易于了解的价值观，如战斗力、道具品质、威力大小等，玩家就会自发进行比较并进行更换。有更换就有淘汰，游戏中如果物品等淘汰太快就会让玩家无法形成价值的稳定感受，总觉得自己的东西在下一秒就会被更好的东西替换掉，没有财富的积累感。

价值明显是好事，但玩家获取它的难易程度以及获取频率需要仔细把握才不会适得其反，否则就需要有其他的辅助手段来解决。例如，针对淘汰太快这种情况，很多游戏都会考虑"保值"的设定，如价值可以继承、可以转移、可以作为材料强化其他物品，通过额外的功能让价值不会被淘汰。

6.4.3 "暴食"：物品的囤积性

囤积物品应该是动物的天性，松鼠、狗熊还有我们人类都爱囤积东西，如吃的、用的、好看的东西。在任何游戏中，我们都会给予玩家收集的要素，可能是能力也可能是物品——没人会拒绝新的战利品，特别是在虚拟世界中，毕竟收集不用占据任何空间或者给人带来任何负担。在 7.3 节中，我们会详细讨论通过收集获取的成长感，能给玩家带来的乐趣与追求。

6.4.4 "傲慢"：稀有的控制性

说起稀有的控制性，最有说服力的例子应该就是钻石了，商家通过严格的生产和宣传，将钻石的价值感营造得十分完美。如果说现实生活中的稀有商品是由原料、工艺、需求等多方面造成的，那么稀有性在游戏中一定是通过严格的控制手段达成的，也就是由概率决定的。控制稀有性就是为了让稀有价值和实际价值表现出来的情况保持一致，避免游戏的价值体系崩坏。

6.4.5 "懒惰"：思维的懒惰性

对于可以通过重复固定行为从而获取价值的事情，我们总是会更容易放弃思考，放弃思考就意味着乏味感的滋生，对于那些一成不变的工作，相信你也会产生这样的惰性思维。游戏中这种思维惰性也往往会从获利中形成，例如早期在关卡设计不严谨的时候，游戏设定了一些可重生的资源，面对这种资源，大部分玩家都会重复闯关几十次甚至上百次，直到实在受不了其效率或者枯燥感才会尝试其他的内容。

针对这方面的问题，我们需要多多审视游戏中的可重生资源，看看它是否具有重生的必要，或者是否应该做一个限值的设定，来帮助玩家克服产生惰性的可能。

6.4.6　"颜控"：外观的吸引力

随着技术水平的提高，游戏的视觉表现已经很精美，游戏道具的外观价值也凸显了出来——玩家愿意为那些更好看的内容买单。如果游戏本身具有良好的视觉效果，我们便不应该忽视这里面蕴含的潜在价值，将其作为一种奖励给予玩家，他们会像获得新的能力、新的道具一样开心。

6.4.7　"暴怒"：不屈的争胜心

虽然我们前面提到过竞争对抗这类零和博弈的弊端所在，但在未分胜负之前，任何参与者都是具有极强的争胜心的，为了争胜他们会去思考总结、练习提高，可以说争胜心是玩家最强的成长动力之一。同时，这也是一种危险的信号——过于强烈的胜利暗示或者过于恶劣的争胜环境可能会让某些玩家退出，其中需要把握的度是我们要多加注意的。

6.4.8　小结

游戏经济行为特性中的每一点都体现了一种或多种游戏特性。我们在设计游戏行为的时候应该考虑这些特点，从而加以引导或者修正，发挥其积极的一面，弱化其有害的一面。

6.5　游戏货币浅析

导读

在实际生活中，金钱的作用无须怀疑，我们有太多的地方需要它——我们总会有各种欲望和追求，金钱往往能让我们更容易获得这些东西。游戏中的非道具类的货币资源也是起这种作用的。

6.5.1　货币的本质

货币是购买货物、交换劳动力的媒介，其本质是资源货物的所有者和市场其他参与者关于交换比例的契约。货币本身是没有实际价值的，我们所说的货币价值往往指货物在市场上的交换价值。

历史上有很多物品都曾充当过货币的角色，如贝壳、龟壳、可可豆、布帛、稀有兽牙等，不过它们都局限在一个小范围或者地区充当价值转移的货币。随后，当国家的权利与利益需要更进一步体现的时候，开始有铸币。当黄金被发现后，金子的独特美感、永保亮泽、全球稀有等特点让它成为转移价值的天然物品。为了更轻便地携带，开始出现"交子"等纸币。不管货币如何变化，货币的地域性始终没有改变——你不可能拿着人民币直接在英国使用，而必须先进行兑换，就好像玩家无法把《魔兽世界》的游戏币用在《英雄联盟》里一样。换句话说，货币的价值从来只在被认可的环境中才会存在。

注：游戏中所指的货币就是游戏币。

货币的出现可以让资源、劳动力、货物进行更为细致、准确的价值衡量，加速地球资源的利用效率，加速社会关系的进化，是人类文明一种直观的体现。

6.5.2 游戏"货币"的本质

虽然游戏币也称为"货币"，但作为设计者，我们应该以另外一种角度来理解：

游戏中的核心"货币"是给予玩家资源二次分配的机会。

理解"二次分配的机会"很关键。我们常常会遇到一些游戏，给予玩家自己分配天赋能力的机会。我们之前提到过这种给予玩家自主分配能力的能力获得系统，这种系统能给予玩家很多选择，但不会有过深的数值纵深，是可丰富游戏内容的设计。在《英雄联盟》中，玩家可以在 5 个系别里选择一个专精系别（见图 6-3）和一个辅助系别，使得同一个英雄根据队伍的需求以及个人习惯形成不同的玩法，这便是一种资源的二次分配。

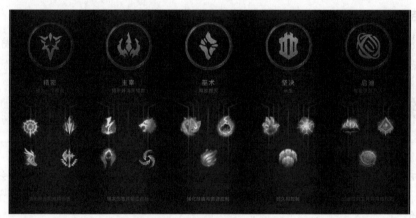

▲图 6-3 《英雄联盟》专精系别

游戏"货币"在一定程度上也是承载这种作用的。在 6.2 节中，讲到在宏观层面设计游戏的产出系统和消耗系统，在不考虑游戏性的情况下，将产出系统和消耗系统一一绑定便肯定不会有任何的设计纰漏，但这样做难免会让玩家产生很强的功利性——玩家喜欢或者不喜欢都需要去玩每一个产出系统，否则就会出现有些消耗系统没有资源可用的情况。

游戏"货币"的出现在一定程度上便是为了降低两个系统之间的内耦合，一个系统的运行不应该完全依赖或者过分依赖另外一个系统。这可以理解为，所有的产出系统都能产出"货币"，而所有的消耗系统都需要"货币"，那么通过游戏"货币"资源便可将产出系统和消耗系统的耦合关系大大降低。

游戏中的一切都是设计者在较短时间（相对于人类社会经济体系的构造时间而言）内设计和制作出来的，虽然有各种阶段的测试，但是也无法面面俱到地梳理和平衡游戏中的所有内容价值，将其一一用游戏"货币"来量化。

所以，将游戏"货币"的使用范围控制在一个合理的范围内尤其考验设计功底。如果游戏

"货币"的使用范围过于宽泛，那么需要的测试和平衡调整将十分花费功夫，否则将引来游戏价值体系的崩溃，同时对于新增内容的价值衡量也变得十分棘手，很有可能由于某个新增内容处理得不当导致全盘皆输；反之，如果游戏"货币"的作用过于单一和狭小，那么游戏"货币"的价值将得不到体现，使得游戏"货币"沦为"烂白菜"而无人问津，这种情况在大多数游戏中尤为常见，毕竟游戏"货币"的废弃比游戏价值体系的崩溃代价要小得多。如何设计一个合理的使用范围，我们将在实践篇中详细论述。

6.5.3　游戏"货币"的几种形式

在游戏中，并不是像现实生活中一样只有一种法定货币。出于降低价值平衡难度的考虑，越复杂的游戏拥有的"货币"种类越多。

正常来说，一款游戏至少会有两种"货币"。一种是和现实货币具有稳定兑换关系的商城"货币"，这种"货币"往往是游戏进行盈利的一种媒介——玩家通过现实货币向游戏运营方购买虚拟的商城"货币"，商城"货币"可以用来兑换特殊的商城道具或者是达成一些特殊的服务功能。另一种是游戏内会产出的常规流通"货币"，通常叫"游戏币"或者"金币"，这类"货币"往往作为游戏内商店、常规服务功能的消耗"货币"，并且玩家可以通过游戏释放类系统获得游戏币的奖励。

除上述两种常见的游戏"货币"外，游戏内常见的系统特定积分或是某些商店专用的"货币"都是游戏设计者为了避免"货币"价值失控而设计的。

此外，游戏的属性点、天赋点，或者是其他可直接兑换属性值、技能强度的点数，也可以看作是一种特殊的"货币"。我们将在第11章详细分析。

6.5.4　游戏"货币"的价值体现

从货币的定义可以知道，货币本身是没有任何实质价值可言的，因为交易的需求一直存在，价值才能稳定。游戏中的"货币"不太一样，游戏"货币"先是可以使用，然后才看是否具有交易价值。这就意味着游戏"货币"首先是作为一种具有使用价值的道具而存在的，然后才是具有可交易性的货币。

游戏"货币"的价值体现在以下这些内容上（游戏中无法通过物物交换而达成交易）。

- ❑ 通过"货币"可以获得实力提升，这种性质和使用"恶魔果实"获得能力是一个道理。
- ❑ 作为"服务费"在某些操作中进行消耗，如强化等。
- ❑ 可以进行商店的购买行为，这是一种伪交易价值，本质上和玩家用金币去"开箱子"获得道具没什么不同。
- ❑ 随机抽奖消耗，将货币转移为其他道具。
- ❑ 交易价值。

对于游戏"货币"的价值，我们需要细致地考量其生效的地方，用统一的价值体系来设计，否则很容易出现游戏"货币"使用效率的不均衡，导致有些地方不能用、有些地方不够用。

6.5.5　小结

现实的货币和游戏"货币"在功用上并不完全一致，现实货币可具有的价值普适性更为强大，在游戏中，为了更容易调节游戏内不同事物的价值会采取诸多特殊"货币"来进行辅助。关于如何设计游戏的"货币"经济、什么情况下添加特殊代币，我们在第 11 章中将会有具体的阐述。本节我们记住货币和游戏"货币"的异同，了解游戏"货币"有诸多形式的缘由即可，在第 11 章我们将详细讨论游戏"货币"的设计方式。

6.6　游戏经济中的非货币资源

> 📖 导读
>
> 　　构成经济主体的并不是货币，而是资源、货物和劳动力本身，这些非货币内容决定了市场的真正价值，游戏里也是这样。玩家能追求的能力、能使用的道具、能替换的装备……决定了玩家能拥有何种程度的"总财富"。

6.6.1　不动产资源

不动产资源指那些充满价值却又无法移动、流动的东西，在现实中指土地以及房屋、林木等地上附着物，在游戏中，我们可以将玩家无法转移的操作技巧、游戏个人理解、熟练度视为一种不动产资源。

不同类型的游戏，不动产价值的高低也不一样。总地说来，竞技性越高的游戏蕴含的不动产资源越多。例如，创立于 2000 年的世界电子竞技大赛（World Cyber Games，WCG）固定项目《星际争霸》，职业选手的操作技巧、个人对游戏的理解、熟练度要超出普通玩家太多。

正是因为有这种不动产资源的存在，我们才能感受到同一款游戏在不同人的手中会发挥出完全不一样的魅力。在如今直播行业火热的互联网时代，游戏直播占据半壁江山，游戏主播们便是利用他们的"不动产资源"，为其他同好提供新的视角和乐趣。普通玩家也会因为每个人的"不动产资源"而使得越来越多的游戏厂商加入快节奏对抗的游戏设计内容中。例如，《绝地求生》《英雄联盟》《皇室战争》《贪吃蛇大作战》等都是将玩家的精力最大化，围绕不动产资源来设计的。

这样的设计会让玩家觉得只要有更多的练习、投入更多的精力，遇到其他的对手或者伙伴便有机会成为赢家，竞争只是当下，而不需要顾及其他的资源内容。这在生活节奏越来越快的现代社会是一种极其迎合玩家的设计思路。极具操作技巧的游戏《星际争霸》（见图 6-4）作为暴雪最负盛名的即时战略游戏，其游戏性、平衡性、操作性都是整个游戏史上让人难以逾越的高山，只有那些在决策效率、操作效率等方面都十分精通的玩家才能在对抗中获得胜利。

▲图6-4　《星际争霸》战斗截图

6.6.2　存款资源：属性

我们在第 1 章就提到过，游戏世界其实是数字化的世界——游戏的一切都构建在 0 和 1 的二进制数据之上。同样，玩家扮演的角色或者操控的单位会有各种数字化的能力，比如移动速度、攻击力、等级、可使用的武器级别等。

在游戏中，随着游戏的进程或者玩家游戏时长的积累，玩家操控的角色会变得越来越"强力"，包括积累的经验值、增加的天赋点、可选择使用的道具类型库，都变得越来越多、越来越丰富。这对于玩家来说也是一笔巨大的"资产"。

每个属性的积累要么是玩家花费时间换来的，要么是花费其他货币、道具等兑换而来的。积累的这些属性在一定程度上是玩家的硬性能力，当这种数值能力达到一定程度后便能参与更强的挑战，有机会获得更多的奖励。

6.6.3　流动资源：道具

道具大概是最接近资产定义的内容了。游戏的道具玩家可以囤着、出售、变卖、使用……

1.　使用分类

根据道具使用后的情况可以将道具分为以下几类。
- ❑　消耗道具：使用后获得固定效果、临时效果，如技能卷轴、恢复药品等。
- ❑　资源道具：使用后获得一定的货币资源，如金币、天赋点等。
- ❑　可重复使用道具：可以反复使用的类型，如装备、技能道具等。

2.　效用分类

根据不同的使用环境可以将道具分为以下几类。

❑　药品道具：往往是消耗道具，获得的状态大多为时效性的，也有少部分为永久维持的。这些道具往往是不可逆的。

❑　装备道具：最大的特点是具有可拆卸性，即使用后还可以选择取消或进行其他更换和搭配。

❑　工具和功能类道具：在游戏中往往起各种辅助功能，如帮助制造药品、装备，或者用来当作获取素材的工具。

❑　材料道具：无法直接使用，但可以用作其他成品的生产原材料。需要指出的是，有些材料可以既是成品也是材料。

❑　资产道具：在少部分的游戏中，对房间、岛屿、地产等进行了归属划分。

3. 逻辑分类

顾名思义，逻辑分类是建立在一定的游戏逻辑基础上的。不同的游戏，根据本身的逻辑需求可以进行不同的逻辑划分，大致有以下划分思路。

❑　存储需求：有时候道具太多，我们可以根据需要将道具划分成任务、材料、装备等类型，方便玩家检索。

❑　对抗需求：在设计战斗属性对抗的时候，为了限制或者鼓励道具的流通，可以在道具上增加五行、魔法元素等属性。

❑　社交需求：在游戏中设定性别、种族、阵营等类型限定就是为满足一定程度上的社交需求。

6.6.4　小结

游戏中的非货币资源往往比货币资源有更大的资产占比。虽然本节的主题是游戏行为和游戏经济，但最终玩家积累财富的结果大多转化成为非货币资源，这一点是需要我们重视的，我们需要谨慎地设计游戏内玩家可以获得的非货币资源，它们往往更能引起玩家的重视。

6.7　思考与练习

1. 思考

在不同类型的游戏中，玩家能分别获得什么样的"财产"组合？

2. 练习

结合第 2 章内容，将自己拆解过的游戏按照宏观和微观定位重新分析一次。

第三篇

实践篇

第7章　成长设计实践

人类的各种行为活动都有可能获得积极的情感，如快乐、满足等。通过内容体验传递这种积极的情感是大多数游戏的追求。如何给予玩家这种情感，在不同的游戏中有不同的处理方式，例如有些游戏是通过剧情的铺设来累积、释放玩家的情感；有些游戏是设计各种巧妙的关卡，让玩家逐一攻克后获得积极的情感；有些游戏设置了巧妙的谜题让玩家在解谜的过程和结果中都能收获积极的情感……或先抑后扬，或持续刺激，或阶段鼓励，就好像文学和电影的情感表达一样，都是为了将参与人的情感牢牢地掌握住。

不过，要掌控人类的情感变化可不是简单的事情。举一个简单的例子，当我们听到一件高兴的事情后，再听到另外一件同样高兴的事情，获得的可能不会是双倍的"高兴"，但两件接踵而至的悲伤事件却可能将一个人的心理直接击溃，如果我们合理地交叉这些事，那么完全可以中和负面情绪，甚至放大积极的情绪。所以，我们除了要设计玩家能够获得何种情感，还需要合理地安排何时何地让玩家获得适宜的情感。我们可以通过游戏关卡、剧情设置来给予玩家很多的挫折，同样我们也需要一些能够平衡这些挫折的设定来帮助玩家稳定而持续地获得正面反馈。

通关、解开谜题、打败敌人等都可以帮助我们推送积极的情绪让玩家获得"成长"。在本章中，我们将从为什么要设计能力成长、如何设计能力成长、以等级成长为核心设计思路的具体设计方法进行论述。

7.1　成长

导读

成长具有的累积性让任何人都无法拒绝其魅力——越成长，越强大；越强大，能完成的游戏难度越高，收获的成就感越大。用夸张的方式来表述，"成长"的吸引力对玩家来说超乎其他所有的游戏因素，这也是玩家容易沉迷游戏的主要原因。

7.1.1　成长的游戏定义

我们在表述一个人变得比之前更优秀、更有能力、更强大时，会说他成长了。成长是相对的表达词，无论一个人当前的状态、水平如何，只要他变得更好，那就可以说他成长了。在生活中，"成长"的范畴太大了，各个行业、各种能力、各式技巧都可以成长。同样，成长能跨越的时间线也极长，可以是日积月累式的，也可以是突飞猛进式的，也不排除潜移默化式的……理解生活中的成长有助于我们来定义游戏中可以获得的成长，所以一切让玩家的游戏感受变得更好的过程和结果都是成长的内容，这些内容具有积累性和不可剥夺性。

如何理解这句话呢？任何游戏的终极意义都在于"体验"。游戏体验是一种超脱现实的虚拟经历，我们可能会体验一段悲伤的故事，也可能体验一场畅快的战斗或者体验一次扮演大亨的模拟经营，在所有的体验过程中，就如同文学、电影，经历过程中的起承转合都对体验有着关键的影响，而游戏的不同点在于玩家的主动性是独一无二的，所有的过程、结果都因为玩家的主动性而变得不同。游戏设计本身也应该努力将这种主动性提供给玩家，这样玩家的参与感会极度加强。当玩家主动地做出选择或决策的时候，便真正意味着他们融入了这个游戏世界。

从定义中我们可以提炼出游戏成长的 3 个关键特点：普遍性、积累性、不可剥夺性。

1. 成长的普遍性

随着玩家融入游戏世界，他们将不断地积累这个"新世界"里的"常识"，如移动速度的极限、根据听声是否可以辨别位置、跳悬崖是否会摔死自己……可能连开发者也并不认为这是一种成长，但它确实是。玩家进入任意游戏的前 5 分钟接触的信息量都是巨大的，从基础操作到每一个操作界面（User Interface，下文简称 UI）的布局、按钮、文字提示，到这个世界的基础行为，甚至游戏结束的情境等都能给玩家带来成长感。在有些游戏中我们会

> **Roguelike 类游戏**：RPG 游戏的一个分支，其显著的特点是死亡惩罚的不可挽回性——所有冒险获得的经验、装备、技能等都会归零。这一特点似乎是和成长的不可剥夺性相违背的。其实不然，每次冒险积累的经验会不断地让玩家变得强大：更好地搭配组合、更好地趋利避害、更好地应对随机事件等。

做很多说明和引导，也有很多游戏并没有可以叙述的内容，但无一例外，用户在游戏的前几分钟会接触到大量的"新"信息，这和生活常识可能相同、相悖或者相似，可能需要简单的尝试，也可能需要付出一定的代价才能知晓那些信息。这所有的一切对于玩家来说都是成长。

成长在游戏中是包罗万象、无处不在的，游戏世界的任何规则、规律都能让玩家获取充沛的成长信息，这种成长是相对的。这里需要再次强调，相对于之前对游戏的陌生，它每秒都会让玩家感觉到成长的满足。

2. 成长的积累性

随着玩家投入的时间变多，他们积累的经验也会变多。如果能帮助他们做出更好的判断和

决策，那么这个游戏的成长纵深则是优秀的，这些意味着游戏能很好地延续玩家获得成长的普遍性——越长的时间意味着越多经验、越多收获，这是任何人都不愿意拒绝的事情。

随着游戏的持续进行，玩家会收获更多的背景故事、剧情，这也是一种成长积累的体现。成长的积累性不仅体现在内容的量级上，也体现在游戏的反馈效率上。例如，我们可以更轻易地完成一些高难度的挑战、以更高的概率通过困难关卡、更快地击杀敌对目标等，这些也都是成长积累所体现出来的。这里面既包括了数值实力的提升，也包括了技巧的提升。

3. 成长的不可剥夺性

不可剥夺性是持续时间很长的精炼说法。当玩家掌握了某种技巧后，可能会因为训练时间长短有生疏和熟练的差别，就如同驾驶技巧一样，玩家一旦掌握了就不会忘却。同样，当玩家的战斗数值能力达到一定程度后，并不会因为一些常规的理由而被剥夺战斗实力，只会让玩家面对越来越强大的敌人。

7.1.2 成长的分类

游戏中的成长可以对应到第 6 章中提到的游戏中的非货币资产，可以将成长分为技巧类和数据类成长，另外还应包括对游戏世界了解程度的常识类成长。

1. 常识类成长

大多是玩家对游戏世界的基础认知，如移动、跳跃、重力、基础交互等，也包括一些隐藏的特殊规则，如有些游戏可以通过激活传送点快速移动，或者可以通过三五个伙伴快速召唤自己的其他队友。这些内容如同生活中的常识，了解得越多，对游戏世界的运作规律便知道得越多。

类似地，当我们去玩一个新品类游戏的时候，我们能收获和其他现有的游戏不一样的信息，如新的设定、新的战斗模式、新的呈现方式等，这些都是玩家潜意识里期望收获的新内容。

2. 技巧类成长

技巧方面大多是游戏操作经验的积累，包括玩家不断练习和摸索的操作技巧，或者是需要领悟某些思维方式才能熟练掌握的技巧。这些都是玩家对游戏微观行为实践经验的积累。

3. 数据类成长

数据类成长可以对应之前所说过的存款资源，即玩家积累的属性类型资源。这部分的成长在游戏中大多是实实在在、能看得见的，我们可以展示给其他玩家看，也可以切实地将其通过操作反馈使玩家在游戏中获得收益。

7.1.3 成长的意义

我们制作游戏内容时，不论设计的形式如何（设置难度、谜题、悲剧剧情等），最终都是希望玩家拥有"饱满"的情感体验。"饱满"包括两方面,一方面指游戏过程内容丰富,另一方面是情感上有一个完整的满足感。这种饱满的设计结果是需要我们尽力去营造的,需要不断提高我们的设计能力才能达到饱满的设计结果,而设计成长性内容是达到这一目的普遍而强大的手段。不断地给予玩家新的信息、能力、道具、剧情,并且给玩家实践和总结的机会,大概是最容易让玩家产生"饱满"感受的方法之一了。具体有以下几个方面。

1. 成长会产生期待

在合理的节奏点让玩家获得成长,会给玩家营造出一种适度的获取习惯,使得玩家形成对未来的合理期待。很多游戏将这种设计变得直白,如会用界面告诉玩家 5 级获得坐骑、10 级获得翅膀、15 级获得怒气大招……这大概是最直白的利用成长期待感来进行设计的方式之一。

2. 成长会产生留恋

当玩家在游戏中获得足够的成长时,玩家离开的成本就会变高。玩家获得的成长越充分、投入的精力越多,就越不容易产生放弃的想法。因为投入总是会期待回报的,而游戏的回报就是通关、胜利等。需要注意的是,成长积累不能来得太容易,那样即使积累了很多也不会让玩家觉得获得了成长,反而会觉得廉价和无趣。

3. 成长会提高玩家和游戏内容的融合度

随着玩家在游戏中的成长,玩家对游戏内容的理解会越来越得心应手。玩家认可和接受设计者给予的成长性内容时,就会顺着设计者的思路来理解和完成游戏。这将极大地提高玩家对游戏的参与感,完成自身和游戏的融合。

7.1.4　小结

成长对游戏是不可或缺的,一个游戏如果不能让玩家获得成长感,那么在其他方面必须有吸引玩家的内容,否则游戏的吸引力会大大降低。

7.2　等级系统的拆解分析

📖导读

　　不论是角色扮演类游戏还是模拟养成类游戏,抑或即时战略类游戏,都设定了角色等级或者账号等级。等级在游戏世界中是玩家当前成长实力的一个综合体现,也是玩家投入时间和精力多少的一个重要标志。

7.2.1　等级的各种定位

等级是玩家投入精力的综合反馈,在不同的游戏类型、不同的系统结构中,其定位略有不同，但无一例外都是为了提高游戏内容的投放节奏。其中少数游戏没有等级上限的设定，这类游戏的等级系统在完成节奏控制的使命后会转变为游戏参与程度的记录标志。

下面按照等级的类别进行分析。

1. 角色等级

在角色扮演类或者近似角色操作为主的游戏中，角色等级主要起到控制角色能力上限、控制角色可用功能、控制玩家能接触到的游戏环境等的作用。我们会设定装备的等级，只有角色的等级到达一定的程度才能使用、穿戴该装备，我们也会限制玩家角色等级达到 30 级才能参与某个 PVP 战场功能。

在某些游戏中，角色等级所需的经验值也被设计成一种可消耗的资源，使得经验值在等级达到满级后仍有追求的意义和价值。

另外，角色等级在多人在线网络游戏中是衡量玩家实力的标准之一，也是很多系统划分玩家实力群的标准之一。例如，有些玩法限制 40～49 级的玩家参与，在一定程度上可以让玩家之间的实力更为接近，从而提高对抗时的游戏体验。

2. 账号等级

在社交养成类游戏中，账号等级的设定十分常见。这里面的等级往往也起到控制游戏内容开发节奏的作用。例如，账号等级为 3 级时解锁盆栽，8 级时解锁贴花窗户，15 级时解锁水池，20 级时才能进入野外探索。

账号和角色的区别大概就是游戏载体的表现方式不太一样。一个账号下面可能有诸多角色需要进行管理维护，同时这些角色又可能拥有独立的经验成长系统。

3. 培养等级

培养等级往往出现在游戏的子系统中，通过消耗一定的资源（货币、时间）来换取目标的等级提升。培养等级在设计上也是为了有效地控制培养目标的能力释放节奏。游戏设定的道具等级也是一种控制能力投放节奏的方式。这里既包括角色的附属单位，如宠物、坐骑的养成，也包括一些可养成装备之类的系统。

4. 熟练等级

熟练等级需要玩家不断地练习，每练习一次，便会提高一点熟练度。熟练度满足一定的条件后，便会提高对应目标的等级，并随之解锁新的能力或者提高数值水平。

7.2.2 行为经验的基础考量

大部分时候，经验等级系统是内容投放节奏的第一控制线，也是玩家衡量自己强弱的一个综合标准。同时，对于玩家来说，也是长时间保持成长追求的一个面板数值。

在经验等级系统之下，经验值是行为价值的量化，如击杀同级小怪价值 30 经验值、完成同等级普通任务价值 360 经验值等。每等级需求的经验是该等级下需要玩家进行尝试的行为价值总和，最终从结果上综合反映出玩家在当前等级水平下战斗、经验、可接受的挑战等数据。

> **价值衡量的基准。** 当我们讨论任何经济价值体系或者类似经济价值体系的时候，我们都应该以时间成本为基础出发点。

我们可以通过一系列的标准和参数来量化游戏里任意行为的价值。我们在前面讲过，游戏里的一切可实践的行为都是设计者们一个个添加的，所以我们也有必要将他们的行为价值逐一确定下来（这里谈到的价值主要是指提升角色等级所需要的经验值，其他额外的价值暂不深入涉及）。

一般来说，我们会从以下几个维度来思考和度量经验值的投放设计。

1. 时间成本

这是最主要的，也是一切游戏价值产生的基础所在，并且这里的时间参照是以真实时间为依据的。通过行为的时间成本，我们可以清楚地了解玩家进行这一行为花费的现实成本，这是我们锚定玩家可以收获多少回报的基础所在。这很容易理解，要花 5 小时完成的副本挑战任务，肯定要比花 30 分钟就可以打通全程的任务奖励丰富得多，这样才不会让玩家产生效率上的亏损感。

2. 丰富度

丰富度是指玩家可以通过多少种不同的方式来获得经验值完成等级的提升。如果一个游戏经验值获取的途径过于单一，那么玩家心生的厌弃感便可能来得更快。在丰富度的考量中，我们往往从行为表现形式、能参与的时间点两个方面进行考虑。这可以让我们知道某些行为是不是需要一些额外的价值修正来保证它的一些独特价值得以体现。例如，限定每周六才能参与的经验获取行为，其单位时间获得的回报应该比常规时间的价值更大才行。

3. 重复频率

在所有经验投放的行为中，行为内容的重复性是不可避免的。例如，重复击杀行为获取经验，重复完成各种任务获取经验，重复完成每日、每周的活动挑战获取经验等。在实际游戏设计中，我们往往将有些行为不断重复。有些任务在一定时间范围内可以重复，有些任务是一次性不可重复的，这些行为在设计的时候被抽象为一些类型合集。例如，普通任务是一次性的，日常任务是每日重复的，周活动是每周重复的，方便我们进行经验值的投放管理。

综合上述 3 点，我们基本可以得出游戏内的行为价值锚定表（见表 7-1），这是我们进行下一步的基础。从表 7-1 中我们可以看出，时间跨度越小、耗时越长，其相对价值会越高。

表 7-1   行为价值锚定表

行为	时间跨度	期望耗时（分钟）	价值修正	期望价值
怪物击杀	全天	0.75	1	0.75
普通任务	全天	7.5	1	7.5
英雄任务	全天	25	1	25
普通副本	全天	30	1	30
英雄副本	全天	105	1	105
日常任务 1	全天	10	1	10
日常任务 2	18:20—20:00	6	1.2	7.2
周活动 1	周五	35	1.5	52.5
周活动 2	周日	70	1.5	105

当我们确定好游戏内所有行为的分布和总的期望价值后便可以进行下一步了。

7.2.3 等级相关的边界问题

当我们完成了行为价值锚定表后，便可以进入最后一步来确定每等级到底应该给玩家设定多少经验值了。在这之前我们还有几个准备工作要处理。

1. 确定等级上限

在进行内容规划的时候，我们需要明确在某个版本投放的内容上限是怎样的，然后根据内容时长来确定一个合适的等级数据（数值的预估详见 2.5 节）。

2. 确定等级拐点

在整个等级设计的过程中，我们往往需要拟合一个多次函数，至于曲线的曲折程度如何则需要我们确定等级成长的"蜜月期"，即让玩家感觉到升级"快而爽"的过程有多久，从而可以知道升级节奏快慢变化的转折点处于什么位置，就能大概确定整体升级曲线应该有什么性质了（起点、等级拐点、等级上限及其时间）。

3. 确定溢出经验的去处

最后，额外需要考虑好的是数值设计之外的一个问题，就是当玩家达到满级后各种经验获得的途径怎么处理。有些设计直接将等级不设上限或者设定归零重新升级，每次提升等级给予固定的一些属性奖励吸引玩家继续积累经验，有些游戏则是将满级后的经验换成一些声望、荣誉等类似这种额外的积累属性，根据声望、荣誉给予额外的到达奖励。这些方式都是常见的针对经验溢出的处理办法。

7.2.4 基于行为获取经验的等级系统设计

完成 7.2.3 节的准备后，我们可以进行最终数据填充，并完成等级曲线的设计。

我们可以准备表 7-2，通过这个表将每个等级期望玩家进行的一些行为组合很好地确定下来，并起到指导和规划整体游戏内容的作用。

表 7-2　　　　　　　　　　　　　行为频次预期表

等级	击杀数	普通任务	英雄任务	普通副本	英雄副本	日常 1	日常 2	周常 1	周常 2
1	1	1	0	0	0	0	0	0	0
2	2	1	0	0	0	0	0	0	0
3	2	2	0	1	0	0	0	0	0
……	……	……	……	……	……	……	……	……	……

在表 7-2 中，我们需要仔细考量每一个等级中各个行为期望发生的次数，然后配合在 7.2.2 节中定义出的各个行为的价值，便可以很容易地得出每个等级需要的经验值。需要注意的是，我们在 7.2.3 节中介绍的等级拐点也是需要结合这个期望次数互相配合调整的。

大部分情况下，我们在设计拐点前（新手引导期间、升级蜜月期间）都需要比较认真地估计玩家可能的行为走向，甚至为了达到让玩家履行我们设计的行为分布，适当地对玩家的活动区域、能使用的功能进行限制。如果我们需要比较多的教学内容，那么适当延长等级拐点是一个比较好的选择，因为引导期间玩家能够快速获得等级变化，这种密集的成长反馈有助于玩家保持更好的游戏参与感。

> **数值大小的选择。** 大的数值累加，看着一次能加很多，期望让玩家产生"赚到了"的感觉；小的数值，有种精打细算的感觉，希望玩家认真去考量计算。

当我们完成等级拐点前的等级行为分布后，后续的等级可以通过各个行为的线性增长来进行较为粗放的数据设定。完成所有行为的次数预期后，结合行为价值表，确定一个基数便可以获得整体的经验值。例如，我们设定每期望价值产出经验值为 50，那我们可以得到这样的计算结果：

某等级所需经验值＝怪物击杀预期数×怪物击杀期望价值×50＋普通任务预期数×普通任务期望价值×50＋…

通过 Excel 的分析我们可以很轻易地得到所有等级的经验值。

需要指出的是，在后续的调整中，我们通过调整行为价值和期望次数来进行数据的调整和改进，而不是直接修改等级经验，这一点是初学调整数值时需要特别注意的。我们对任何数据的修改一定是针对我们搭建的模型进行根源上的价值关系调整，只有这样才能产生一脉相承的价值设计体系。

在上述计算经验数据的过程中，我们并没有用到曲线公式。当然，我们也可以选择使用，在获得各个等级的经验值后将其拟合成一个公式即可，还可以直接将所需数据作为配置表，交由程序读取。

7.2.5　单一经验值来源的等级设计

在 7.2.4 节中，我们主要论述的是多个行为经验来源时我们应该采取的一般设计思路和步骤，那么针对其他单一经验值来源我们应该怎么处理呢？

这里逐一列举几个单一来源的等级设计思路。

1. 线性关卡中的等级

在这种类型的游戏中，不论击杀怪物、完成任务还是其他行为，都是一次性地获取经验，无法重复击杀或者等待刷新，这意味着单关卡下所获得的经验是固定的。

在这种类型的游戏中，游戏内容的制作相对稳定而且多为事先规划好的，且后期修改、增加内容的可能性很小。此时，我们可以很容易地估计出等级上限、每个关卡完成的期望等级，然后将关卡中的行为统计，并按类分配对应的经验值，保证总值约等于关卡期望等级所需的总经验，这就是完全依据需求进行数值分配反推的。

同时，在此类游戏中，我们进行的其他内容投放也可以依照这种需求反推来完成，如挑战过于强大的首领怪物，可以事先给予玩家一定的恢复道具，或者是某个特殊的宝箱需要特定钥匙，可以提前在关卡中的某个位置预备好。

2. 培养类型的等级

在我们对附属单位进行等级培养时，我们需要消耗各种材料、道具来帮助附属单位进行等级提升。附属单位可能是宠物、建筑、装备等各种可升级对象。

设定这类等级及其所需经验可以遵循以下步骤。

- ❑ 根据培养上限、角色最大等级、系统总的投放能力上限等确定培养等级上限。
- ❑ 根据系统的能力获得占比分配每等级能力成长程度。
- ❑ 确定一个每等级单位价值效率变化的曲线，线性或者指数变化。线性变化代表随着等级变高，每等级投入的单位价值保持不变；指数变化代表随着等级变高，每等级投入的单位价值需要更多。
- ❑ 根据单位价值变化曲线和每等级的能力分配总值，算出各个等级所需要消耗的材料总价值。
- ❑ 将每等级的总价值转化为实质的道具、金币数量。

在这种类型的系统中，我们主要掌握好投入价值和回报即可。同样，当我们进行数据平衡调优的时候，需要从最基础的培养上限、总能力投放着手，一步步调整、修正投放中不合理的部分，而不是直接修改最终结果。

3. 熟练等级

最后我们看看熟练等级相关的一些数据设定。熟练等级的常见形式有下列两种。

- ❑ 技能等级的提升需要技能使用达到一定的频次。
- ❑ 生活制造技能的等级提升需要制造一定数量的道具。

在这些系统中，我们主要考虑的因素是时间成本，即预估玩家的行为频次达到所需的时间。

例如，技能 A 释放的频次大约是每天 200 次，期望玩家在 1 天内升级，那么等级 1 所需的经验大概就是 150～220，如果希望玩家升级节奏保持不变，那么后续的等级经验和等级 1 保持一致即可，否则按照期望玩家升级所需的天数乘以每天预估的次数即可得到对应的经验值。

相应地，制造类的熟练等级，我们也是估计玩家升级所需的天数。需要我们估计玩家每天可以采集获得的原材料，然后在完全消耗原材料的情况下能生产的次数乘以 60%～80%，即可得到每天希望玩家完成的次数，通过设定所需的升级天数乘以每天能达成的次数即可获得每等级应该设定的升级次数。

上述单位既可以是天，也可以将天换成分钟、小时等，进行同等逻辑的推算。

7.2.6 小结

等级的成长会让玩家很容易感觉到游戏内容的变化，通过给予玩家经验、等级奖励，便可以给玩家营造出较为舒服的游戏体验，这是一种性价比很高的设计方式。

7.3 收集元素给予的成长感

导读

成长对于玩家来说就是一种特殊的获取，反过来，任何给予玩家获取感的内容都可以视为给予了玩家成长感。我们在游戏中提供给玩家的各种收集要素便是另一种成长感的设计。

7.3.1 收集的概念

收集是一种对占有感最低限度的满足活动。小时候我们收集贴纸，长大后我们收集游戏碟、手表等，从便宜的到昂贵的无所不有，游戏中也是这样。

1. 收集的范畴

在某种程度上，游戏设计者是需要满足玩家欲望的，而收集是玩家占有欲的体现。在这种理解下，我们可以认为一切能被玩家所拥有的元素都可被视为收集元素。例如，游戏里的道具、技能、NPC、剧情故事、地理图鉴等，都可以成为玩家收集的对象。

2. 强化收集感受

收集可能是玩家自发的，也可能是设计者有意提炼出来的。在很多游戏中，会设定图鉴、日志、成就等功能来提示玩家有哪些内容是可以进行收集的，这就是收集内容的强化——将游戏中具有收集性的内容统一展示给玩家，这样喜欢收集的玩家就会有很好的记录，也有可能会引起本没有多大兴趣玩家的注意。

3. 收集的意义

在游戏世界中，每一个元素都是设计者刻意而为之的，所以在任何游戏中加入收集性的系统都能让玩家很好地融入游戏。

例如，在剧情很好的游戏中，我们可以将剧情过场、对白，帮助玩家整理罗列出来，并提示玩家后续还有多少精彩的内容可以期待；或者在场景精美的游戏中加入地理探索内容，鼓励玩家探索和遍历场景的每个角落。

一个优秀的收集系统和玩家会产生良好的互动，并且能够显著地提高游戏中后期玩家的参与活跃度，将游戏中优质而大量的内容集合成收集系统是我们在大多数游戏中都可以采用的一种内容扩充策略。

7.3.2　收集与奖励

在游戏设计中，我们应该时刻牢记一点，玩家的行为必须获得反馈，可以是鼓励、奖励或者其他任何能让玩家感觉到满足的内容，这样才能在游戏中不断地形成正向反馈——玩家会认为自己的任意尝试、任意行为都是可能获得回报的，会让他们更加积极地参与游戏。

收集也不例外，当玩家完成一个新的收集后，我们应该给予玩家适度的奖励，来帮助玩家继续保持收集的乐趣。在奖励的设置中，可以有以下内容。

- ❑　收集进度。每次完成任意收集增加收集进度。
- ❑　货币奖励。每次完成任意、多个收集奖励一定的游戏币。
- ❑　特殊奖励。完成特殊的收集奖励特殊的道具等。
- ❑　勋章奖励。当整体的完成进度达到一定数值后，给予进度奖励，并提升整体评价。
- ❑　战力奖励。如果游戏中的收集系统十分核心，适度给予玩家核心战斗、核心玩法相关的一些奖励可以更好地激发玩家的追求欲望，这些奖励可以是属性数值或者是特殊技能等。

7.3.3　收集与挑战

在很多游戏中我们都能看到成就系统，这是一个集收集、挑战、奖励于一体的优秀内容。

玩家通过完成一些特有难题，达到对游戏更深层次的理解和追求，这些内容是普通玩家或者投入度不够的玩家无法轻易达成的，同时给普通玩家完成游戏流程性内容后设定了更高、更远的追求。

成就系统可以让玩家有意识地去追求游戏中原本隐藏得很深或者更宽泛的内容，这些内容或条件苛刻，或需要花费大量时间精力，或需要大量刻意的练习。可以说，优秀的成就系统可以将游戏内容更好地展示出来，发挥其更大的魅力。对应地，当玩家解决设计者们出的挑战难题后能够得到游戏内实质性的认可——道具奖励、勋章认证等极具荣誉性的回报。

成就内容制订基本可以分为以下几种类型。

- ❑　技术型：需要技巧完成的。
- ❑　积累型：需要较大数量积累的。
- ❑　运气型：需要一定的运气才能获得的。
- ❑　套牌型：需要收集指定的一个或多个条件才能完成，这种收集可能是游戏元素，也可能是成就本身。

我们可以根据实际情况选择其中一种或者几种符合自身游戏特点的内容，将其作为成就系统的某些内容。

7.3.4　小结

收集系统给予玩家的成长感更多的来自内容的积累感,对诸多收集内容的积累会让玩家产生心血付出的实在感——每一个被点亮的收集项目都证明着玩家在游戏中的投入,这对玩家来说是十分具有价值的投入证明。

7.4　成长推送的节奏

导读

我们已经知道有这么多的方式来让玩家获得成长感,如等级、装备、属性、收集、挑战等,那么我们怎么将玩家一步步引入给他们精心制作的这些内容中来呢?就好像无序的噪声和优美的旋律的区别,拥有良好的推送节奏才能将这些成长一一串联起来,让玩家收获最好的成长感受。

7.4.1　"5 分钟进入"准则

在进入游戏的前 5 分钟,玩家最关注的内容有以下 3 点。

- ❑ 画面表现力。统一的画风、有张力的表现、艺术化的处理等都属于画面表现力的一环。
- ❑ 剧情代入感。世界观的塑造、剧情的切入、旁白配音、过场视频等都属于强化剧情代入感的一环。
- ❑ 游戏操控性。核心玩法所依赖的输入反馈。

万事开头难,一般在游戏刚开始的时候,我们需要从画面、剧情上进行精心的营造,就好比一部优秀的小说,在开头总能迅速抓住读者的眼球,并且在氛围上留足悬念。

游戏中的悬念可以是剧情的留白,更多应该是核心玩法的趣味性吸引。只有优秀的玩法才是游戏的本质,优秀的画面、留白的剧情都是为了帮助玩家融入核心玩法,游戏操控性则是检验核心玩法的首要环节——良好的操作反馈是玩家乐于继续尝试的基础。

在所有的游戏中,每一次更新版本或版本迭代的时候都必须重新测试一次,保证内容的顺畅和完整。

7.4.2　成长递进原则

前面我们已经讲解过,对于一个全新的游戏,玩家刚接触时能获得的成长感是比较多的,并且需要保证每个内容之间存在一定的差异。这种差异可以是重复内容的更迭,可以是全新的内容推送,也可以是附带更多奖励的重复内容强化。

一般来说我们需要注意以下几点。

1. 稳中求成长，常识为主，新奇为辅

不论是什么游戏，最佳的开场都应该从玩家熟悉的常识来切入。这里的常识是指自然中存在的事情，比如正常人是脚踏实地的，玩家看到的镜头也是上头下脚，如果游戏设定是倒立的或者是需要翻转的镜头，那么我们就得事先做出说明，提示玩家这种现象对该游戏来说是"正常的"。

有时我们希望在游戏一开始的时候抓住玩家的眼球，但是一定不能建立在基础逻辑规则的不成立之上，对大多数玩家来说，内容的合理性是他们接受这个世界的第一步。

2. 成长强弱交替

人类情绪的一个秘密是"情绪的高低是相对的"，当有参照的时候情绪能更好地完成它应有的表达，有时候参照强烈可能会产生更强的表达效果。我们不断地给玩家看更美的内容，他们反而会觉得审美疲劳，如果中间穿插一些休息、缓冲的时间，那么相同的内容可能会带给玩家更多的快感。

具体来说，在每一个我们设定的新内容里都应该有一个感知上的强弱标准。我们需要确定投放的参照节点。参照节点可以是时间节点，如某个内容是在某个时间点投放的，按照这种对应关系，罗列出所有时间点和内容的关系表，同时我们应该将某个时间点能够提升到的等级也罗列出来（如果这个游戏有角色等级系统）。参照节点也可以是依据等级来看的，即某个等级投放了某些内容的对应关系表。需要注意的是，在等级表中也需要增加时间标志，即任何内容的投放都应该能对应到玩家此刻的等级和进行游戏的时长。

以等级为主轴示例，我们可以有成长投放规划表 7-3。从表中我们可以看出，玩家前期获得的一些成长是十分密集的，即使如此，两个投放点之间的吸引力也是有高低起伏的，当两个投放点相隔时间较长时，我们需要有更具吸引力的内容来填补这段较长的间隔时间。其中，"对玩家吸引力"的满分为 100 分，我们在进行内容投放的时候可以通过这个方式来保证成长感受的相对合理性。

表 7-3　　　　　　　　　　　　　等级为主轴的成长投放规划表

等级	投放内容	预计达到时长（分钟）	对玩家吸引力
1	基础攻击	0	40
2	绝技	0.6	80
2	技能升级	1	50
3	装备掉落	1.5	80
3	装备升级	2	65
4	魂吸系统	5	90
……	……	……	……

表 7-3 还可以继续增加更多的方面，如完成任务数、强制引导点、过场剧情点、奖励道具获得……流程性上的内容巨细无遗，都可以在等级时间成长规划中体现出来。我们可以从投放

内容的交叉不重复、内容吸引力大小、预期到达时长这几个方面来控制和调整玩家的成长感受。

3. 复杂内容后置

复杂的内容包括两方面：一方面是操作逻辑上的复杂；另一方面是理解逻辑上的复杂。

操作逻辑上的复杂体现在步骤上是纵深维度多，涉及的周边系统较为复杂。例如，常见的装备镶嵌包括装备系统、宝石系统、打造系统、掉落系统等，往往还伴随着一些特有属性系统。

理解逻辑上的复杂体现是内容本身的创新、挑战玩家常识、颠覆现有的设定或者是剧情前后反差等。当我们尝试让玩家接触这些内容的时候，往往需要做足一些铺垫或者暗示，这样便不会让玩家感到难以接受或者无法理解。

7.4.3　成长简化原则

我们前面已经提到过复杂内容后置，那是不是就可以不管成长简化原则了？不是的，简化是针对整体玩家能接触到的成长内容而言的，在这里主要指数据类成长，其他类型的成长可以参考处理。

成长的简化包括以下两方面。

1. 成长效果的维度精简

在整个游戏设计中，我们应该保证每一个成长内容都具有其存在的特殊性，即在养成维度上没有重复的成长点。例如，在有些游戏中，技能等级和技能品质都可以养成。如果都可以提升技能威力，就应该只保留一个；反之，如果技能等级提升基础威力、技能品质解锁额外攻击附加效果，那么这种设计是不重复的。

2. 成长数量的维度精简

对于每一个成长点，我们在审视的时候都应该询问：这个点如果变为其他成长点的附属点，会不会更好？例如，技能等级提高会提升基础威力，技能品质提升会附带额外攻击特效，那么我们是不是可以将二者结合为"技能等级提高则提升基础威力，每提升 10 级解锁额外攻击特效"？

提示

每给玩家增加一个成长点，便会稀释掉一部分玩家对核心内容的体验。当游戏的核心体验足够优秀的时候，我们的成长点应该是锦上添花，而不是画蛇添足。

7.4.4　细节留白原则

"好奇"支撑着我们每一个人去探索未知的心情。当玩家面对一个新世界的时候，玩家的好奇心就会自然而然地浮现出来：探索地图的边界，尝试破坏所看到的物件，偷偷摸摸地躲避有怪物的路线，到"死胡同"看看是不是有奇遇或者宝箱。

所以，在标准的成长内容以外，我们应该尝试设计一些"惊喜"来满足玩家的探索欲望。这里所说的细节留白也可以理解为惊喜留白，这些惊喜内容并不需要我们刻意地引导玩家去尝试，而是应该让玩家自己去探索和发现，让玩家感到这个世界充满了可以交互的内容，从而对未来的游戏环境产生极大的探索兴趣。

细节留白部分应该是在其他成长内容足够优秀的情况下再去尝试添加和制作的，或者是在设计某些内容的时候跟随乐趣和灵感而制作的，不需要刻意留白。

7.4.5　小结

我们知道，电影的每一帧画面都是通过前期拍摄、后期剪辑制作而成的。游戏理应也是这样，至少我们应该逐秒去考量。"欲速则不达"，对于一个新游戏，如何将这个全新的世界逐步地推送给玩家，并让其产生吸引力是尤为重要的。我们并不能简单粗暴地将我们认为好的、重要的东西一股脑地展示给玩家，而是需要合理地精心设计各个内容的推送时机。这是我们完成游戏的最后一个环节，也是玩家进入游戏后面对的第一个环节，需要引起每一位设计人员的重视。

7.5　思考与练习

1. 思考

我们常常会考虑游戏的生命周期，在设计内容时也会考虑游戏的有效消耗时长，那么消耗时长和成长节奏是如何平衡的呢？

2. 练习

收集《魔兽世界》《激战 2》《英雄联盟》3 个游戏的等级经验数据并进行观察，考虑它们为什么会是这种设计。

第8章　PVE 数值设计实践

PVE（Player v.s. Environment）表示玩家和计算机逻辑进行对抗。计算机逻辑就是人工智能（下文简称 AI），从高端的角度来说我们设定的所有 PVE 内容都属于 AI 的一种简单应用。之所以说简单，是因为它并不会有学习的过程，大多数时候游戏中的 AI 只是固定地遵照我们事先规定的流程和判断逻辑来完成和玩家的互动。在更广阔的层面，我们甚至会将游戏的故事背景、世界观等内容都加入 PVE 的范畴。

具体来说，在整个 PVE 内容中，我们需要规划两大块内容：一个是行为类，代表 AI 拥有何种能力或者说何种技能，会对玩家的某种行为做出何种反应；另一个是数值类，代表能力强度的不同。

除了上述两类，还有纯粹的和环境交互的迷宫类内容。这一块内容也属于 PVE，相对来说，这块内容设计的重心属于纯规则加制作组合尝试；对数值层面的需求大多为资源产出的平衡计算，就像我们在 7.2.5 节中提到的那样。

PVE 内容对游戏的重要性是其他内容无法比拟的，它是任何游戏的基础，也是我们单独用一章来进行分析的原因。在本章中，将主要围绕战斗对抗来进行 PVE 内容的设计实践，剖析任何一个游戏都可能需要面对的、关于玩家和 AI 的对抗策略及数值设定内容。

8.1　PVE 的基础

导读

电子游戏最早的时候大多都是 PVE 内容：玩家操控角色挑战设计者制作的关卡谜题，击败阻碍的怪物，到达游戏的终点。PVE 有哪些必要元素？哪些是看得见的内容，哪些又是隐藏在机制之下的呢？

在进行详细的 PVE 设计思路分析前，我们首先来了解基础的 PVE 元素：对抗策略、环境设定和驱动设定。

8.1.1 对抗策略

对抗策略是指玩家面对某个难题、击败对手、完成任务的行动集合。

1. 对抗策略的类型

大部分情况下，玩家的所有基本操作都可以归纳为基本策略，如解谜类游戏的移动和角色扮演类游戏的走、跑、跳等。除了基本策略，我们可以将策略运用的具体环境分为战斗策略、工具策略、化学策略等。

- 战斗策略很容易明白，是指在进行攻击、防守时可以采取的攻防手段。大部分游戏都包含这种策略，特别是具有怪物元素的游戏，这个将是我们后续分析的重点内容。
- 工具策略是指玩家可以使用各种道具和环境交互，比较具有代表性的是《我的世界》（见图 8-1）。《我的世界》是一款自由建造类的沙盒生存游戏，通过各种工具和想象力，可以让玩家创造出很多奇迹。玩家可以用火把照亮周围的环境、用矿镐挖掘矿石、用各种木材进行建造……这些都是工具策略选择的结果。工具策略的复杂程度代表了玩家和环境交互的复杂程度。工具策略也可以理解为物理策略，这是区分化学策略的说法。

▲图 8-1　《我的世界》游戏截图

- 化学策略表示的是策略与策略之间的化学反应，如在游戏中设定水可以灭火、火可以烧毁一切木制材料、油类物质遇到高温会燃烧……这些都属于化学策略。《神界：原罪》系列、《塞尔达传说：荒野之息》都是具有强大化学策略的游戏。在这类游戏中，每个技能都有元素类型，不同的元素和其他元素、地表物件以及地形都能产生丰富的互动，这使得技能战斗策略有了其原本效果之外的深度策略。图 8-2 所示的一个小小的闪电技能通过湿润的地表将整个区域全部导电，效果很好。

▲图 8-2   《神界：原罪 2》游戏截图

2. 对抗策略的获得

根据不同的游戏，不同的策略获取方式也有所不同。

☐ 默认存在。例如，化学策略基本是构成世界的基础规则，玩家只需要了解其相互作用关系即可。

☐ 收集获得。例如，工具策略大多是获得工具、使用工具，这里的工具大多通过收集获得，并且使用时都会扣除耐久度之类的数值，当耐久度为 0 后就需要重新收集该类工具。

☐ 解锁获得。通过完成任务、提高等级、提高熟练度等即可无代价获得能力，解锁后便可以永久反复使用，很多战斗的基础、进阶操作都是该类型，如一些动作游戏的闪避、翻滚、空中二段跳等。

☐ 购买获得。消耗一定的资源货币即可进行兑换的策略能力，包括升级能力，这在以技能数值养成为主的游戏中十分常见。

3. 对抗策略的成长

在所有的对抗策略中，化学策略是没有成长的或者说是纯规则性的，它的威力和成长是依据触发来源的威力和成长进行变化的。这里所说的成长是指数值成长，玩家操作熟练度的成长并不在考量范围内。

在战斗策略中，根据游戏的技巧程度不同，成长强弱也不同。一般来说，技巧程度越强，其数值成长越小；反之，数值成长越大。技巧程度、数值成长这二者往往很难形成绝对的平衡，如果数值成长空间过大，那么操作技巧很可能被数值成长抵消。

对于工具策略来说，其成长程度取决于游戏内容的规划，相同效果类型的道具，可以在提升数值效果后设计成一个全新的道具，其道具上限受限于游戏内容规划上限。例如，恢复药水可以分为初级药水、中级药水、超级药水等。

8.1.2　环境设定

PVE 中不可忽视的一方面就是环境要素，在以过关为主的游戏中，环境要素的设计可以说是第一位的。玩家在何种场景中活动，场景中有何种物件、何种生物，其中哪些是可以交互的对象……这些都属于环境设定，是我们制作一个优秀游戏不可缺少的内容。

1. 物件

物件包括可拾取物件、可破坏物件以及地形元素。

- ❏ 可拾取物件可以视作一种道具奖励，例如掉落在地上的石子，可以拾取后作为武器投掷。可拾取物件也可以视作和环境交互的一种道具，例如地面上的一桶水，可以拾取后放在合适的位置，然后打烂木桶，形成潮湿的环境。
- ❏ 可破坏物件就是可以改变状态的物件，例如门，可以有关闭和打开两种状态，类似木箱、吊桥、石堆等，可以通过玩家的交互使其被破坏或改变状态，从而给予玩家帮助和奖励。
- ❏ 地形元素一般指玩家可以交互的或者可以产生策略变化的地形，例如会灼烧生物的岩浆、会让人跳得更高的气流、会让人迷路的大雾等。那些不可到达、不具备交互机制的地形则不被包括在内。

2. 生物

生物只能出现在符合其生活习性的环境中，水中可以有鳄鱼，但不能有恐龙。我们通常说的怪物出现在它能出现的位置才具有合理性。生物所具有的能力也应该是和外观保持一致的，例如普通的穿山甲可以穿墙和使用土系法术，而不会飞行和使用闪电法术。因为生物具有生命，所以玩家会自动想象这种生物的特性，设计者应该尽可能地满足玩家想象的内容，如果玩家想要飞行的穿山甲，就应该给它安装一对翅膀。

3. 场景氛围

场景和氛围中的物件、生物以及呈现的镜头息息相关。氛围是我们想润物无声地影响玩家潜在感受的一种尝试。色彩、物件、生物、背景都可以帮助我们提高 PVE 的代入感。《Limbo》全篇采用黑和白来表现场景氛围，黑暗、危险似乎要从画面中跳跃出来，如图 8-3 所示。在很多游戏的主城设计中，往往采用富丽堂皇、靓丽逼人的场景来烘托主城的恢宏。休闲的游戏往往采用俏皮而欢快的色彩，进一步加深游戏的休闲趣味。

4. 场景交互

场景中存在可交互的物件、地形、生物等，可以让玩家出于常识而交互，如箱子可以打开、水可以灭火、车可以推动和驾驶；也可以通过游戏机制来教给玩家，如使用二段跳来跨过深沟、使用钩索可以翻越围墙、使用快速冲刺来摧毁障碍等。这种和环境内容的互动在游戏的中前期阶段会给予玩家极大的尝试热情，每一次的尝试都是对玩家自己想法的验证。除了收获应有的奖励外，这种"所想即所得"的收获感蕴含的快乐更加强烈。

▲图 8-3　《Limbo》游戏截图

8.1.3　驱动设定

驱动是指一个人完成某件事情的原始动力。在游戏中，我们往往会给予玩家一个缘由去完成游戏中的挑战。

设定驱动玩家完成游戏目标和挑战的内容也就是对游戏背景的设定和完善。良好的背景可以让玩家更好地融入后续的成长和学习，更好地理解环境中物件、生物存在的原因，更好地代入对抗心理，促使玩家完成 PVE 内容的探索和体验。

更优秀的是，根据背景设定来制定的对抗策略，会让玩家更深地体会设计上的优美之处，并且会让玩家在每次使用策略的时候都加深对世界观背景的了解和认知。例如，《鬼泣 4》设定了主角尼禄的右手因为被恶魔之血影响而变为具有特殊能力的鬼手（见图 8-4），通过鬼手可以释放强大的鬼爪以及施展诸多破坏性强大的技能，这个设定很容易引起玩家对主角背景的兴趣，从而对前因后果进行探究。更具代表性的驱动是经典的游戏《马里奥》系列，最新版本的《超级马里奥：奥德赛》已经从最初的像素横版游戏进化成了可爱的 3D 卡通全视角游戏（见图 8-5），但《马里奥》系列简单而直接的故事设定一直没有改变——魔王和公主一直都在等待着马里奥。

另外，环境内容里也有很多地方需要和背景驱动保持设计上的一致，在都市现代风格里不应该有仙侠风格的建筑装扮，古代背景也不应该有电子显示屏这种设定。和玩家时刻处于对立面的反派们也应该是背景设定中应有的样貌，并拥有符合其背景身份的能力。

▲图 8-4　《鬼泣 4》主角的右手是变异的恶魔之手

▲图 8-5　《超级马里奥：奥德赛》游戏截图

8.1.4　PVE 对抗分类

在 PVE 的游戏中，根据玩家和 AI 各自战斗策略的可选库是否一致可以将 PVE 对抗分为对称策略战斗和非对称策略战斗。这两种 PVE 的战斗设计在游戏中都十分常见。

此外，在玩家玩游戏的过程中，根据策略占优还是成长占优，可以将 PVE 对抗分为技巧对抗和数值对抗，不过两种对抗的区分并不是泾渭分明的，很多游戏里同时混杂了技巧要求和数值要求。

8.1.5　小结

PVE 的设计包括环境内容和对抗策略两部分，而环境内容和背景驱动息息相关，任何游戏的设计最高标准都是这三者有机地结合、互相渗透、互相影响。也正是因为 PVE 内容都是设计者人为选择的结果，所以我们更应该时刻注意这三者的融合表现是否和谐一致。

8.2　对称策略战斗设计

导读

在多人在线类游戏中，往往既有玩家之间的战斗，也有玩家和 NPC 之间的战斗。在这种游戏中，我们设计的战斗内容多为对称策略战斗，即不论是玩家还是 NPC，战斗都拥有较为一致的战斗策略库。

8.2.1　对称策略概述

在 PVE 的设计中，当 AI 能使用的策略库和玩家的策略库一致时，我们称这种 PVE 是对称策略的对抗。我们可以以将对称策略分为绝对对称策略和相对对称策略。

1. 绝对对称策略对抗

在游戏中，AI 能使用的对抗策略，玩家也都能使用到，这种对抗称为"绝对对称策略对抗"。

PVE 中绝对对称策略对抗较为少见，绝对对称策略较多出现在一些网络游戏中。通过调取玩家数据，将某些玩家数据变为被挑战对象，所使用的也是该玩家数据中的可用技能；或者在某些特定的关卡中，玩家需要挑战自身镜像对象。

十分具有代表性的绝对对称策略战斗是类似《拳皇》系列的人机对战格斗类型的游戏。所有玩家挑战的角色所用的技能都是我们在操控这个角色时能使用出来的战斗技能。

2. 相对对称策略对抗

有绝对就有相对，在游戏中 AI 的大部分对抗策略玩家能够使用，但有部分能力是玩家所无法学习或者获取的，这种对抗称为"相对对称策略对抗"。这种情况 AI 和玩家的策略区别就好像不同职业之间的策略区别，策略逻辑体系是一致的，但不同的单位所拥有的实际策略效果、威力各不相同。

大部分在 PVE 中出现的都是相对对称策略对抗，AI 的能力或者策略库往往会增加一些弱点或者特点，方便玩家克制、抓住漏洞等，AI 在一些表现、结算逻辑上会和玩家保持一致。例如，在角色扮演类游戏中，玩家和怪物使用的都是同一套战斗体系下的不同形式、效果的技能。

除非特别指出，对称策略的战斗设计大多指战斗对抗中用到的技能策略。

8.2.2　设计对称战斗的基础步骤

当我们设计一个对称战斗时，我们的出发点是玩家对抗玩家（Player v.s. Player，下文简称 PVP）的对抗节奏。也就是说，我们在假想战斗模型时是以两个绝对智能的对象在进行战斗时发生的对抗节奏变化为基础的。当完成 PVP 对抗策略及其节奏设计时，我们将所得到的策略赋予 AI，并根据我们假想的对抗情况编写 AI 应该有的反馈，便完成了 PVE 内容最核心的对抗内容。

1.　确定基础战斗节奏

基础战斗节奏便是战斗模型的双方采取相同的基础战斗策略时对抗双方产生胜负所需的时长。

以 PVP 为模拟基础，并且确定一个最基础的战斗策略，例如我们常说的普通攻击。围绕基础战斗策略，我们可以推算出需要的战斗时长、基础战斗威力、战斗单位的标准血量、标准攻击威力等。在这个过程中，战斗的攻防公式、闪避公式、暴击率公式、暴击伤害公式等战斗属性都将在这个环节确定，并通过公式实装到战斗过程中。至于如何确定各个公式，详见 4.4 节。

2.　丰富战斗策略库

当我们拟定了基本战斗节奏后，剩余的工作是丰富战斗策略，使战斗对抗过程更具有变化性和操控性。

简单的设计方式便是围绕基础战斗策略，将某个属性提高、某个属性下调，以便得到一个相对平衡的全新行为策略。举个简单的例子，在《魔幻世界》中寒冰箭是一个非常基础的法术，可能需要 1 秒施法、释放完后需要 1 秒冷却才能再次使用。当我们的战斗节奏将寒冰箭作为基础对抗节奏策略时，依据寒冰箭的关键属性可以将施法时间调整为 0.5 秒，但释放完后需要等待的时间是 1.5 秒。二者的使用效率相对来说比较一致，即每 2 秒只能进行一次施法，但是它们应该属于完全不同的战斗策略，特别是 0.5 秒的吟唱时间差别，对于战斗的影响应该不小——相对来说吟唱时间越短越灵活，所以吟唱时间更短的优势需要由其他劣势来平衡。

3.　平衡性调整

平衡性调整是将所有的对抗策略都调整成具有相等选择权重的对抗策略，可能会出现某些状况下使用更优，但不会有完全绝对的唯一选择，同时不会因为某个或者少数策略的使用影响我们确定的基础战斗节奏。

在第 10 章，我们将通过一整章的内容来学习如何进行战斗平衡性的调整（包括技能强度的权重平衡设计思路），以便更好地帮助我们进行战斗策略的设计。当我们将玩家的战斗策略库调整平衡后，也就拥有了调整 PVE 中 AI 战斗策略的具体形式和数值强度了。

8.2.3　对称策略战斗设计示例

从对称战斗的设计过程我们可以推断出，优秀的对称战斗一定也是优秀的玩家对抗类游戏，也就是 PVP 方面的支持也是十分优秀的。

1.《炉石传说》

《炉石传说》的 PVE 关卡以及 PVP 对战都广受玩家的欢迎。参战双方都有自己的牌库，数量为 30，在每回合中抓取 1 张，然后消耗法力水晶打出手牌，最终击败对手获得胜利。

2.《英雄联盟》

类似《英雄联盟》这种即时对抗或者即时对战的角色扮演类游戏大多数都属于对称策略的战斗。

3. 益智棋类

国际象棋、中国象棋、围棋等益智棋类都属于对称策略的对抗。

8.3 　非对称策略战斗设计

📖导读

　　在很多解谜、沙盒类游戏中，PVE 环境多为场景、物件、非战斗类 AI，我们给予玩家进行互动的策略往往是针对游戏谜题或者环境所特有的，这是一种 PVE 的非对称性策略设计。另外，在有些游戏中，玩家和战斗 AI 使用的是完全不一样的战斗体系，这种非对称策略战斗是本节主要讨论的，二者设计的思路有相通的地方。

8.3.1　非对称策略概述

非对称策略是以 PVE 为主的游戏主要采用的设计方式，主要是指计算机控制的角色和玩家互动的时候，要么策略库完全不一样，要么其行为的触发机制完全不一样。

1. 相异的策略库

非对称策略的其中一种是 AI 和玩家拥有的策略库是不相同的，玩家所使用的攻防策略不会被 AI 目标使用出来。最明显的是过关解谜类游戏，我们制造给玩家的难题、巡逻的怪物完全不会和玩家有相同的能力。

2. 相异的触发机制

触发机制指发起策略行为的条件。控制策略行为频次的手段不一样，但最终呈现出的策略效果可能是一样的。例如，在《尖塔奇兵》中，敌我双方都是可以发动攻击的，但以能量的消耗控制可以使用的卡牌，怪物每回合可以固定反击 1 次，这就是两种不同的触发和控制逻辑。

8.3.2　非对称策略战斗的设计分析

一般来说，我们采取非对称策略战斗的设计时，要么出于对 PVE 的简化，要么出于特殊的对抗考虑。制作非对称策略的战斗意味着我们除了制作玩家的战斗策略外，还需要额外设计 AI 所用的独立战斗策略库或者是独立的触发机制，这是需要付出额外设计成本。另外，这种不对称的对抗，在某种程度上对玩家来说是需要理解和接受的成本。

即使如此，还是有很多游戏采取了非对称战斗策略的方式，特别是绝大多数没有 PVP 的单机类游戏。非对称策略具有以下一些独特的优势。

1. 精简对抗流程

玩家策略空间过于复杂和庞大的时候，针对性地将 AI 策略空间独立设计，对实际的对抗过程来说是一种有效的简化，处理得好可以让玩家在 PVE 的过程中获得更加流畅的对抗体验。

2. 针对玩家策略

对很多没有 PVP 内容的游戏，玩家的战斗策略就像是谜题的钥匙，而谜题就是环境、AI 及其反馈，所以当我们给予了玩家各种战斗策略后，有针对性的设计需要做出反应的内容。对处于解谜方的玩家来说，最能感受到这种"被针对"，这样他们也能快速找到解开谜题的钥匙。

3. 特殊环境需求

在很多模拟生存类游戏中，玩家对抗的是设计师给予的一些难题、困难，甚至灾难。在这种游戏内容中，我们是完全出于对背景设定所做出的 AI 对抗策略的设计。

在所有非对称策略的对抗内容中，玩家获得的 AI 反馈策略基本都是精心设计的，这种非对称策略的设计思路和后续在 8.5 节中会讨论到的数值对抗设计方法有异曲同工之妙——都是依据玩家的策略、能力、实力反推设计出来的。

8.3.3　非对称策略战斗示例

有非常多具有挑战性的非对称策略战斗的游戏，下面列举其中一些。

1.《智龙迷城》

《智龙迷城》是一款三消类型的角色扮演类游戏，玩家通过消除元素来攻击战斗中的怪物，怪物按照回合攻击玩家。三消技巧越高，在单回合内对怪物造成的伤害就越大，承受怪物的攻击次数也就越少。

2.《尖塔奇兵》

《尖塔奇兵》是玩家通过构筑卡牌套路来击败关卡中的各种敌对怪物，最终获得胜利的游戏。和玩家采取的行为方式完全不同，怪物通过攻击或防御等固定或随机的 AI 策略来指定每回合的行动。不像玩家通过能量限制可以使用的卡牌，而是每回合每个单位只会行动一次，玩家可以根据怪物下一回合的行动提示来进行合理的攻击、防御的策略选择。

3. 塔防类游戏

塔防类游戏的本质也是非对称策略的游戏，不论是类似《部落冲突》那种防守和进攻脱离，还是传统的在线路上设置建筑和单位来阻碍敌对生物的通过，对抗双方的策略库都是不一样的。

8.4　偏技巧对抗设计

在 8.1.1 节中我们提到，技巧性倾向越强的游戏，其数值成长空间相对越低，那么有哪些游戏常常会注重技巧性对抗呢？

8.4.1　技巧性游戏优势

在诸多令玩家获得游戏成就的方式中，通过技巧性的训练和提高来通过游戏关卡是最令玩家兴奋和满意的。这种类型的游戏十分常见，如以脑力技巧为主的解谜益智类游戏，或者是以操作技巧为主的单机动作类游戏。技巧性强的优势往往有以下几种。

1. 最容易获得不动产资源成长

在技巧性强的游戏中，个人通过训练和吸取他人经验能快速提升自己的技巧，也因为技巧性游戏本身有着较大的不动产资源成长空间才能让玩家感觉自身实力提高得较快。

2. 以弱胜强的满足感

在技巧性强的游戏中，玩家可以通过自己的操作技巧来弥补其他短板。从理论上来说，在具有技巧操作空间的游戏中，玩家可以摒弃一切数值成长直接去完成最高的挑战难度。因为有这种可能的存在，玩家跨流程挑战高难度并获得成功的满足感是难以言表的。

3. 短期内超强的黏着度

技巧性强的游戏意味着玩家拥有很大的提升空间，玩家在无法通过难关的时候会认为自己练习程度不够——只要通过练习就能获得成长，然后通过难关的考验。在这种情况下，除非玩家持续地练习后仍然无法通过，否则玩家将会不断地挑战、练习、再挑战、再练习……这个不断成长、不断通过考验的过程是具有超强的吸引力的。

4. 内容紧凑而无重复

除了上述优势，大部分技巧性强的游戏都会尽力避免让玩家在某个挑战水平停留过长的时间。如果在某个挑战水平停留太长时间就会丧失上述总结的优势。不断给予玩家挑战，不断刺激玩家提高技巧水平和熟练度，这都需要内容、剧情的配合推进，所以往往技巧性越强的游戏其内容也会越紧凑，轻易不会出现无意义的重复体验时间。

8.4.2　技巧性游戏劣势

技巧性游戏的优势十分明显，同时它所具有的劣势也无法忽视。

1. 内容流程可能偏短

技巧性游戏的优势之一是内容紧凑，对设计的内容质量、内容数量都提出了很高的要求。内容越紧凑、剧情变化越激烈，对内容、剧情本身质量的要求也就越高。一旦丧失了内容的吸引力，单纯靠挑战来留住玩家会在乏味的高难度挑战中让玩家丧失一大部分的游戏乐趣。

这个缺点在很多单机动作游戏中都有体现，设计者通过增加游戏"一周目""二周目"的难度挑战来试图挽留玩家，这种做法在不少游戏中都取得了不错的效果。

2. 对不擅操作的玩家不友好

不擅长快速、敏捷操控游戏的玩家会觉得难以达成游戏目标。技巧性游戏的技巧提升除了对游戏机制的理解外，另一部分就是操作练习。在需要经验和策略的技巧类游戏中，玩家可以通过学习其他玩家的思考经验、攻略来完成游戏，如解谜类的游戏。在操作技巧是游戏的核心技巧时，不擅操作的玩家将难以通过那些对操作有很高要求的游戏关卡。

3. 攻略作用明显

通过技巧可以过关的游戏，除了极个别需要努力练习才能提升水平，大部分时候任何玩家都可以通过其他玩家分享的通关技巧来完成游戏挑战。换言之，玩家的成长感很可能不是通过游戏获得的，而是通过其他玩家的经验来帮助过关。这种情况更多的是玩家的个人行为，不完全是游戏的劣势，从某种程度上说攻略式通关会让玩家继续保持对游戏后续的热情，这也是极好的。

8.4.3　技巧在游戏设计中的形式表现

前面我们已经提到过一些，如益智解谜游戏偏脑力技巧、动作游戏偏操作技巧，那么还有哪些内容形式呢？

1. 动作类游戏

动作类游戏涵盖的范围很大，从剧情冒险到横版过关，从 2D 斜 45° 视角到 3D 全视角，共同的表述形式是：通过玩家的操作可以完美规避游戏中的任意伤害，并在依靠极少的数值成长的情况下完成游戏的挑战。

动作游戏的代表有很多，《鬼泣》系列、《拳皇》系列、大部分的单机横版过关游戏（如《马里奥》系列）都属于动作游戏。动作游戏的历史可以追溯到游戏的起源时期，最早的

《Pong》也可以看作动作游戏。动作游戏之所以会如此丰富而具有历史感，是和动作游戏的优势分不开的。

动作游戏快速而频繁地刺激玩家的视觉神经、运动神经，持续地让玩家获得快感，紧凑而充实的内容过程让玩家不会陷入疲乏期，这也就刺激设计者要不断地挖掘新的挑战——制作已有游戏的新内容或者直接尝试制作新的动作游戏。

2. 即时策略类游戏

即时策略中有一个非常具有技术代表性的术语：APM（Action Per Minute），即每分钟有效操作次数，该值越高，代表玩家细微操作水平越高。因为在即时策略类游戏中玩家控制的不是单个单位，是一群十几个甚至上百个单位，同时还需要注意很多生产建造物，可以说是没有操作上限的。

也正因为这类游戏对操作要求不仅仅是反应敏捷这么简单，还包含了对操作输入的合理有效，以及对当前局势进行何种大战略的选择，它们都需要在较为紧张的时间内完成，这对玩家综合性的操控能力有着相当大的考验。

当然，也有很多在传统即时策略中进行了很多简化而推出的游戏。设计者通过减少对操作复杂度的要求来适应玩家的口味：有些游戏移除了建筑生产过程，有些游戏移除了资源收集过程，有些游戏试图通过精简单位来降低操作量。

虽然即时策略不再是当前最热门的游戏类型，但是即时策略类游戏能精准操控每个单位，制订每个阶段的战略计划，从一兵一卒发展扩大自己的优势，吞并其他势力，这种胜利的过程和结果是十分具有魅力的。

3. 扑克牌及其他牌类游戏

扑克牌是古老的桌面游戏之一。只要我们学会了比较数字的大小，就可以学会扑克牌的玩法。扑克牌的技巧性体现在两方面：一方面是如何组合自己的牌序；另一方面是如何打出自己的牌。其核心目标是让主动出牌权能掌握在自己的手上。

除了扑克牌，喜欢奇幻文学的设计者们还设计了以卡牌为战斗单位的游戏，不同卡牌拥有不同特殊能力的复杂对战，最著名的要数《万智牌》《炉石传说》了。玩家可以构筑自己的牌组，就如同扑克牌一样，玩家每次拿到的手牌都是不一样的，如何利用当前的手牌给自己创造击败对手的优势，如何合理地打出手牌放大每张卡牌的作战效率，即使是同一套手牌，不同的人可能会有不同的处理方式，这种技巧程度比玩扑克牌有过之而无不及。

牌类游戏的魅力在于运气和技巧永远是一个动态变化的过程，你永远不知道下一手牌会是什么样的，可能是"天胡"，丢出去就完事了，也可能是一手烂牌，但小心运营却能求得一线生机。这种对未来的不可控（无法获知未来的手牌）和未来发生后却又有一定的可控性（牌技的提升还是能在很大程度上影响胜负的）是十分具有魅力的，这也是牌类游戏经久不衰的原因。

4. 益智解谜类游戏

益智解谜类游戏既有独立存在的游戏，也有作为某些游戏中的小游戏而存在的。例如，《纪念碑谷》就是一款围绕视觉错位而设计的一系列有趣的谜题；在《神秘海域 4》《古墓丽影》等冒险动作类游戏中，有不少需要借助地势、自然元素等内容去破解关卡中的某些谜题，更常见的是很多游戏中宝箱、门等开锁的设定需要玩家完成一个开锁的游戏，这类游戏对地形、遗迹的设计和利用十分值得称赞。图 8-6 所示的玩家扮演的主角在图的左下角，需要通过观察地形和利用工具绕过右上角两个敌人的监视。

▲图 8-6 《神秘海域 4》游戏截图

益智解谜一直是脑力技巧中十分独特而充满乐趣的小品类游戏，它们可能是利用一系列连贯的机制给玩家创造诸多不同体验的关卡，比如在《愤怒的小鸟》中用来摧毁猪猪城堡的小鸟有近十种；也可能是用简单的规则限制在游戏中作为小游戏来辅助玩家进行内容的获取或推进，比如在《古剑奇谭 3》中打开被封印的罐子需要解谜小游戏，通过控制方向键，将所有外露的区块放入盘内（见图 8-7）。

▲图 8-7 《古剑奇谭 3》里的解谜小游戏

精妙的解谜会让玩家的大脑在短时间内获得极大的快感，收获攻克难题的喜悦，而且只要玩家理解和掌握谜题的规律，就可以一口气解开诸多类似的谜题。在解谜内容充足的情况下，这对玩家来说是极其快乐的。

8.4.4　技巧与规则设计

在以技巧性为主的游戏中，我们更注重游戏规则的可提炼性与独立性。我们可以在设计之初就注意，也可以在完成设计后于测试阶段进行检验，看看游戏规则是不是具有这些特点。

1．规则的可提炼性

在技巧性强的游戏中，我们可以很容易地将设计要点总结出来，不论是新接触还是经验丰富的老玩家，只要知道这些规则便可以进行任意关卡的尝试和挑战，并且具有成功的可能性。

例如，一副扑克牌的某种游戏规则如下。

- 参与者按照顺序从牌顶抓空牌堆。
- 有黑桃 3 的玩家先出牌。
- 出牌可以有 1 张、2 张同数字、3 张同数字，相同张数的情况下比较阿拉伯数字大小。
- 4 张同数字可以压制其他所有牌型，同为 4 张同数字则需要比较阿拉伯数字大小。
- 单张连数字需要 5 张起，2 张同数字的连数字需要 4 张起，3 张同数字的连数字需要 6 张起。
- 最先出完扑克牌的胜利。

任意玩家只要会比较阿拉伯数字的大小，便可以无门槛地参与该扑克游戏了。规则提炼得越精简，游戏本身技巧性成分越高，受数值成长影响越低。

2．规则的独立性

如果 A 规则和其他规则没有先后关系，那么我们就称 A 规则是具有独立性的。技巧性越强，游戏中独立性规则越多。

例如，在《纪念碑谷》中，关于行走的规则如下。

- 点击连接的地块可以行走。
- 带旋转盘的地块可以旋转。
- 视觉上连接的地块在逻辑上也是连接的。
- 有推拉机关的地块可以水平或者垂直移动。

这些规则相互间不影响其成立关系，独立生效。在一个具有良好体验的游戏中，独立性的规则越多，游戏的探索自由度相对就会越大，从而导致游戏规则的整体设计难度越难。

8.4.5　小结

游戏技巧性成分高给予玩家的短期（50～200 小时）积极成长反馈是十分密集和愉快的。相对来说，对内容的消耗速度以及部分没有技巧优势的玩家来说，技巧性的难度把握需要比其他类型的游戏做得更好。

8.5 偏数值对抗设计

导读

　　与技巧性游戏相比，数值对抗游戏需要的养成内容多得多。当然，这并不是说游戏注重数值养成就没有任何策略可言了。在数值对抗游戏中，我们往往需要加入一些组合策略、针对策略等来提高游戏性。

8.5.1 数值对抗游戏的优势

　　我们已经讨论过很多次成长对游戏的重要性了，而数值成长是对所有玩家来说都乐于接受的一种方式，当然不包括那些只能支付大量金钱才能完成的数值成长。

1. 易于控制的成长节奏

　　我们知道自然数和小数可以制造出十分平滑的曲线，在精心设计的数值成长里，用数学曲线可以完美拟合我们所需的成长节奏：快速，平缓，区间。结合第4章的数学内容，在不考虑复杂度的情况下，应该能实现我们所需的任何成长感受。

　　数值本身可以做得很粗放，也可以做得很细腻。例如，在手机上开始流行的挂机游戏，我们只需要等待时间过去，就会发现自己的战斗实力成亿上兆级地增长，这类游戏就是粗放数值的典型代表。在很多技巧型的游戏里，往往也会加入一定的数值来成长，精确到个位数的能力变化，一方面是为了丰富玩家在技巧性游戏内的成长获得感，另一方面是为了相对平滑地给予玩家成长感受，在这种情况下，数值则需要做得十分细腻，1点攻击、2点防御都需要仔细地斟酌。

2. 时间≈成长

　　在数值类养成类游戏中，我们往往将游戏的价值体现和时间挂钩（详见11.1节），这样做的目的就是让玩家感受到时间投入约等于成长变强，玩家所需要做的就是保持活跃性。

3. 不会被剥夺的成长

　　我们在第6章有提到，在玩家的财富积累中，属性的成长属于玩家的存款资源，意味着玩家不断地投入时间等于不断地在增加存款，在游戏版本数值逻辑不发生大的改变的情况下，这一"存款"价值是基本保持不变的。这让玩家愿意而且渴望去成长，而不用担心失去的可能。

4. 足够长的成长周期

　　在能力和时间挂钩的情况下，当我们设定了一个达到相应的数值实力才能过去的关卡，也就等于设定了玩家成长的周期，只要数值设定得足够大，我们就可以说这个游戏的成长周期足够长。

8.5.2　数值对抗游戏的劣势

当然，数值成长过强的游戏也有不少缺陷。

1. 过于依赖数值解决问题

当玩家遇到我们设计的难点时，往往需要达到一定的数值实力才能过关，这是控制玩家节奏的双刃剑。有些玩家会耐心地享受变强的过程，然后通过我们设置的卡点；也有玩家会缺乏耐心而放弃，通过其他方式变强后再回去通过考验。随着游戏中后期的效率变低，这一现象将变得更加明显。

2. 数值成长之外的留存动力

当我们通过数值成长将玩家吸引并留存后，玩家对游戏的其他乐趣感受是否会像数字变化那么明显是无法预知的。如果我们过于依赖数值奖励的成长感受，那么玩家可能对其他方面的在意程度会变低，甚至忽视其他的内容体验，这是我们需要注意的。所以，很多游戏会倾向于采用较小的数值设定，避免放大玩家的数值刺激。有些游戏采用了大额的数值，往往是为了尽可能提高数值变化对玩家的刺激。

8.5.3　PVE 数值成长的设计流程

在数值类游戏的 PVE 内容中，一切环境中的数据都是通过玩家的成长预期反推出来的。

> **注意**
>
> 反推是指根据想要达到的结果或者期望的结局来布置谜题、设定线索、安放数据。从这个方面来看，PVE 内容就是"死板"的。

具体设计流程如下。

1. 确定数值成长构成

这一部分内容是指游戏的能力获得系统，我们需要将各个系统的能力数值分配占比按照系统重要程度进行规划。我们可以依据表 8-1 的分配方式来进行，从表中我们可以看出游戏有一些能力属性获得系统，并且每个系统每个属性的投放占比都不同。

表 8-1　　　　　　　　　　　　　某游戏的属性投放分配表

属性	等级成长占比	剧情奖励占比	装备占比	天赋占比	符文占比	探索占比	总计
力量	15%	5%	35%	15%	20%	10%	100%
智力	15%	5%	35%	15%	20%	10%	100%
敏捷	15%	5%	35%	15%	20%	10%	100%
生命	0%	5%	40%	15%	25%	15%	100%
攻击	0%	5%	40%	15%	25%	15%	100%

续表

属性	等级成长占比	剧情奖励占比	装备占比	天赋占比	符文占比	探索占比	总计
防御	0%	5%	40%	15%	25%	15%	100%
暴击	0%	5%	40%	15%	25%	15%	100%
……	……	……	……	……	……	……	……

在表 8-1 中，我们可以清晰地规划各个属性在各个系统中的投放占比情况。表 8-1 里所统计的是属性的直接获得，例如 1 点力量可以获得 8 点生命和 1 点攻击，在生命属性中并不包括这一部分属性，而仅仅是总的生命属性的直接投放。这点是我们在进行玩家等准实力成长期望表时需要注意的，也就是说总的属性需要考虑到从基础属性转化而来的那部分数值。

此外，在表 8-1 中，力量、智力、敏捷这 3 项基础属性的投放方式基本保持一致，其他二级属性相对一致，这是一种在投放上保持相对一致的设定。类似地，我们投放攻击时最好有防御属性的投放，也是一种属性投放的一致体现。平衡需要我们时刻注意，从微小做起。

2. 锚定玩家标准实力成长期望表

当我们确定好游戏的能力、获得系统的属性分配所得后，便可以按照该系统的具体设计思路将分得的属性按照期望的设计节奏给予玩家。从表 8-2 中我们继续分析，不考虑资源获取的效率问题，该游戏玩家的实力将由 6 个关键维度构成：等级、剧情探索度、装备水平、天赋情况、符文水平、探索进度，对于有等级存在的游戏，等级往往是主要参照点。

所以，在这个示例里，每等级下期望玩家的剧情探索度、装备水平、天赋情况、符文水平、探索进度便成为一个标准实力构成。

表 8-2　　　　标准实力构成表

等级	剧情探索度	装备水平	天赋情况	符文水平	探索进度
1	1%	0%	0%	0%	0%
2	1%	1%	0%	0%	0%
3	1%	2%	0%	0%	0%
4	2%	3%	0%	0%	0%
5	2%	4%	5%	0%	1%
……	……	……	……	……	……

我们通过表 8-2 中各个系统的能力释放情况可以预估出该水平下玩家实力强弱的数值属性构成情况，进一步估计出每个等级玩家总的属性预期，如表 8-3 所示。

表 8-3　　　　标准实力属性预期表

等级	力量	智力	敏捷	生命	攻击	防御	暴击	……
1	5	5	5	120	12	8	3	……
2	6	5	5	128	13	8	3	……
3	6	5	5	132	13	9	3	……
4	6	6	6	136	13	10	3	……

续表

等级	力量	智力	敏捷	生命	攻击	防御	暴击	……
5	6	6	7	140	14	10	4	……
……	……	……	……	……	……	……	……	……

　　通过标准实力属性预期，我们可以大致确定每个等级实力下的玩家属性情况，如攻击力、防御力等，这样可以作为我们设定 PVE 中 AI 单位的实力参照。

　　当然，对那些没有等级的游戏，我们需要寻找其他参照，如以关卡为线性推进的游戏，我们可以以玩家所处的关卡节点作为参照。在参照的选择上，只要是线性且覆盖游戏始终的内容即可。

3. 攻击期望、损血期望与难度控制

　　由于对抗的是 PVE 内容，因此我们可以逐一确定每个标准难度下的击杀耗时期望。当我们拥有玩家各水平下的标准实力以及每个标准下 PVE 的击杀时间时，我们可以计算出各个实力之下玩家的总输出，通过玩家的总输出以及攻击频率反推出怪物在拥有防御、闪避、招架等各种防守属性的情况下应该拥有的生命值。例如，采公式（8-1）所示的怪物血量计算公式，通过战斗公式和玩家输出反推怪物的血量，这样能在确保玩家的输出达标的情况下实现我们设计的击杀预期。如果怪物有 20% 的减伤，那么怪物血量的 80% 恰好等于玩家每秒造成伤害（DPS）和击杀时间的乘积。

$$怪物血量 = 玩家DPS×击杀时间？（怪物防御、闪避、招架防守属性）　（8-1）$$

　　其中，"？"表示前后参数之间的关系需要按照游戏实际的伤害公式进行代入计算。

> **注意**
> PVP 的战斗节奏是对称策略战斗的设计基础，是考虑人和人的对抗时期望的胜负耗时。PVE 内容相对来说都是具有可变性和针对性的，例如击杀高难度的怪物会更久点，或者高防御低攻击的怪物也会要更长时间击杀，或者期望玩家早期接触的怪物能更快地击杀，而后期回归正常的击杀节奏等。所以，我们针对不同的 PVE 难度、怪物设定专门的战斗耗时期望。

　　怪物的防御、招架、闪避等属性是怎么确定的？这类属性可以根据玩家标准实力中的相关属性作为参照，设置一个合理的数值，正常来说是玩家标准属性的 60%~80%。

> **注意**
> 为什么要设置怪物的其他属性，有攻击和血量不就够了？我们应该尽量将怪物当作一个 PVP 的对象去实现，这样类似减速、控制、百分比伤害等特殊效果才能发挥实际的作用。

　　同时，对于每一场战斗，玩家除了攻击收益，还有需要承受的损失，这个损失反馈到玩家扮演的角色（简称玩家）身上就是损失多少百分比的血量。当我们设定玩家需要损失 100% 的

血量时，意味着玩家在标准属性下对战对应的怪物必定会遭受死亡，所以损血期望应该是一个介于 0 到玩家总血量的数值。我们可以让玩家在对抗不同难度的怪物时有不同的损血期望。

通过玩家的损血量和玩家的防守属性可以推算出玩家承受的总攻击，结合怪物的生存时间，可以得到怪物 DPS（见公式（8-2））。

$$怪物 DPS = 玩家损血量？玩家的标准防守属性 / 玩家击杀怪物时间 \qquad (8-2)$$

其中，"？"表示需要根据实际游戏的伤害公式计算出怪物 DPS。

这样我们便拥有了怪物参与战斗时最关键的输出效率了，如果我们设定怪物的攻击频率为 1 次/秒，那么直接可以用这个值作为怪物的攻击力。如果是其他的攻击频率，则需要通过怪物的攻击频率计算出怪物的攻击力。当属性中包括类似"暴击"之类的进攻属性时，则需要进一步将这些进攻属性带来的收益从攻击力中剔除。

按照上述思路，通过攻击频率、暴击、暴击伤害、破甲等进攻性属性反推出怪物的攻击力，怪物也可以有更复杂的进攻手段，只要通过 DPS 来反推，获得怪物的攻击力期望即可，如公式（8-3）所示。

$$怪物攻击力 = 怪物 DPS / 攻击频率？怪物进攻属性 \qquad (8-3)$$

其中，"？"表示需要根据实际游戏的战斗属性计算出怪物的攻击力。

类似防守属性，进攻属性也可以按照玩家标准实力的 60%～80% 来设定。所以，结合上述推导，在最终确定一个怪物时，我们还需要制作怪物损血与击杀时长期望表（见表 8-4）。

表 8-4　　　　　　　　怪物的损血和击杀时长期望表

怪物来源	损血期望	击杀时长期望
主线 1 级	12%	8
主线 2 级	12%	8
主线 3 级	12%	9
主线 4 级	12%	9
主线 5 级	13%	10
精英副本 1 级	21%	25
精英副本 2 级	21%	25
精英副本 3 级	21%	25
精英副本 4 级	21%	25
精英副本 5 级	22%	25

4. 丰富怪物类型

在游戏内，不可能只有一种代表难度水平的怪物，至少得有小怪、精英、首领这些代表不同难度水平的怪物，对于不同难度的单位（怪物），我们需要不同的属性参照标准，如表 8-5 所示。

表 8-5　　　　　　　　　　　　　　属性参照标准

不同难度水平的怪物		修正生命	攻击	防御	暴击
小怪	均衡类	100%	100%	100%	100%
	高攻类	80%	115%	100%	100%
	高防类	90%	85%	125%	90%
精英	均衡类	135%	135%	135%	135%
	高攻类	115%	150%	135%	135%
	高防类	125%	120%	160%	125%
首领	均衡类	180%	180%	180%	180%
	高攻类	160%	195%	180%	180%
	高防类	170%	165%	205%	170%

对于精英和首领怪物，我们在表 8-4 的基础上设定一个辅助表（类似表 8-5），对怪物的实力进行相对修正。通过表 8-5，我们可以设定不同的小怪、精英、首领怪物。

5. 联合计算产出怪物属性

通过上述步骤，我们便可以通过 Excel、程序算法等方式将各个渠道、各个不同难度水平的怪物逐一计算出来，并将其配置在需要的怪物身上。我们还可以让怪物增加一些独有的技能，只要怪物的技能释放频率、效果在正常的技能平衡范围（见 10.4 节）之内，对我们预期结果的影响是不会太大的。

8.5.4　小结

偏数值策略对抗类游戏往往有一定的数值售卖空间。在第 6、7 章我们已经讨论过游戏内资源、成长的定性和定量知识，它们可以和玩家投入的时间、行为内容的难度挂钩。当我们决定某些实力可以通过支付游戏货币取得时，这部分内容在整体数值内容规划中是必须可以被快速透支的。当玩家进行购买行为时，我们需要假定玩家会一次性地将该部分内容完全购买，并以此来考量玩家购买这部分内容后会达到何种游戏内容的消耗程度。当玩家通过购买获得实力后，必然会直接跨越成长周期。所以，虽然我们可以售卖数值，但是一定不能出现只有付费才能变强的情况，应该避免这种"杀鸡取卵"的售卖方式。

8.6　思考与练习

1. 思考

PVE 数值的确定过程是设计者根据玩家拥有的实力和策略反推怪物能力和属性的过程，想一想 PVE 类型的场景关卡类的玩法应该有什么比较好的设计思路？

2. 练习

（1）对于游戏设计来说，特别是数值设计，对策略、逻辑的思考多多益善，同时还要不断地去练习。尝试设计一个简单的对抗游戏，无须玩家操作，只需要玩家进行技能的搭配和养成即可。

（2）将 8.5.2 节涉及的流程、算法用 Excel 或者其他熟悉的程序语言实现出来，做到一键生成需要的怪物属性。

第9章　组合类系统的数值实践

可组合数值系统包括队伍出战、装备、天赋、宝石、符文等，可让玩家选择多种搭配，并可随时进行添加、移除（可能需要付出一些代价）的游戏内容。

可组合意味着可拆卸。很多游戏的策略选择很大程度上依托在某些系统的拆卸、组合上。拆卸、组合意味着玩家可以创造属于自己的组合，虽然内容已经存在，玩家只需要进行按序尝试，但是这种低成本的"创造"对部分玩家来说还是十分具有吸引力的。从装备的穿搭到宝石的激活、天赋的方案，每一次不同的组合产生的不同效果都会令玩家获得成就感。

在本章开始之前，我们需要将策略类型进一步划分为战前策略和战中策略。我们本章讨论的可拆卸系统基本都属于战前策略，即战斗之前就需要考虑好的策略内容。战中策略大多数属于技巧反应、技能运用、属性相克等临时判断，在战斗过程中变化范围并不大，更多的是考验随机应变和反应。从玩家的年龄划分来看，年纪越大越偏向于战前策略，年纪越小越偏向于战中策略。当然这二者并没有严格割裂开来，即使是以技术著称的 MOBA 类游戏，也有装备系统来帮助玩家进行战前策略的准备。所以，在很多游戏中，特别是角色扮演类游戏，都会有机地结合二者，从而吸引更多的游戏玩家，同时也会让玩家的成长感受更加丰满、充实。在接下来的内容中，我们将详细讨论如何给玩家提供具有趣味性的战前组合策略。

9.1　无限尝试：组合与拆卸

导读

给予玩家足够的自由度是每一个设计者都会试图去做的事情。有足够的自由度，意味着玩家有足够的尝试空间，可以使玩家的投入时间和自由度成正比，是一种十分值得采取的延长游戏生命周期的设计方式。

9.1.1　组合是规则探索的先驱

在玩游戏时很多人都爱组合式的玩法。我们拿到零散的东西时，总会习惯性地将它们拼接一下，乐高积木就是抓住人们的这种习惯成为世界上最负盛名的组合玩具之一的。

经典的游戏《俄罗斯方块》（见图 9-1）仅仅给玩家提供了 7 种由 4 个方块拼接成的图案，让玩家自由地在场景中进行拼合，当场景中的某一层被小方块完全填满时该层会自动消除。玩家决定如何放置、如何组合这些出现的方块，技术高超的玩家一局可以连续玩几个小时。

组合的最大魅力之一是可能性，也是支持玩家不断进行下一次组合尝试的动力所在。设计者给予玩家组合的规则，如《俄罗斯方块》中在某层被填满之前可以随意摆放，或者像《王者荣耀》（见图 9-2）那样可以自由选择合适的 30 个位置嵌入铭文。

玩家面对这种组合规则时，会总结出自己的方法，从而形成一些具有玩家个人特色的经验性总结。例如，我们玩《俄罗斯方块》时会预留一侧的单列，以给"I"形状的方块进行填充；尽可能预留阶梯而不是断崖；优先横放；三侧边原则，即左侧、右侧以及靠边预留单列的第二列。这些是玩家自己总结的一些规则，可以作为经验被传授给其他玩家。

▲图 9-1 俄罗斯方块掌机

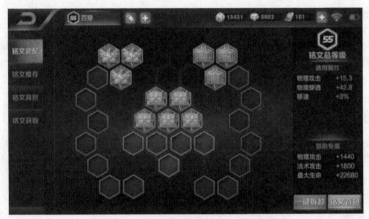

▲图 9-2 《王者荣耀》游戏铭文镶嵌界面

我们在第 7 章中提到，经验性的总结和传递是玩家获取成长的高级存在形式，而组合式的玩法是最容易使玩家产生成长的，足见这种设计的意义和价值。

9.1.2 尝试的代价

组合式的内容包含了玩家自发的设想、会心的创造、积极的尝试、渴望成功的耐心等极具正面意义的过程。反过来，如果玩家进行了诸多努力后没有获得应有的成长或成就反馈，给予玩家的挫败感也会是巨大的。这也是一把双刃剑，我们需要考虑玩家失败时的感受，也需要适当地限制他们采取穷举法来粗暴地获取结果，粗暴而没有代价的尝试会极大透支玩家对游戏的热情。

我们需要增加尝试的代价，一般可以分为以下几类。

1. 获取代价

在有些游戏中，组合元素是有获取代价的，如装备、符文等是需要购买的；有些效果则需要游戏达到一定进度后解锁，如《暗黑破坏神 3》技能和天赋是需要角色等级达到一定程度后才能激活使用的。在这种设计中，玩家一旦获取或解锁元素，便可以进行诸多尝试，但因为内容是逐步开放的，并不会在短时间内透支玩家的组合热情，反而会让玩家产生向前推进游戏进程的期待。

2. 使用代价

从获取代价衍生而来，每次进行组合都会消耗掉的元素被视为使用代价。当组合元素是一次性的时候，即单次使用后无法重复使用，对应的位置可以被其他元素替代。例如，我们可以将宝石镶嵌设定为不可取下的，但可以用其他宝石覆盖原有宝石。当我们使用这种方式时，需要给予玩家良好的引导以及合理的元素产出渠道，保证玩家能有良好的尝试欲望，以及合适的元素储备来应对可能的尝试需求。

3. 重置代价

我们还可以在玩家进行新一轮尝试的时候给予一定的组合成本。例如，《魔兽世界》在进行天赋点的重置时，会按重置次数收取越来越多的重置金币，代价逐渐提高，这能给予玩家一定的尝试空间，也会给予玩家一定的尝试代价，让他们停下来思考总结。

4. 失败代价

玩家可以不断地尝试组合，但不佳的组合可能会失败。例如，在《俄罗斯方块》中，不当的操作或组合可能会提前结束游戏。

9.1.3　可能性与最优解

组合是规则探索的先驱，拥有组合便意味着给予玩家去任意尝试的可能，玩家也会自发地回应这种设计。组合是开放式的选择，拥有选择便意味着决策存在优劣。这可能又会涉及我们所说的平衡，这些内容我们放在第 10 章进行详细讨论。本节我们主要讨论可能性。

当我们决定在游戏中增加这种组合式内容时，我们首先需要做的便是确定可能组合的数量级，是有几种，还是几十种，抑或几百上千种？从平衡设计的角度来说，我们无法将超过十种的方案做到全部平衡（即所有方案都具有相同的策略选择权重），对玩家来说，永远会倾向于选择收益更快、代价更低的方案。因此，在我们确定好组合式内容的时候，我们心里应该大体知道不同习惯的玩家会选择何种类型的方案，这会帮助我们确定哪些组合元素是更具价值的，这能让我们更好地设计或改进组合元素。

例如,《炉石传说》从发售到现在已经有近千张可用的卡牌,单算每个职业可用的牌有 100 多张,从 100 多张卡牌里选择 30 张,这里面的组合很多。最终,每个职业的可用套路基本在 2~5 种,玩家也会有意地向这些成熟的牌组靠拢。当设计师增加或调整组合元素时,主要考虑的也是一些具有倾向性的方案,如侧重进攻、侧重防守、侧重均衡、侧重反击等,这些方案在组合元素确定的过程中应该是已经出现在设计者的脑海里了,正如我们在设计对抗策略中提到的内容一样。

所以,随着游戏经验的积累,玩家可感受的可能性应该与设计者脑海中期望玩家达到的方案越来越重合,我们可以通过一些引导、一些 PVE 内容的教学,或者通过玩家攻略和经验的总结,达到使玩家体验和设计目的一致的效果。

当然,设计师的预测也不会是万能而全面的,在开放的组合规则下总会有玩家达到而设计师未能设想到的情况,这也是进行游戏测试、优化和改进时需要关注的一环。

9.1.4 小结

在给予足够组合可能性的同时,也需要能够让玩家收敛到设计者期望的方式上来,设计者给予玩家的探索形式是开放而没有限制的,但在设计上总是需要将组合元素落实到某种方案的倾向性上,不排除有通用性很强的搭配元素,但每一个元素都应该是能找到其设计的独特意义所在的。

9.2 装备系统的设计实践

导读

装备系统大概是除了等级系统之外较为普遍的游戏内容了。装备给予玩家很强的代入感,也给予玩家很大的期待感(每一个玩家都向往"最强神装")。从一个游戏的装备系统的复杂度便可以看出这个游戏在数值与技巧方面的倾向性了。我们将从属性设定、占比、随机性等多方面探讨这个普遍又重要的系统。

9.2.1 装备基础设定

装备属于道具。就好像我们现实生活中会穿金戴银,然后感觉良好一样,游戏中穿戴好装备后会给予角色更高的属性加成以及额外的能力。一般来说,有两种允许玩家进行装备组合的方式。

(1)装备数量限制

在某些游戏中,我们会限定装备可以穿戴的数量。玩家可以任意穿戴装备,但是无法超过携带上限。在经典即时战略游戏《魔兽争霸》中,游戏内的英雄最多可以携带 6 件装备。在这种限制下,我们设计装备效果的时候,其本质是给予玩家 6 种属性搭配的选择。这种设计方式直接影响了后续所有的 MOBA 类游戏的装备系统。

（2）装备部位限制

更常见的是，我们会让玩家收集多个部位的装备，往往是 6～14 个，包括但不限于头盔、盔甲、护腕、手套、武器、腰带、腿甲、鞋子、左右手戒指、项链、1～3 个饰品，通常指定的位置只能使用指定的装备。

那么我们怎么决定是采用数量限制还是部位限制呢？一般来说，装备系统出现在游戏中，我们都是为了给予玩家强化自身角色的一种途径。当我们希望装备系统在游戏中的更换是频繁而连续、有计划的，那么我们应该采用部位限制，不断地让玩家进行装备的更迭，这能更好地配合投放系统，形成获取感受的丰满的闭环；如果我们希望玩家是进行离散的获取和更换，那么可以采取装备数量的限制，这样不仅方便我们设计和规划属性的上限，也能更轻松地设计投放系统，使得装备系统和其他内容的关联性不那么紧密，更容易处理设计上的耦合。

此外，装备的使用限制在逻辑上还包括性别、等级、属性等，但这些更多的是和其他系统的关联互动，并非装备系统本身不可或缺的，故不做展开讨论。

装备会给玩家提供何种程度的帮助也是我们需要规划设计的。不同程度的帮助决定了程序上设计装备数据结构的复杂度，一般我们可以按照穿戴后获得的效果来进行划分。

（1）外观联动

玩家得到装备后获得外观的更新，获得新的视觉效果。

（2）属性联动

玩家得到装备后获得属性的加成。

（3）技能联动

玩家得到装备后可以使用新的技能，包括新的主动技能、被动技能以及技能增幅。

- ❑ 主动技能：玩家需要自己释放的能力。
- ❑ 被动技能：无须主动释放，在特定时机自动生效的技能。
- ❑ 技能增幅：强化某个、某些技能的等级或者属性效果。

（4）装备联动

需要和其他装备一起生效的装备，也就是我们常说的套装。往往激活套装属性需要玩家装备成套的 2、4 件或所有数量套装，这种装备联动在某个特定的时间点会对玩家的游戏热情起到极大的帮助。图 9-3 所示的《暗黑破坏神 3》的套装是游戏后期玩家的主要追求。

（5）道具联动

通过使用或者消耗其他道具，可以对装备进行改造。例如，我们熟知的镶嵌、强化、附魔等都属于道具联动。道具联动的结果是装备本身变得更强大、更优秀，可以使属性联动、技能联动、

▲图 9-3 《暗黑破坏神 3》复杂而强大的装备系统

装备联动拥有更好的效果。

9.2.2　装备效果分类

当我们了解完上述内容后，便可以来到装备设计的最后一个知识点——装备效果分类。

1．基础属性

基础属性是指无条件出现在装备上的属性，是一件装备生成后稳定持有的属性。这部分往往提供给玩家最基础的数值需求。

2．额外附加属性

在有些设定中，品质较高的装备可能出现一些额外附加的属性条目，随机一到多条。由于品质较好的装备往往需要付出额外的获取成本，这部分属性会出现一些基础属性不会涉及的特殊属性，刺激玩家追求品质更高的装备。在很多情况下，也称之为"随机属性"。

3．装备联动属性

装备联动属性即我们常说的"套装属性"，较多情况下都设计为固定的属性，能让玩家事先知道套装联动后可以获得的效果，从而树立追求更好的目标。这部分属性往往也是稀有而独特的，用来提高玩家的积极性。

4．道具联动属性

道具联动属性是指需要强化、附魔、镶嵌等行为激活的属性，需要消耗金币、道具等资源才能获得。属性的价值和消耗的金币、道具等资源价值持平。

设计上，我们之所以将装备的属性进行分类，一方面是为了方便玩家进行辨识，另一方面有助于设计者更好地进行属性投放的规划。在我们明确了装备限制形式、装备设计的复杂程度、装备的属性分类后，整体装备的数据结构就基本明朗了，我们在设计上需要规划的属性内容也就变得清晰了。

9.2.3　装备数值能力划分

装备数值的能力划分也就是给游戏中会出现、玩家可获得的所有装备进行数值的设定。

1．投放数量

划分数值的第一步，是明确需要制作多少装备。在装备部位限制的设定下，我们在大多数情况下依据额外的属性来确定内容。我们需要额外根据装备等级、品质、职业等其他投放限制内容估算所需的装备投放数量。

在实际设定时，我们首先要定下投放期望。例如，我们至少保证玩家在每个等级都有新的装备可以更换，所以装备数量应不少于角色最大等级和可选职业数量的乘积。如果我们希望玩家每 10 级可以有一整套的装备更换，那么需要投放的装备数量应该等于角色可装备部位数量乘以最大等级／10，如果还有种族的设定，那么种族的数量也需要考虑进来。

相对来说，投放期望在装备数量限制的设定下显得不那么重要，装备之间没有本质的差异，所以极限情况投放数量等于装备更换频率、数值上限以及属性复杂度这三者的组合。在这种设定下，我们考虑得更多的是如何将足量的装备合理而混乱地投放给玩家，保证玩家在某个时间点接触的装备种类、属性搭配都足够丰富。所以，投放数量斟酌更多的是投放方式而不是投放期望。

在实际情况中，也会有两者都考虑的情况。一方面我们会规划所有装备的数量，可能是出于换装表现、美术资源、世界观设定等需求；另一方面我们也会考虑玩家在某个时间点装备属性的搭配。最恰当的例子莫过于《暗黑破坏神》系列了，在游戏中，每次玩家获得同名的稀有装备，其属性都是随机生成的，有时候高级的装备可能比不上一件极品的低级装备，玩家获取的装备只有名字、部位、外观的不同，而且通过击杀任意怪物都有可能掉落高品质的装备，所以玩家只需要不断地进行装备的收集，便可凑齐一套属性夸张的装备去迎接最终的挑战。每次在《暗黑破坏神 3》中获得高级品质的装备时（见图 9-4），都会有高亮的光束来告诉玩家：你获得好东西了！

▲图 9-4　《暗黑破坏神 3》装备掉落展示

> **自顶向下的数值设计。** 大部分时候，我们的数值设计都是自顶向下的设计方式，即先确定总量，划分给大的系统，再依次划分给分支内容。在数值能力分配、产出消耗分配上，我们都会采用自顶向下的设计方式。

总的来说，投放数量、频率是我们后续划分装备属性、调整成长幅度的重要决定参数，也是我们制作美术素材、决定一部分美术工作量的参考，可能会影响项目的实际研发耗时，这需要我们仔细斟酌决定。

2. 总属性占比获得

我们需要事先拟定装备系统占游戏总数值的比例。正常来说，在以装备玩法为主的游戏中，装备系统占游戏总数值往往为 40%~60%甚至更高的比例，这也看其他数值类系统相较装备系统的重要程度。

3. 属性分配

在前面我们提到过装备属性的分类，如基础属性、额外附加属性、装备联动属性、道具联动属性等，我们需要进一步确定每个类别的属性、应该给予什么具体属性，以及具体某个部位给予什么属性。

我们可以拟定一些辅助表（见表 9-1）来直观地表示属性和部位之间的关系。在表 9-1 中，百分数表示该部位的投放占比，"力量"一栏的累加总和应该是 100%（100%表示游戏中总的力量投放在装备系统中的总量）。

表 9-1 属性分配一览表

属性分类		头盔	盔甲	护腕	手镯	……
力量	基础属性	2%	✗	✗	✗	……
	额外附加属性	✗	1%	✗	✗	……
	……	✗	✗	3%	✗	……
敏捷	额外基础属性	✗	1%	✗	✗	……
	额外附加属性	2%	1%	✗	✗	……
	……	✗	1%	✗	✗	……
智力	额外基础属性	✗	✗	✗	1%	……
	额外附加属性	✗	✗	✗	3%	……
	……	✗	✗	✗	✗	……
物理攻击		……	……	……	……	……

我们也可以用另外一种表来进行规划，如表 9-2 所示。

表 9-2 另一种属性分配一览表

属性分类		头盔	盔甲	护腕	手镯	……
基础属性	力量	2%	✗	✗	✗	……
	敏捷	✗	1%	✗	✗	……
	……	✗	✗	3%	✗	……
额外附加属性	力量	✗	1%	✗	✗	……
	敏捷	2%	1%	✗	✗	……
	……	✗	✗	✗	✗	……
……	力量	✗	✗	✗	3%	……
	敏捷	✗	✗	✗	✗	……
	……	✗	1%	✗	✗	……

两种分配表的侧重不一样，第一种（表 9-1）注重属性的配比，装备属性分类的重要程度不高；第二种（表 9-2）注重装备属性分类的设计。在装备属性分类的差异很大时，特别是道

具联动类属性占比很多的时候，我们最好采用第二种方式，方便后期的维护和调整。

4. 装备属性生成

知道需要投放多少装备数量、装备总投放属性、属性分配比例时，我们就可以计算出每个投放点的最大属性占比了（即投放点品质最好的装备属性情况）。

如果游戏中没有装备品质一说，那么按照公式计算出所有装备属性即可。以力量为例，头盔获得基础属性的分配如公式（9-1）所示：

$$头盔力量基础属性 = 力量属性×装备总占比×头盔基础占比 \qquad (9\text{-}1)$$
$$×（头盔等级/最大投放等级）$$

在公式（9-1）中，采用每等级装备能力增加幅度为线性增长，如果有其他的增长期望可以调整括号中的计算方式，具体增长期望的公式选用可以参考第 4 章。

公式确定后，在 Excel 里进行表格公式关联，很快即可按表计算出所有期望的数据。

如果有装备品质的要求，还需要先确定装备品质。例如，在《魔兽世界》中，装备有白、绿、蓝、紫、橙 5 个品质，同等级下的装备，品质越高，属性强度越大，体现在装备属性的所有分类上，如表 9-3 所示。

表 9-3　　　　　　　　　　　品质价值表

品质	品质系数
白色品质	0.15
绿色品质	0.3
蓝色品质	0.55
紫色品质	0.75
橙色品质	1

在表 9-3 所示的品质系数中，橙色品质代表属性强度最大，表中白色品质装备只有橙色品质 15%的能力。

需要注意的是，上述计算的是每等级上最高品质的属性情况，所以引入品质系数后，对应调整公式：

$$头盔力量基础属性 = 力量总属性×装备总占比×头盔基础占比 \qquad (9\text{-}2)$$
$$×（头盔等级/最大投放等级）×装备品质系数$$

当品质为最高的橙色时，等于属性占比为当前等级最强情况。

5. 微调与修正

当按照上述关系将装备属性完全生成后，我们需要看看在最低品质下或者在初级的时候装备属性分配的值是否"健康"（这种健康表示没有 0 属性出现，没有过低的属性），是不是符合自己对游戏数值变化幅度大小的期望。

当计算分配的结果不符合设计期望的时候，我们可以调整总的数值上限，或者适当修正装备系统的属性获得。大部分时候我们是整体调整游戏的数值上限，使数值自顶而下地完成统一的变动，少数情况下我们调整装备系统的属性获得以及装备属性分类的比例，这种情况往往是游戏制作达到中后期，需要尽可能小地影响全局内容时进行的。尽量不要去修改具体的装备数值，任何修改都应是修改模型参数，除非游戏已经开发到后期或者是特殊制作的剧情装备。

9.2.4 随机属性与价值计算

在很多装备系统中，我们常常会用到随机生成属性的设定，它们往往出现在装备的附加属性类型上。

通过随机赋予装备属性，可以让装备系统具有更强的探索性和耐玩性，会促使玩家更频繁地获取装备，筛选自己理想的属性。需要注意的是，这种随机给玩家带来的帮助应该是尽可能获取更适合自己的装备，而不是过分追求面板数值大的装备，否则会令投放装备的平衡性无从维护。

所以，即使在随机的情况下，我们也必须控制随机属性获取的上下限，避免过高的面板数值，也避免过低的属性数值让玩家产生挫败感。这和我们之前提到过的用正态分布来进行随机掉落稍有区别。

如何进行价值和随机的统一投放呢？

1. 确定属性标准价值

我们首先要设定一个属性作为标准属性，拟定每点该属性价值为1，通过属性的生效计算公式以及投放量来拟定其他属性相对标准属性的价值换算方式。大部分时候我们会选定攻击力作为标准属性，以攻击属性为参照，可以使直接参与伤害计算的属性更容易得到合理而正确的比例。

以攻击力为标准属性，然后设定其他战斗属性为防御、血量、暴击，其中暴击产生后造成额外 c 倍伤害，假设战斗公式为：

$$伤害期望 = (自身攻击 - 敌方防御) \times (1 + c \times 当前暴击率) \qquad (9\text{-}3)$$

假设期望的战斗节奏为一场战斗中双方在 N 次进攻或防守中决出胜负，那么这个公式对我们设计战斗双方的攻防血量有着至关重要的作用。

2. 公式换算价值

从上述假设的公式可以看出攻击和防御的价值是1:1的，即1点防御可以抵消1点攻击。从逻辑上说，1点攻击作用在敌方身上将减少对方1点血量，其价值也是1:1，不同的是血量还需要额外考虑到战斗节奏的情况。在基础期望中我们假设玩家是可以承受 N 次攻击的，所以在不考虑防御的情况下，每增加投放1点攻击就需要增加 N 点血量才能达成期望的节奏，即攻击和血量的期望价值为：

$$血量 = 攻击 \times N \tag{9-4}$$

用文字来表述就是每点血量的价值等于攻击的 N 倍。

血量和攻击的价值比是通过设计的战斗期望完成的。通过我们假设的战斗公式无法获知准确的暴击转化成暴击率的公式，但根据每 1%暴击率的价值可以知道暴击价值的推演公式：

$$1\%暴击率 = c\% \tag{9-5}$$

公式（9-5）表示在去除防御力的情况下每 1%的暴击率提高 $c\%$的攻击。

每 1%的暴击率相对攻击的价值随着基础攻击的提高会越来越大。对于这种涉及动态变化的情况，我们总是会采取极限预估的方式计算：玩家达到的最大攻击力为 M，同时拟定暴击率最大为 75%，对于攻击提升的倍率期望为 $c \times 75\%$，在不超过 75%的暴击率情况下，最终所有暴击值带来的收益为：

$$总暴击值带来的攻击总收益 = 总暴击获取 \times 暴击价值 = M \times c \times 75\% \tag{9-6}$$

这样我们便能获得每点暴击值相对攻击的价值期望了：

$$暴击价值 = M \times c \times 75\% / 总暴击获取 \tag{9-7}$$

从暴击相对攻击的价值我们可以看出，除了计算公式会影响价值比，最终游戏投放的数量也是会影响该价值系数的。

3. 投放价值换算

当我们确定好公式中各个属性的关系后，我们还需要按照实际游戏中的最终投放来确定单位属性的真实价值。

还是采用上面的例子，从公式价值换算中我们知道攻击防御的价值比是 $1 : 1$，如果在实际投放中每投放 1 点攻击就投放 1 点防御，攻击和防御都不难获得，那么很有可能出现攻击方无法破防的情况，所以我们需要在投放上向攻击倾斜。正常情况下，在减法公式中，每投放 1点攻击，可能投放 0.4～0.6 的防御，假设按 0.5 来算，真实的攻击防御价值应该是：

$$攻击价值 : 防御价值 = 1 : 0.5 \tag{9-8}$$

从投放的实际情况中我们可以看出防御更难获得，其相对价值更高一些。在公式价值转换中，如果需要 2 点防御才能抵消 1 点攻击，那么这个比值可能是 1 : 0.25。关于暴击我们已经知道，它的价值就是通过总暴击值的投放而计算出来的。

4. 标准装备价值

我们终于可以回到装备的随机属性上来了。当我们完成属性价值的换算后就该确定每个等级下各个品质的装备应该获得的属性总价值了，保证最终属性换算的价值不超过投放预期即可。当装备属性涉及随机价值时，我们可以将附加属性这一块的属性占比期望换算为总的价值占比，然后分配到每个等级上，这样就能得到标准装备随机价值，这部分价值对于不同品质的装备，运用品质系数表即可得到。

5. 生成随机属性

最终，我们将进行随机属性的生成。我们知道所有属性的单位价值、某个等级的某个装备应该投放多少总价值的属性，剩下的工作就是求解一个多元一次方程：

$$y = x_0 \times 单位攻击价值 + x_1 \times 单位防御价值 + \cdots \qquad (9\text{-}9)$$

公式（9-9）也就是随机属性方案获得公式，其中 y 为某等级装备的总随机属性价值。

多元一次方程的求解可以有很多方式，在这里我们采用倒推法的方式来获取一组随机数解。需要注意的是，不论任何方式，都需要兼顾结果的均匀分布性，即所有可能出现的属性都有均等的机会出现任意可能的值，步骤如下。

- 确定随机属性数量 n，即有 n 条随机属性条目出现在装备上。
- 随机 n 条属性，即确定出现哪些属性。
- 在 0～100 随机取值 $n-1$ 个，形成 n 个区间。
- 通过公式（9-10）计算最终属性值。

第 x 条属性（1～n）＝第 x 个区间长度/100×（装备随机属性总价值/该属性相对价值）

$$(9\text{-}10)$$

这样我们就完成了随机属性的生成，并保证任意等级的装备都不会因为随机的情况而造成过量或者不够的价值投放。

注意

在游戏计算的内容上，有很多计算结果为小数的情况，但展示给玩家看的时候往往需要显示整数，面对这种情况我们需要保证游戏中有统一的取整方式，包括向上取整、向下取整、四舍五入这 3 种方式。此外，需要保证取整后为 0 的情况是允许的，否则需要进行 0 值的特殊处理，或者都采取向上取整。

在上述的例子中，属性之间的价值关系多为线性的。在实际的设计中，属性价值关系的计算不同，最终生成随机属性时的大小限制、条目限制、同名限制、是否排他属性等都会导致更复杂的计算过程，但核心思路都是以价值换算和价值拟合进行的，遵循这个过程就不会出错。

9.2.5 小结

装备的设计和属性投放虽是大部分游戏的重点和难点，但只要我们采用自顶而下的计划分配方式以及合理地衡量好属性间的价值，任何复杂的属性投放都可以很有条理地进行处理。

9.3　异化属性的设计实践

导读

　　我们在游戏中经常遇到一些稀有而强大的属性，如生命低于 30%的时候受到的物理伤害减少 15%，或者是每 3 次攻击后下一次攻击时提高 50%的伤害，类似这种特殊而强大的技能往往是我们在游戏中的终极追求，它超出了一般的属性范畴，令玩家感觉强大而满足。这就是异化属性。

　　异化属性可以通俗理解为我们熟知的天赋类属性，即被动生效的技能，这往往是在某些条件状态下会自动触发生效的内容，如受到暴击伤害的时候自动获得一定的护盾；或者是用来修改某个属性的内容，如从装备获得的攻击属性翻倍。类似这种通过文字描述的一些特殊逻辑、而非简单的关键词表述出来的特点都属于异化属性。

9.3.1　异化属性的类型

　　准确地说，我们无法给异化属性划分合理的类型。传统的经典属性可以按照攻防倾向划分为攻击类属性（攻击力、力量、暴击、暴击伤害、破甲等）和防御类属性（护甲、免伤、抗性、韧性、意志等）。异化属性通常从异化属性的作用对象及逻辑复杂度来进行划分。

1. 从作用对象来分

❑　属性向：该类异化属性大多是对基础传统属性的修正或者强化，如每点防御额外提供 1%的治疗效果加成。

❑　技能向：对玩家已拥有的主动技能、被动技能进行进一步的加强，如缩短"寒冰箭"吟唱时间 0.1 秒。

❑　获取向：从某些属性获取源的获取效率增强，如使玩家从任意装备获得的精神力翻倍。

❑　赋予向：往往是原来未曾拥有的全新效果或者能力，包括所有不是作用在其他能力对象上的能力，如通过天赋或者装备获得全新的技能"烈焰风暴"。

2. 从逻辑复杂度来分

❑　增强型：强化原有的能力对象，可能是技能、属性等。

❑　修改型：将原有的某个属性或能力效果修改为其他效果，如某些异化能力让玩家的物理攻击造成魔法伤害。

❑　奖励型：直接给予玩家属性点、道具的奖励。

❑　扩展型：出现全新的强化节点，如某些异化能力会让玩家在任意休息状态下积累最大不超过 50%的伤害加成，持续 1 次攻击，这里就是对休息进行了一次扩展设计。

　　异化属性的设计可以让玩家充分感受到游戏核心内容带来的惊喜，不过这样也会增加游戏的开发难度，需要酌情考虑。

9.3.2 异化属性的设计难点

异化属性的价值标准十分难以界定，我们在第 10 章中会稍微涉及部分异化能力的平衡考量。本节我们主要分析和认清异化属性设计的难点，以便在实际项目中引起重视。

1. 范围模糊

范围模糊包括两个范围：一个是已有的异化效果，另一个是更多可以异化的效果。到底多少数量的异化效果才是合适的，往往难以轻易界定。

2. 强度模糊

我们很难完全量化一个异化效果的价值权重，特别是那些特定条件、特定概率的异化属性效果，这对我们的平衡是一个极大的考验。

3. 投放模糊

由于异化属性的特殊性，异化属性彼此间的联系几乎没有，无法进行较为线性和规律的均匀投放。

这些已知的难点让我们在制作异化属性的时候需要格外注意其数值强度、关注玩家的实际收益效果。对于完成的异化属性，需要反复去测试和体会其在游戏中的实际效果。

9.3.3 异化属性的平衡

对于异化属性的平衡，我们需要进行如下处理。

1. 数据平衡

从数据方面调整异化属性的数值大小，我们尽量要将异化属性转化为传统的攻防等基础属性，将异化属性尽量转为传统属性来判断强弱。例如，1 点防御带来 1 点攻击力，就意味着这个设定使防御属性的价值提高了攻击属性的价值。

2. 机制平衡

异化属性的设计十分宽泛和自由，在设计异化属性的时候我们会涉及很多新增的机制，当我们无法通过数据平衡进行强弱参考时，我们需要进行机制的重新设计来降低机制本身的强度。我们常常看到很多 MOBA 类游戏中将很多英雄进行平衡性重做，这种做法的主要原因就是无法通过简单的数据调整让其达到理想的状态。

9.3.4 异化属性的组合与卸载形式

我们设计的异化属性在大多数情况下是为了给玩家一些特殊的搭配，从而改变战斗策略的选择。如何给玩家这些异化属性，同时让他们对组合产生乐趣并承担拆卸的代价，是围绕异化属性投放的重点所在。此外，为了有效地平衡异化属性组合的数量级，让玩家能更容易地找到可能的强力组合，我们也需要进行一些合理的引导和限制。

1. 加点形式

这种方式十分普遍，给予玩家一定的点数（加点），可以随意点亮激活那些自己期望获得的异化属性。例如，在《魔兽世界》《英雄联盟》等游戏中都有这种加点搭配的方式。

加点也有不同的处理方式：有些游戏纯粹以两位数以内的技能点的形式让玩家自由组合，每次重置都需要支付重置的代价；有些游戏以资源代替点数，如在武侠游戏中，经脉激活所需要的"真气"往往通过玩家日积月累获得，投入的时候较长，重置的时候只返还 50%甚至更少的真气。

2. 槽位组合

我们熟知的宝石镶嵌系统便是格子槽位的形式。设计多种属性宝石、符文，让玩家可以自由地嵌入特定的孔位中。同时设定一些羁绊奖励，如特定顺序或者特定的数量会激活特殊的效果。在经典的《暗黑破坏神 2》中的符文之语系统便是这样，特定顺序的符文在白色装备上可以激活一系列稀有属性，完成属性内容的质变。在图 9-5 中，通过 20 号、24 号、16 号符文可以构筑出多达 10 条异化属性。

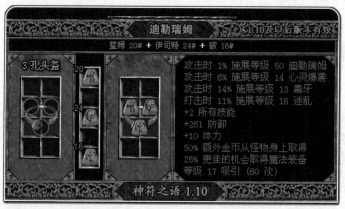

▲图 9-5　《暗黑破坏神 2》中的符文之语（有些称呼为"神符之语"）

槽位组合所用的材料包括两种：一种是可以取下反复使用的，往往需要玩家支付重置的代价，如取下宝石需要支付金币；另一种是消耗性质的，如《暗黑破坏神 2》使用的符文就是不可以取下的。

3. 数量限制

这种处理简单而直白，即玩家可以在诸多异化属性中选择一定数量的异化属性来使用。例如，在《暗黑破坏神 3》中，装备的异化属性可以提炼并保存，同时只能激活其中 1 条，每次更换后会将原有的覆盖。

9.3.5 小结

在游戏中增加丰富的异化属性内容是一件十分值得尝试和令人兴奋的事情。不仅玩家会从中获得乐趣，设计者也会饱尝挖空心思、竭尽全力努力创造和制作新机制的快乐。这种设计难度并不低，从设计到程序实现都需要我们在制作之初就打好基础。此外，大部分异化属性组合的改变都有一定的代价，但也不是绝对的，是否给予玩家代价可以依据实际情况灵活处理。

9.4 构筑组合的设计实践

导读

构筑组合的游戏类型十分流行，从经典的《万智牌》到流行的《炉石传说》，抑或是自走棋类型，都属于构筑组合。多角色卡牌的 RPG 组队战斗类游戏也属于构筑组合的行列。

构筑组合是指组合的对象为参与战斗的主体单位，每一个主体单位都能独立生效并承担战斗。例如，将多个单位组合成一个冒险小队，或者将诸多单位打造成一个可调配的战斗团体。

9.4.1 卡牌策略类构筑

以《万智牌》《炉石传说》为代表，卡牌策略类游戏源自经典的桌游扑克，在内容上增加了很多 D&D、魔幻元素，同时保留了传统打牌的乐趣——玩家永远不知道抓的下一张牌是什么，也可能在对手只剩一张牌的时候绝地求生，反败为胜。

这类卡牌构筑的玩法越来越受主流玩家的注意，使得越来越多的开发者注意到这种有潜力的游戏模式。例如，Supercell 团队的卡牌即时对战《皇室战争》将卡牌和即时对战融合，从构筑到实时对战，将卡牌策略很好地融合进去；Mega Crit 团队的《尖塔奇兵》将角色冒险探索与卡牌构筑相结合，每次在玩家遭遇战斗时都可以通过释放各种卡牌能力来战胜对手，并且可以通过冒险获得各种各样的卡牌，以不断完善玩家的卡牌。

> **D&D**：《龙与地下城》的英文缩写，是一种风靡一时的经典桌面角色扮演冒险游戏，基于多种骰子来触发各种随机事件。开始一场 D&D 冒险需要纸笔记录、一套 D&D 使用的多面骰子，以及一个优秀的地下城主来帮玩家绘制优秀的冒险历程。

既然我们已经提到"构筑"，那就意味着不能有"太深"的数值。卡牌策略构筑类游戏的设计难点在于几乎每张卡牌都是有独特战斗机制的，这意味着我们在设计卡牌的时候需要平衡和维护大量的特殊机制。

通常来说我们设计任何一套卡牌构筑游戏都可以遵循如下的设计思路。

1. 确定回合节奏

这个观点可能之前没有提到，任何游戏的战斗模块都可以拆分为以秒为回合的战斗。我们设计任何战斗都会考虑战斗节奏，而每个游戏都可以拆分为以时间为单位的攻防行为。

提示

任何游戏都是回合制游戏：当拆分到秒甚至毫秒的时候，我们可以准确地将参与单位的行动回合化。

在这种思路之下，我们设计任何一种战斗模式时都需要考虑战斗节奏的切换点是什么。在很多即时战斗类游戏中，技能的冷却时间是控制战斗节奏的重要设定，角色的法力值、怒气值等也是一种控制节奏的资源。在回合制游戏中，以行动值耗尽或者类似行动能量的值来完成一次回合的战术执行并形成参战单位的行动转换。在热门的动作游戏中，动作发招、过程、收招、硬直设定都是节奏的控制点。我们设计任何战斗体系的时候，都需要优先考虑好应该给予它何种战斗节奏的变换。

大部分的卡牌都是以类似传统回合制来进行节奏切换的，如《最终幻想7》和《梦幻西游》；也有单纯以资源来控制节奏的，如《皇室战争》每秒给予玩家 1 点紫色圣水，以用于释放卡牌，否则无法释放卡牌。不论我们采取何种方式都需要给玩家一个思考点：合理地规划资源和策略，每一个策略都有其使用的代价和成本。例如，在《炉石传说》中，以法力水晶来控制回合节奏的切换，每回合玩家可使用的法力水晶会增加 1 颗，最多为 10 颗。

2. 确定战斗详细环节

这里的环节从大的方面来说包括战斗前、战斗中、战斗后的所有环节。

以《炉石传说》为例（见图 9-6），战斗前我们需要从几百张卡牌中选取 30 张（不能多也不能少）来构成战斗牌组。在选牌阶段，玩家便开始考虑如何选择合适的牌组及其附带的游戏机制，以使自己更好地在游戏中获得胜利。例如，炉石卡牌雷诺·杰克逊（见图 9-7）需要牌库里没有相同的牌时才能触发，这就需要玩家在构筑每张牌的时候考虑是否会限制到这张牌特殊效果的触发。

▲图 9-6　《炉石传说》出牌效果截图

▲图 9-7　雷诺·杰克逊

　　战斗中我们需要考虑的环节就更多了，为了表述清晰，我们将涉及的可能环节逐一罗列（可能还有些考虑不周的，这里还原的过程从游戏开始打出第一张卡牌到游戏结束）。

- ❑ 战斗开始，整理双方牌库。
- ❑ 参战单位生成初始血量、初始法力水晶。
- ❑ 按照先后手抽取双方初始牌。
- ❑ 选取 1～4 张牌，使其重新抽取，并保证不会在重抽的时候抽到这几张。
- ❑ 初始手牌确定并放入手牌区。
- ❑ 进入第一回合，双方法力可充能水晶上限+1。
- ❑ 如果是后手，生成一张（而非抽取）幸运币。
- ❑ 先手玩家回合开始。
- ❑ 先手玩家水晶充能。
- ❑ 高绿显示可以释放的卡牌。
- ❑ 高黄显示额外释放效果达成的卡牌。
- ❑ 玩家开始释放卡牌。
- ❑ 检查其他卡牌是否响应出牌事件（如陷阱、反制等）。
- ❑ 检查是否触发其他随从响应出牌事件。
- ❑ 检查卡牌本身是否响应出牌事件。
- ❑ 随从开始进场。
- ❑ 检查其他卡牌是否响应进场事件。
- ❑ 检查其他随从是否响应进场事件。
- ❑ 检查随从自身是否响应周围环境（当前出战随从数量及其类别）。
- ❑ 检查随从是否满足攻击条件，满足时高绿显示，否则进入休息状态。
- ❑ 随从进场完毕。
- ❑ 检查是否有卡牌响应随从进场完毕事件。
- ❑ 玩家释放卡牌完毕。
- ❑ 检查是否有卡牌响应卡牌释放完毕事件。
- ❑ 玩家释放其他卡牌。
- ❑ ……（其他可能的操作略过）
- ❑ 随从开始攻击。
- ❑ 检查是否有卡牌、随从响应攻击事件。
- ❑ 检查选定攻击目标是否有响应攻击事件。
- ❑ 攻击实施。
- ❑ 检查是否有卡牌、随从响应损血事件。
- ❑ 检查选定攻击目标是否响应损血事件。
- ❑ 如果攻击目标为英雄，检查护甲情况。
- ❑ 如果有护甲，就检查是否有响应护甲损失事件。

❑　　如果没有护甲或者攻击大于护甲，检测玩家是否响应损血事件。

……

卡牌构筑玩法之所以越来越受玩家的欢迎，很大程度上是因为这种战斗将游戏中任意环节都加入了可修改的变数，可以让玩家充分"修改"自己的战斗方式和战斗意图。我们可以从你能想到的任何角度来完善每一场战斗的体验，这是我们在做这类卡牌构筑上最需要下功夫的地方，如果我们能完美地将战斗的流程都考虑清楚，那么下一步我们设计起来将十分轻松。不过更多的时候我们都是在持续不断地完善和挖掘新的战斗环节——将游戏中看似不起眼的环节加入策略影响的范畴之中，这需要很强的设计敏锐度和极强的代码执行力。

3．设定战斗机制

所有的战斗机制都是策略的实际执行过程。战斗机制是策略的表达，充分利用游戏里的细微环节是我们丰富战斗机制的重要方式。游戏的流程环节越详细，我们设计战斗机制的时候会越容易。

简单举例来说，我们要新设计一张在英雄受伤的时候降低英雄亏损效果的卡牌，可以采用以下几种设计方式（还是以《炉石传说》为例）。

❑　　英雄受到损血时，该卡牌释放所需法力水晶-1。

❑　　英雄受到损血时，如果卡牌不在手牌中则立即抓取到手牌。

❑　　如果英雄当前血量低于 50%，则该随从入场后获得突袭（进场后立即可以攻击）。

❑　　英雄受到损血时，将损失的血量随机补充到随从身上。

……

以上构想的机制都是围绕英雄损血或者英雄已经扣血一定程度后设计的，需要英雄损血事件发生后触发或者刷新。类似地，同一个结果放置在不同的事件触发点上，给玩家带来的感受完全不一样，因为触发时机不一样，玩家做出的策略表达也会完全不一样。例如，以"所有卡牌释放法力减少 1 点"为设计结果，放置在"英雄血量减少 50%"时触发和"玩家手牌数量大于 8 张"时触发，对于玩家的构筑以及战斗过程的影响是天差地别的。

所以，设定战斗机制必须依据事件来进行，只有这样才能形成策略的表达，也只有这样才能帮助玩家更好地形成战术风格。

4．机制与平衡

"但是，古尔丹，代价是什么呢？"血吼在看到古尔丹展示即将获得的新能力时这么问。同样的问题玩家也会问我们，当他们看到一系列全新的机制时，玩家操作所付出的代价是用来使卡牌所拥有的机制保持平衡的关键所在。

以《炉石传说》为例，有哪些代价是玩家可以支付的呢？

❑　　合理地释放法力水晶。

❑　　延迟支付的法力水晶。

❑　　扣除合理的英雄血量。

- ❑ 转移到其他卡牌的释放法力水晶，如释放后增加 1 点释放法力水晶到随机卡牌上。
- ❑ 降低英雄治疗效果。
- ❑ 降低护甲获得。
- ❑ 无法装备武器。
- ❑ 限制每回合出牌最大数。
- ❑ 减少手牌上限。
- ❑ 指定或随机丢弃手牌。
- ❑ 随机丢弃牌库里的牌。
- ❑ 特殊的生效条件，如牌组没有重复卡牌。

……

我们设计的所有卡牌都可以从上述的代价列表里进行选取。我们在异化属性的设计中也提到，这种非传统属性的特殊机制无法将其价值完全数值化，所以需要更多的测试来判断代价是否合适。在第 10 章我们将会更系统地介绍如何调整充满异化属性、充满特殊机制的游戏。

9.4.2　角色类小队组合

还有一种常常以卡牌形式出现的构筑，是以角色或者角色卡牌为主体，同时伴随有较为深度数值养成的团队作战形式的弱构筑。在这种卡牌组成的战斗小队中，玩家需要做出的选择不会太多——1 个小队也就 5 个左右的战斗单位。作为设计者，我们只需要将所有角色卡牌按照小队战斗的职业定位进行设计，引导玩家在合适的职业上选择合适的卡牌，这比构筑 30 张卡牌简单得多。

1. 设定小队回合节奏

就像卡牌策略构筑一样，我们需要确定战斗的回合节奏。在小队对抗的游戏中，我们显然不能让每个角色看起来都一样，我们需要给他们划分职业，形成不同的战斗定位：肉盾、骑士、战士、射手、刺客、法师等。队伍的回合节奏通过小队中的单位体现，问题也就变为我们是如何控制和转换不同单位行动的。以回合制小队战斗《神界：原罪》为例，每个队员初始有 4 个行动点，每次轮到己方行动时都会获得 2 个行动点。在一些即时战斗的游戏中，例如经典的《无冬之夜》，每个角色都自由地按照技能冷却和 AI 指令来不间断地攻击，但玩家可以随时使用空格键来暂停游戏，此时可以对战斗单位输入新的指令结束暂停，而去执行新的动作。在关键的高难度战斗中，玩家可能需要用比传统回合制更复杂的操作来应对战斗。当然，更常见的是传统回合制游戏，在轮到角色行动时拥有一次行动的机会。

2. 设定标准角色实力

当我们需要分配角色属性的时候（攻、防、血等），我们总是优先选定标准角色（往往是一个各方面属性相对均衡的角色）。此外，角色养成属性的每个等级属性标准也是以标准的角色成长作为参考的（在 8.5 节提到过的制作 PVE 战斗实力包的标准属性）。

3. 设计职业倾向

职业倾向可以从两方面来体现：角色属性构成和角色技能构成。更高的生命上限意味着更强的生存能力，更高的攻击意味着能给团队带来更多的输出。如果拥有可以减伤的技能，那么该角色可以有更长的存活时间；如果某个技能可以让角色的任意攻击都传递给临近单位，那该角色可以占据更重要的输出位置。

我们按照角色的定位进行设定和分配能力。战士还是刺客，在设计职业倾向的时候，我们往往需要将属性构成和技能构成统一考虑。我们不会给一个定位为输出的刺客过高的生命成长速度，或者给刺客全是防御技能。我们通过属性和技能的倾向统一来更好地表达职业定位，会更容易让玩家形成职业定位的认知。

4. 联动设计

当完成职业的背景设定和数值设定后，我们会进一步来引导玩家进行角色的策略组合。职业的属性区分和技能定位是团队协作的第一步，我们可以设计一些额外的条件效果，例如场上拥有肉盾、刺客和治疗时全属性加 15%。额外的条件可以是具有世界观联系的羁绊，也可以是类似一些角色特性的 1 加 1 大于 2 的被动触发效果。这些联动效果的体现方式就是我们之前讨论过的异化属性。

9.4.3　小结

不论是卡牌策略构筑还是角色小队组合，所涉及的策略越多，我们制作平衡体系的时候难度会越大，也就意味着测试和调整需要的时间会越长。我们需要合理控制能用到的战斗机制，不是越多越好，而是满足现有策略的丰富度以及让每一个战斗机制都能得到玩家的有效利用。

9.5　思考与练习

1. 思考

在需要设计异化属性的游戏中，应该如何把握游戏属性复杂程度？

2. 练习

（1）尝试制作一个复杂的装备系统，使得整个游戏都围绕装备展开。

（2）找一个游戏的核心战斗，像 9.4 节那样还原该战斗可能的过程阶段，并穷举该战斗的所有机制。

第10章　游戏平衡实践

平衡或者战斗平衡是数值设计人员无法忽略却又没有办法制订出完美解决方案的内容。我们会在各种游戏中听到玩家抱怨：这个游戏不平衡。从玩家角度来说，他们对游戏的任何抱怨实际上都是对游戏负面体验的发泄，他们期望能获得成长、成就，期望自己做的策略选择是有效的并能拥有恰当的强度来完成战术表达——他们并不是总要获得最终的胜利，而是更期望一场势均力敌的对抗。

战斗平衡关系到游戏所有能力释放系统的体验，对玩家来说，任何不良好的战斗感受都会被他们归咎为"不平衡"。对我们来说，解决玩家的"不平衡"是尽量优化战斗的体验，使其有更多细节、更多信息，使玩家明白战斗的关键转换，明白是如何胜利或者怎么失败的。

除了战斗平衡，系统平衡、经济平衡都是需要我们注意的。这一章，我们将从设计到测试，再到线上数据收集分析，完整地去了解如何进行游戏的平衡调整。

10.1　游戏平衡的几个范围

📖导读

游戏平衡代表着游戏最核心内容的体验感受，影响玩家的沉浸感，决定玩家投入的时间、资源是否得到公正的回报。平衡不能被看见，但不平衡却容易被发现。

在我们对平衡进行进一步讨论前，我们需要先划分清楚有关平衡的界限和类型。

10.1.1　平衡概念

何为平衡？"谓两物齐平如衡"。从词意上来说，平衡往往是相较于两个及两个以上的单位在"量"化的属性上大小一致。反过来说，平衡或者不平衡是相对于多个事物之间的某种属性的量化

> **量化：**用度量来表述对象的属性，根据不同情况表现为数量多少、具体的统计数字、范围衡量、时间长度等。

比较。所以，我们讨论游戏平衡，具体要看我们将什么放在了秤的两边。一个完整的游戏拥有太多的元素，除了大家常谈起的战斗平衡，还包括系统间平衡、产出消耗平衡。我们会将战斗双方不同的战术、战略选择，或者不同的系统，或者获取和消费来进行比较，看他们在抽取的量化数据上是否合理。

除了将相同性质的元素进行量化的比较，还有设计者的期望和实际游戏呈现的结果之间的平衡。作为设计者，我们所做的决定大多基于某些期望，在游戏中能完全实现自己的期望就是最好的结果，否则偏差太多，这对设计者来说也是一种不平衡。

下面逐一讨论各种需要平衡的内容，包括如何设定平衡期望。

10.1.2　系统平衡

讨论系统的平衡时，我们会看具有相似性质或者相似定位的系统，玩家在花费的时间、精力、财力以及评价反馈、选择频率等方面是否具有较为均衡的数据分布，同时对于需要量化的数据，我们在设计系统的时候往往会给定一些期望的数据。

关于系统内容，我们在第 2 章提到过：任何游戏都会有能力获得系统和能力释放系统。关于系统的平衡，我们可以从能力获得系统的平衡和能力释放系统的平衡，以及系统综合的平衡来分析讨论。

1. 能力获得系统的平衡

当我们的游戏中设计有两个以上的能力获得系统时，这些获得来源是需要我们从以下两方面去量化对比并设定系统的对应平衡期望的。

- ❏ 能力提升效率：各个系统的资源投入量和能力提升量的比值，既包括总值的占比，也包括各个阶段（前期、中期、后期）效率提升的对比。
- ❏ 时间养成效率：玩家投入的时间和获得的能力提升的比值。大部分能力获得系统都是消耗资源进行瞬时的投入即可。这里的时间是指玩家投入的时间。

2. 能力释放系统的平衡

能力释放系统是指游戏中的各种玩法系统。针对玩法系统，我们需要关注以下方面的量化。

- ❏ 总参与时长：玩家某个时间段（如天、周、月、赛季、某个周期等）投入的玩法系统总时间。
- ❏ 获取资源效率：玩家在玩法系统中单次投入的时间和每次参与后获得的平均收益的比。
- ❏ 玩家积极程度：每次玩法开放或者每个时间段内，参与系统的玩家数量占比。

3. 系统综合的平衡

当游戏的复杂程度较高、各种系统数量较多的时候，我们要在有余力的情况下尽量保证能力获得系统和能力释放系统有一个较好的数量平衡。

10.1.3　经济平衡

任何游戏都存在和经济相关的系统，不论游戏是否有货币系统，只要玩家需要获取资源、消耗资源来进行提升，就需要考虑经济的平衡。对于不同复杂度的游戏，我们有不同程度的经济平衡需求。

1. 供求平衡

最基础的经济平衡是游戏中的获取和消耗能形成均衡的状态，也就是经济学上提到的供求平衡。供求平衡是基础，如果游戏资源的供求关系不健康，那么玩家将不再关注释放系统的奖励。

注意

不管是游戏还是现实，需求的满足都是指保证基础所需。在游戏中，需求的满足使得玩家可以应付当前游戏进度的基础行为，如应付一般的日常战斗。

---

2. 产出平衡

产出平衡是指当游戏中有多个获取资源的途径时（正常来说任意游戏都应该有多个产出系统或者是产出资源的方式），各个系统单位时间产出的资源是否整体平衡。

产出平衡决定玩家是否会正确按照我们设计的行为节奏去分配时间——所有人都是逐利的，玩家永远会把时间优先投入到具有更高产出价值的行为活动中。

3. 价值平衡

价值平衡是对游戏内容有更高要求的经济平衡，游戏越复杂，价值平衡的重要性就越突出。这里的价值包括货币的价值、道具的价值、行为的价值，这些内容的平衡在任何游戏中都是至关重要的，尤其是在多人社交参与的网络游戏中。

价值平衡需要我们用更系统、更全面的方式去构筑整个游戏的经济结构以及玩家的行为预期。（我们将在第 11 章中详细介绍。）

10.1.4　战斗平衡

战斗平衡也可以理解为游戏核心玩法的平衡。对核心玩法的平衡讨论，相比其他平衡会有更高的细节需求，我们需要关注处于不同游戏水平的玩家是否能享受到平衡的游戏环境。任何的不平衡都会使得游戏中的核心玩法过于单一，让玩家倾向于选择更容易赢的方式。

1. 机制策略平衡

机制策略平衡即战术平衡，这一层平衡需求是最细致的，也是我们在后续调整中面对最多的。为了丰富游戏中的战斗策略，我们会不断地丰富游戏的战斗机制，从设计之初直来直往的攻防，到设计后期用大量的描述让玩家了解其运作方式的独特机制。

机制的强弱很容易测试出来，危险的是没有测试机会或者测试不够彻底的新机制，特别是对已经发售的游戏进行中期更新增加新机制时。我们应尽可能在游戏发售之前就设计完成所需的所有机制，或者至少考虑预留足够的机制作为更新的储备，否则就会将过大的压力堆积到更新测试环节去。

2. 对抗节奏平衡

对抗节奏平衡即战略平衡，是指影响战斗的公共策略、固有规则对战斗结果不偏不倚、不影响期望节奏的完美执行。

在我们讨论设计战斗系统时提到过，最先确定的就是回合节奏，在确定回合节奏的同时也就确定了战斗会在多少回合或时间内结束。过于快速结束游戏的策略或者让游戏陷入焦灼的策略都属于不良的平衡。

在考虑对抗节奏平衡时，我们往往会更容易去处理那些过于快速结束的情况，它们在测试中更容易暴露，而且也必须被暴露出来进行修复处理。对于陷入焦灼的策略往往不那么容易处理，当游戏的回合数或者时间超出预期过长时，大多数游戏会进行弱化参与战斗的双方。例如，即时对抗卡牌《皇室战争》（见图 10-1），玩家通过卡牌布置自己的作战单位，去摧毁对手 3 个建筑，在时间结束前如果能拆除对手的基地则直接获得胜利，否则谁的损失

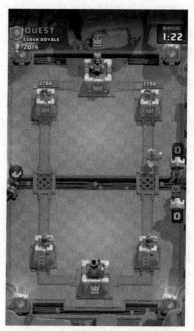

▲图 10-1　《皇室战争》对战截图

更少谁就获得胜利。在对战时，每分钟都会提高双方的紫色能量获取速度，倒计时结束后如果战斗没有结束，则通过双方的损失判定输赢，通过这种规则来保证战斗节奏严格地执行。

对于其他公共策略上的设计取舍，如何兼顾战斗节奏、保证设计预期不被影响是主要需要考虑的内容，尤其是已经成型的对抗战斗，我们在增加公有策略时首先需要考虑的就是对抗节奏平衡的影响。

10.1.5　小结

通过本节学习，我们系统地建立起对平衡的全面认识。从框架到经济，再到战斗，所有我们提到的平衡都将在后续章节继续进行分析。

10.2　战斗平衡的两个设计维度

导读

战斗平衡是玩家乐于去否定的东西，也是设计者执着追求的东西。玩家乐于去否定，因为他们想将策略选择的失败结果"甩锅"给设计本身（也可能确实是设计的问题）。设计者对平衡的执着则是再正常不过了。即使在付费变强的设计中，我们也希望两个同样付费的玩家能有你来我往的均衡对抗。

我们在 10.1.4 节中提到了战斗平衡的两个维度（机制策略平衡和对抗节奏平衡），理想的情况下当然是同时兼顾两个维度。相对来说，PVE 更注重对抗节奏平衡，我们需要的是根据玩家的实力和策略合理地反推出"环境"所拥有的实力；PVP（玩家对抗玩家或者玩家团体对抗玩家团体）的两个维度则具有同等重要性，但将不同的出发点作为设计基础时后续游戏中的平衡风格将给予玩家完全不同的感受。

下面用评价较好、受众较广、对平衡要求较高的两个游戏——《英雄联盟》和《DOTA2》来分析这两种出发点下的设计异同。

10.2.1　《DOTA2》的战斗平衡

提到《DOTA2》，就不得不提《DOTA》的制作起源——《魔兽争霸 3》的编辑器（下文称魔兽编辑器，是暴雪在《魔兽争霸 3》内置的可以供玩家进行脚本编写的类游戏开发组件）。2006 年前后是一个属于魔兽编辑器或者说魔兽自制地图的伟大时期，国内外无数对游戏制作怀有憧憬的玩家通过魔兽编辑器进行摸索学习，制作出了无数令人赞叹的游戏，诞生了超多具有创意的地图玩法。例如，《王者荣耀》的火山大作战出自《术士之战》，热门一时的《自走棋》诞生于创意《战三国》，MOBA 类游戏及其他类似的玩法源自《DOTA》《魔兽争霸 3·澄海 3C》《魔兽 RPG·真三国无双》等。

《DOTA》的诞生环境决定了《DOTA》后作的设计框架，《魔兽争霸》的编辑器决定了哪些机制能做、哪些机制无法实现、哪些机制只能折中实现。为了保证乐趣，设计者尽可能地挖掘可以实现的机制、技能，让游戏变得更吸引人。

游戏引擎底层开发环境的限制导致《DOTA》中英雄的技能设定看起来参差不齐、毫无规律，少的只有 1 个主动技能，多的有 14 个技能（3 个基础元素技能、1 个融合技能、外加融合出的 10 个主动技能）。这也导致了早期很长一段时间《DOTA》的平衡性并不出色，没有让玩家或者游戏厂商联想到它能成为当时最有竞争力的竞技游戏。直到冰蛙开始接手维护《DOTA》地图，修复游戏内的大量 bug，并开始注重英雄的策略平衡，注重资源规则的获取节奏，注重装备道具的价值权重，同时也挖掘出更多可以实现的机制（如 Ban&Pick 系统），一举让《DOTA》从众多游戏中脱颖而出。这也从侧面体现了游戏平衡对于游戏从平凡走向伟大的重要意义。

> **Ban&Pick 系统**。在《DOTA》类游戏开始前，玩家们会选择自己想要操作的英雄。Ban&Pick 系统可以允许双方玩家去禁用 3～5 个自己觉得过于强大的或自己难以对抗的英雄，这使得《DOTA》类游戏的魅力从游戏过程里延伸出来，战前的选择便已经是考验的开始。

作为《DOTA》6.1 以后的主要作者，以及《DOTA2》的创始人，冰蛙深知《DOTA》的精髓：自由、不严谨却讲究自然平衡，规则离散却互相牵制。这种平衡和《DOTA》的诞生过程息息相关，也与魔兽编辑器能实现的内容联系很大。例如，为什么早期的《DOTA》英雄很多技能是被动生效，效果还单一（如射手天赋、强击光环、耐久光环等）；补刀斧既可以砍树，也可以增加补刀效果；为什么会有力量、敏捷、智力，直接攻、防不是更好；地形影响视野等。可以说，《DOTA》的很多规则是继承自《魔兽争霸 3》的，也是《DOTA》地图历届设计者和魔兽编辑器能实现的功能碰撞后产生的独有产物。冰蛙在开发《DOTA2》时说过，魔兽地图编辑器已经承载不了他后续想要的功能了，而且地图的大小已经达到魔兽地图的上限（《魔兽争霸 3》1.24 之前的版本，玩家只能创建大小在 4MB 以内的地图；1.24 之后的版本，在局域网中可以创建 8MB 以下的地图）。

到了《DOTA2》版本，冰蛙作为《DOTA》的发扬光大者，有他对《DOTA》类地图"精髓"深刻的认知，如对抗方式自由、充满变化、尽可能创造新奇的对抗体验、极致地追求宏观战场的变化以及单个英雄在每一局的玩法变化。《DOTA2》基本保证了他的思路的延续，这可以从《DOTA2》近几年机制的不断大改看出来。

- ❏ 建筑翻新，增加高地建筑、增加野外泉水。
- ❏ 增加英雄天赋。
- ❏ 大量装备调整、"法伤"装备强化。
- ❏ 神符的增加和调整。
- ❏ 不断降低英雄转移的成本。
- ❏ 完全不对称地形的全新野外地图。
- ❏ 野区的泉水建筑。
- ❏ 野区资源的增加。
- ❏ 辅助装备格子位的增加。
- ❏ 全新英雄不拘一格的设计。

这些更新可以在《DOTA2》的更新日志看到，我们可能想不到下一次冰蛙的调整会是什么样的，不过可以确定的是他会不断地丰富玩家的战略选择，而不是过于注重点对点的对抗。

战略平衡也就是我们在 PVP 中强调对抗节奏平衡而弱化机制策略平衡的设计结果，这里是指相对弱化，而不是完全不顾。当我们强调对抗节奏的时候，更注重的是双方玩家不论操作的是什么英雄，都能采取的策略选择，即全局策略的可选性。例如，在《DOTA》中，从地形到道具效果、装备效果都充分体现着战略选择的价值，玩家可以通过道具效果弥补任何一个英雄的缺陷，如达贡之力神杖可以弥补瞬间爆发的不足，高级的达贡之力神杖等于一个英雄的满级大招。这意味着英雄本身的定位会更不拘一格，更加强调英雄当前在做什么样的事情、选择了何种成长方向。反过来，这么设计的"危险"之处在于，如果战略环境较差或者战略选择单一，那么会导致玩家玩任何英雄都是同样的过程体验。

10.2.2　《英雄联盟》战术平衡

《英雄联盟》的制作者羊刀曾经也是《DOTA》地图的维护者之一，羊刀对 MOBA 类游戏的理解可以说是十分到位的，从英雄的设计到对称地图、草丛、单位的属性简化、野区资源的奖励强化……很多方面都可以看到与《DOTA》设定的巨大差异，这里面诸多设定直接成了后续 MOBA 类游戏的模仿对象，因为设计带来的平衡感实在太强了。

我们同样可以看看《英雄联盟》的更新日志来探究其设计思路的倾向。

《英雄联盟》刚发布时的版本并没有十分清晰的分路定位（上单、中单、下路、打野），只有坦克和输出，没有打野和上单，只有在玩特殊的英雄的时候，玩家会在游戏开局时进行沟通："我打野，你们谁能单？"（指中单以外的位置。）或者会说："我赖线到 4 级就打野，你们谁和我一路？"这是告诉队友，你得在线上承受 1 对 2 的压力。有时候自己不能 1 对 2，还会要求打野的人别打野了，来一起守塔。在最早的时候，《英雄联盟》并没有所谓的分路定位，更没有打野刀这种专门针对野区资源的道具。发展到后面，聪明的玩家发现有些英雄才很适合打野；有些英雄很适合在防御塔下吃兵线，还不吃亏。所以，玩家逐渐开始要求场场都有打野，细心的设计者发现了这种变化的潜能，在后续的版本中将这种定位通过版本更迭逐渐强化，这也对后续的英雄设计形成影响。形成这种局面的原因很简单，《英雄联盟》在平衡的思路上更注重追求单英雄机制策略均衡（职业设计）、局部对线均衡（英雄分路）、团战对抗均衡（团队坦克、输出定位）、场面对称均衡（地图资源对称）。

有了《DOTA》设计经历的羊刀在立项之初便认识到平衡的重要性，并在立项的时候就确定：一定要做一个平衡的游戏！对平衡的追求很容易产生这样的设计结果：相同的职业策略构成、相似的技能权重、对称的地图、对称的团队角色定位、对称的团战方式……可以说如果《英雄联盟》不是一个要求有几百个英雄的游戏，应该是问题不大的，但是英雄数量多了之后，难免会有重复感，或者需要不断地增加更复杂且仅能使用在单个英雄上的特有机制。

底端绝对平衡的设计出发点使羊刀开始有意对游戏局面进行引导：中单属于节奏响应位和输出核心，上单是团战导火线，打野需要主动去寻找和制造节奏，下路往往是金钱输出转化最高的单位。可以说，从打野刀出现后，《英雄联盟》便从 DOTA 类游戏里跳出来，成为独一无二的 MOBA 类游戏：减少了道具的主动技能，也就降低了公共策略库，让玩家更专注英雄操作本身；地图的缩小让玩家的行动目标更容易明确，也让战斗更容易发生；所有职业都有一个天赋，1 技能主输出，2 技能为辅助、控制或强化输出，3 技能为协调、防守、护盾类，4 技能是具有职业特色的"大招"。此外，整体技能设计上大量采用无指向目标的设计方式，或者是具有操作延迟、需要配合的技能机制，从而形成易于上手、难于精通的设计结果，使得玩家有更大的热情和理由投入更多的练习。

我们会评价《英雄联盟》上手简单，从属性、对线到地图大小、装备等都进行了简化的设计，着重强调了英雄个体的操作，及其拥有的技能和其他 4 个队友技能的搭配组合。其实这些都是其次的，最大的"简单"是《英雄联盟》中英雄的团队定位更准。

- □　上单：发育，适时支援和游走。
- □　中单：发育，6 级后适时寻找机会支援上下两路。
- □　打野：不断地寻找机会。
- □　下路：不断地发育。
- □　辅助：帮助下路发育，保证地图视野。

这几个目标比拆对面的塔还要令人印象深刻，所以玩家很少会有战场迷茫期。战局瞬息万变，一迷茫就完了：我是谁，我在哪，我要干什么？不得不承认，玩《DOTA》的时候因为同期的最优行为解太多，玩家的行为节奏往往需要靠玩家自己去很好地把握，才不至于被队伍落下。

- □　可能因为一次长距离的 Gank 落下经验。
- □　可能因为符位控制失败丢失节奏（赏金神符就是对这一行为的补偿）。
- □　可能因为对线攻塔失败而浪费大量其他兵线。
- □　更容易发生的团队换线或者更容易形成的团战（传送卷轴的使用成本低）。

游戏设计师席德·梅尔说过：好的游戏就是不断选择的结果。在对抗竞技中，只有做出正确而优质的选择才有好的体验，否则可能迎来失败。对不那么厉害的玩家来说，在一个单局里做出过多的不合适选择会极大降低玩家的游戏热情，提高玩家对游戏的认知难度，也正是因为如此，《英雄联盟》吸引了更多的玩家。这也体现出机制平衡比战略平衡更容易让玩家产生"平衡"感——在某个局部，玩家总能获得"我和对面一样强"的感受。

10.2.3　平衡的统一

战略平衡和战术平衡并没有优劣之分。

1. 战略平衡重选择

战略平衡强调选择的重要性，是对抗双方对公共空间、公共资源、可实施的策略、可用的诡计等进行的临场判断和应变。在对抗选择中，敌我双方公共选择库是否能显著地影响对抗过程和走向是战略体现的关键。所以，平衡主要是体现在对抗选择的平衡上，是对抗中公共策略和玩家固有策略的协调过程。以战略平衡为重心的游戏，在个体单位的设计上可以和公共策略进行更深的互动，但也会提高玩家的学习成本。

2. 战术平衡重个体

战术平衡强调个体单位的策略、成长潜力、团队效用等方面的综合持平。通过个体、局部变化，积累到整体战局。如果个体之间相对平衡，那么整体上平衡便有保障。这也是大多数游戏设计对抗职业时必须采取的方式，可以简单直白地让玩家接受和上手。

3. 协调统一

战略和战术在对抗游戏中缺一不可。有些游戏重战术，如传统的回合制游戏十分强调个体养成（战术），但也会有装备技能、道具等公共策略库的设定。有些对抗游戏十分强调战略而弱化战术，如 IO 类游戏《贪吃蛇大作战》。二者有机结合，能够互相弥补各自的短板，提高游戏乐趣，降低不平衡的风险，也能给予我们游戏设计者更多调整平衡的选择。

10.2.4　小结

《DOTA2》重战略平衡的设计，并不是一蹴而就或者简单可以定论的，那是因为历史原因而成的天然产物（编辑的功能、《魔兽争霸 3》的机制与设计者想法的碰撞）。在设计全新的 MOBA 类游戏的时候，更多的是从个体对抗的战术平衡上着手，就像《英雄联盟》那样，从对抗的细节处便已经注入平衡的基因，对于战斗属性的收益也会有更严格的要求。这种平衡是我们应该掌握和尝试去设计的。

10.3　战斗机制权重化的平衡设计

导读

以机制策略为主导的平衡设计十分常见。大部分的社交类型的角色扮演类游戏都具有 PVP 的对抗内容，如果设计师期望有一个良好的平衡感受，那么以机制平衡为主导的设计能事半功倍，而权重化机制和战斗收益则是具体的手段。

具有 PVP 元素的多人角色扮演类游戏从网络兴起后便一直伴随着游戏玩家，从早期的站桩式的战斗，到判断更及时的无锁定的格斗化战斗，游戏引擎的进步、网络条件的提升，让设计者有了更大的发挥空间，与此同时一个新的问题诞生了：想要设计的战斗到底是什么样的？

在前面我们已经讨论过战斗节奏的回合观，可以说战斗节奏影响了整个战斗的数值框架，也影响着什么样的技能能出现在游戏中。从一无所有到完整的游戏战斗框架，我们需要有这些考虑（和 9.4.1 节看起来有点类似，但讨论的是不同的方向）。

10.3.1　确定战斗节奏

首先我们需要明确游戏的回合节奏是如何更换和控制的。例如，通过法力水晶控制玩家回合节奏的《炉石传说》，通过行动点限制玩家行动的《神界：原罪》，通过技能冷却倒计时和法力值来控制玩家技能策略使用节奏的《魔兽世界》。所有后续策略的设计都需要围绕节奏来开展，战斗的节奏期望决定了以下因素。

- ❏　策略的作用维度：可以影响双方的行为方式有哪些。
- ❏　策略的使用成本：策略使用的时候所需要消耗的资源。
- ❏　策略的表现形式：双方行动的展现方式、环境的可呈现方式。
- ❏　策略的交叉程度：策略是否受其他策略的影响，是否可互相作用，如火焰会被水浇灭、火可以烘干地面。
- ❏　策略的衍生事件：在使用一个技能后对战斗过程、战斗环境的持续影响，如获得护甲和护甲消失，以及战斗破坏地形、改变地形等。

类似这些内容都是由战斗节奏来决定的。战斗节奏的确定过程，其实也是设计者确定自己想做一个什么玩法的游戏的过程。

10.3.2　战斗属性效用及公式的确定

当我们想清楚自己想做的游戏是一个什么样的感觉后，我们需要提炼这种战斗呈现需要的所有属性，并保证这些属性在战斗不同状况下始终如一地执行其设计特点。

属性的名字只是包装，重要的是属性本身的作用。确定属性时其实已经开始进行战斗机制的构思了。例如，护甲属性，从字面理解便是可以提高生存能力、抵挡伤害的设定数值，但在不同的游戏中护甲的实际生效过程完全不同，下面用 3 个游戏进行说明。

- ❑ 在《魔兽世界》中，护甲会转换成减免百分比，在对方攻击到达的时候，减免该百分比数值的攻击效果，而且只对物理攻击生效。
- ❑ 在《神界：原罪 2》中，护甲起到的是类似生命值的作用，在护甲大于 0 的状态下，受到的物理攻击优先扣除护甲，并且有护甲时会抵抗一些负面效果。
- ❑ 在回合制的构筑卡牌游戏《尖塔奇兵》中，护甲会抵挡等量伤害，除非击破对方护甲，否则无法伤害对手，但护甲只会生效 1 回合，每次轮到自己的回合时需要重新构筑护甲来抵挡伤害。

这 3 种都是"护甲"的包装，其内的属性效果千差万别，甚至受到战斗节奏的影响。只有完全确定好游戏的属性生效机制，我们才能设计对应的公式来实现设计诉求，并计算出符合需求的公式系数。例如，关于在游戏里采用减法还是乘法来进行伤害公式的表达就是在这个过程中可以完成的事情。

当我们提炼出战斗中所需的属性后，还需要选择合适的公式将属性关联起来，并计算其公式系数。在计算公式系数的过程中，我们需要确定游戏数值的成长上下限，即各个属性的极限数值，这些我们在公式计算一章中有详细的讲解。

10.3.3　战斗对抗策略假想

在属性提炼的过程中，其实已经开始进行战斗对抗策略的设想了。例如，我们思考护甲在游戏中是如何生效的，设想某种护甲效果能如何影响玩家决策、帮助玩家取得胜利，这个过程就是战斗对抗策略假想。

有效的假想建立在合理的基础上，同时围绕已经确定的战斗节奏和战斗属性进行合理的展开，逐步延伸到没有触及的战斗环节。从设计的一般规律上我们可以总结出以下思考方式。

- ❑ 针对战斗属性指定的策略，如属性提高的状态。
- ❑ 针对行为的策略，如位移技能、位置交换技能、阵营更换技能。
- ❑ 针对事件的策略，如血量低于 30% 触发特殊效果。
- ❑ 针对道具的策略，如某些道具效果翻倍。
- ❑ 针对合作的策略，如某些职业/单位在其他职业/单位的出战下会更强。

❑　针对策略的策略，如某些技能释放后可以强化其他技能效果。

这里只是大概罗列一下，真正在设计技能策略的时候大多需要一定的依据。这种依据可以是单位的背景故事、外形特点、性格特质、团队定位等，有关单位（如角色等）塑造的一切都可以成为设计的切入点，同时能给予玩家自然、真实的统一感。

10.3.4　设计与挖掘战斗机制策略

当我们完成战斗对抗策略假想后，需要进一步完善每一个角色的具体策略。大部分时候，为了保证观感上结构的平衡，我们对角色拥有策略的数量、策略的结构、策略的环境影响都尽量采取对称性设计。

在《英雄联盟》的英雄设计思路上，就是严格执行平衡结构的观感性的。在《英雄联盟》中，每个英雄都有被动、主攻、协调、防御、大招 5 个技能，这个结构基本上贯穿了所有的英雄单位。例如，《英雄联盟》中的角色亚索（见图 10-2）分别拥有浪客之道（被动）、斩钢闪（主攻）、踏前斩（协调）、风之障壁（防御）、狂风绝息斩（大招）5 种能力，每一个技能都能很好地体现亚索浪人的特点，符合他的装扮、发型以及流浪的背景故事。

▲图 10-2　《英雄联盟》中的亚索

当需要保证这种平衡结构的观感时，我们需要充分挖掘角色本身的背景、性格、外观特点等，保证最终给予角色的能力和谐而不突兀。因为在以机制策略平衡为主的情况下，我们拥有较多的方式去平衡机制的特殊性，所以设计机制本身时可以更多地考虑与角色本身的契合度——绝对不能因为队伍定位需要给一个敏捷型的单位设计一个全身撞击这种冲撞类的技能，而是应该重新设计一个健壮而强大的角色来完成队伍定位的需要。

10.3.5　技能属性的权重设定

当我们完成了战斗节奏的考虑，同时将可能的属性及其作用公式确定后，游戏的基础战斗策略（见 8.2.2 节）也就确定下来，此时我们可以进行技能平衡的权重设定，帮助我们确定技能的伤害以及各类效果的数值。

技能属性和战斗属性有些差异：战斗属性是对抗时双方属性计算的媒介；技能属性是用来描述战斗如何发起、进攻方如何将战斗属性累积成战斗优势的描述属性。对于程序来说，这些属性是创建技能对象的依据。对于玩家来说，这些属性是体现技能威力大小的重要判断。例如，在《英雄联盟》游戏中，冷却时间最长的技能可能就是威力最大的技能。

　　如何平衡不同技能之间的强度？为什么有些技能冷却时间短，有些技能冷却时间长？为什么有些技能效果简单，有些技能逻辑复杂？为什么有些技能消耗很大，有些技能几乎没有消耗？下面以常规的技能属性为例来看看技能属性具体有什么用处（忽略那些非实力类的字段，如技能名字、技能编号之类的），以及我们如何平衡这些属性。

- ❑ 技能伤害：技能可以造成的伤害，大多数情况下都是以每点伤害的权重为标准权重，即 1。
- ❑ 伤害类型：如物理、火焰、寒冰等。可依据类型来设定伤害权重的修正，如火焰类型的伤害是 1.2 倍物理伤害权重，所以 100 火焰伤害的火球术的权重是 120。
- ❑ 硬控制：无法进行任何操作。例如昏迷，每 0.1 秒增加 5%权重，昏迷 1.5 秒并造成 100 点火焰伤害的技能总权重为：

$$100 \times 1 \times 1.2 \times (1 + 15 \times 5\%) = 210$$

　　如果有必要，还可以进行进一步细分。例如，小于 1 秒时，每 0.1 增加 5%权重；大于 1 秒的部分，每 0.1 秒增加 15%的权重，则上述技能的权重为：

$$100 \times 1 \times 1.2 \times (1 + 10 \times 5\% + 5 \times 15\%) = 270$$

- ❑ 强控制：可以进行部分操作，例如沉默（无法使用除普通攻击外的攻击方式），同样可以按照硬控制的方式进行权重的设定。
- ❑ 弱控制：部分效果削弱，例如移速、攻速，同样可以按照硬控制的方式进行权重的设定。
- ❑ 施法距离：大多以近战的攻击距离为标准，每增加 1 单位距离则提高 1%的权重。当火球术的释放距离是 30 单位距离时，其权重为：

$$100 \times 1 \times 1.2 \times (1 + 10 \times 5\% + 5 \times 15\%) \times (1 + 30 \times 1\%) = 351$$

- ❑ 作用范围：以单体为标准，对小范围（12%）、中等范围（25%）、大范围（45%）进行分段修正权重。
- ❑ 施法时间：部分需要吟唱的技能每增加 0.1 秒的吟唱时间，则调弱 5%的权重。上述火球术需要吟唱 1.5 秒，则火球术的权重变为：

$$100 \times 1 \times 1.2 \times (1 + 10 \times 5\% + 5 \times 15\%) \times (1 + 30 \times 1\%) \times (1 - 15 \times 5\%) = 87.75$$

- ❑ 冷却时间：以标准的对战时长为分界线。例如，标准设定击杀对手时间期望为 30 秒，那么 30 秒以内每 0.1 秒的冷却调弱 0.1%的权重，而 30 秒以上每 0.1 秒的冷却调弱 0.07%的权重。
- ❑ 消耗类型及消耗量：消耗类型包括法力、能量、怒气等；消耗量是以百分比占比来考量的，即每次释放技能占总量的百分之多少。例如，法力消耗，以 10%为标准，每高 1%，则权重降低 2%，反之每低 1%，则权重提高 5%；能量和怒气则取决于恢复速度和获取方式的难易，在使用上，能量可以以 25%作为标准，怒气以 50%为标准，可根据实际进行调整。

在火球术增加了施法时间后，权重回到 87.75，我们期望将火球术权重调整为 100，只需要将法力消耗定在 7.5%左右即可：

$$100 \times 1 \times 1.2 \times (1 + 10 \times 5\% + 5 \times 15\%) \times (1 + 30 \times 1\%) \times (1 - 15 \times 5\%) \times \left[1 + (10 - 7.2) \times 5\% \right] = 100.035$$

这样我们得到的一个权重大致为 100 的火球术技能：施法距离 30，每次吟唱 1.5 秒，消耗 7.2%最大的法力，造成 100 点伤害，并且可以使目标眩晕 1.5 秒。如果移除 1.5 秒的眩晕效果，那么我们可以将基础伤害提高到 225。如果移除施法时间和眩晕效果，其他不变，那么我们应该将伤害调整为 56。

我们并没有将所有的属性都完全列举出来，一个完善的游戏可能还有更多的属性需要加入到权重设计中。我们可以通过制作和考量多个类型的技能（如覆盖输出、控制、辅助等）来建立权重表，考量权重的设计参数。在开发环节、测试环节，我们会不断地根据技能实际测试的结果来调整这个权重体系，并修正所有影响到的技能。例如，我们在测试的过程中发现眩晕的权重应该从每 0.1 秒 5%调整为 5.5%，那么所有拥有眩晕机制的技能都应该一起进行调整。这种牵一发而动全身的机制在我们进行开发的过程中是十分常见的。

当我们建立了一个合理的技能机制权重模型标准后，我们还需要建立权重的平衡标准。例如，在 MOBA 类游戏中，小技能和大招的权重标准应该是不一样的，小技能权重可能是 100，大招可能是 400。对于权重平衡的分层，可以理解为对技能效用的期待程度不同，我们可以制定不同强度的技能权重，也可以设定不同等级、不同装备搭配下技能权重应有的标准，并以这些标准去设计和约束所有的技能。

10.3.6　小结

在设计和开发阶段，我们需要不断地完善建立的数据模型、对抗模型。这个过程越频繁，覆盖的技能机制越多，游戏内的数据相对来说越平衡，同时在我们制作新的技能、调整现有技能时越能快速而有效地进行检验和反馈。

10.4　战斗平衡的调优

🐞导读

无论我们事先思考得多么完善、模型建立得多么好、测试阶段多么仔细，当一个游戏的战斗机制复杂到一定程度时，都必然会出现设计上的盲点。优秀的模型和平衡设计思路能让游戏更快地进入正轨，但平衡的调优是一个长期的过程，需要不断地思考、改进，吸收玩家的建议和感受，使游戏内容往更具有生命力的方向进化。

10.4.1　战斗平衡的诉求分析

作为游戏的设计者，听到来自玩家的抱怨是再正常不过的事情了。对于玩家的抱怨，我们应该抱着开放与接纳的态度，以期引导玩家提供更多的反馈。当一个玩家愿意将他的想法传递给设计者时,他的出发点不会是想让游戏变得更糟糕,而是希望游戏能变得更好。玩家和设计者的角度并不是完全一致的:作为玩家,希望游戏能变得有趣而且更容易成功;作为设计者,希望游戏变得有趣而不能轻易被攻克。乐趣是玩家和设计者都不愿意失去、想改善得更好的部分。玩家和设计者之间的博弈有点像猎鹿博弈,如果我们和玩家不能形成统一的战线,那么我们无法得到"鹿"而只能收获"小兔子"。这里的"玩家"可能是真正的玩家或者测试人员,也可能是设计者自己对于乐趣以及更好体验的渴望。

面对玩家的抱怨或者诚恳的建议时,我们并不能简单地将其理解为玩家需要我们将这个内容进行改动,而应该理解为他们遇到了不好的体验。我们应该如何改善这个问题呢?将玩家的反馈当作课题,去研究它。有时候一个优秀的课题可能带来的是游戏内容、游戏体验的质变。

不同的反馈可能蕴含着不一样的信息。当我们听到玩家抱怨说游戏真难时,他们想要的并不是一定调低难度,而可能是需要帮助他们找到循序渐进学习的办法;当玩家觉得通关方式过于单一的时候,可能是某些策略的效果过于突出或者策略供给上不均衡;当玩家觉得麻烦但不愿意放弃某个行为时,可能是奖励很好但过程乐趣不够……大多数时候,我们站在玩家的角度重玩一遍游戏,应该会发现问题所在。

10.4.2　战斗平衡的标准

在我们讨论平衡调整的时候,如何设定平衡的参考也是一个重大的考验。

1. 结果平衡

结果平衡依据玩家使用策略带来的结果来判断,如玩家对战之间的胜率、不同水平下玩家数量分布占比。这种结果平衡很容易分析出问题,毕竟这是从玩家中直接反馈出来的信息。

2. 选择平衡

选择平衡是指玩家对职业的选择占比、对技能使用的频率等是否处于相对来说较为一致的水平。对于职业丰富、角色量大的游戏(如 MOBA 类游戏),玩家的选择对游戏的平衡来说是一个较为重要的指数。在《炉石传说》这种玩家构筑策略组合的游戏中,技能策略的选择平衡尤为重要。

3. 价值平衡

对设计者来说,需要关注的永远是价值平衡。我们需要通过其他的平衡标准来发现问题所在,然后检查价值平衡是否存在问题,从而帮助我们修正问题或者修正权重模型中的权重系数。从战略平衡和战术平衡的不同侧重点上,我们可以用整体打包的策略价值来衡量平衡性,也可以以同强度技能的价值平衡来要求所有技能。以 MOBA 类游戏为例,《DOTA2》的英雄拥有的策略价值权重更侧重个体总权重的平衡,即英雄个体所有技能的权重总和;《英雄联盟》则更注重每个技能的权重价值平衡。

10.4.3 战斗平衡的数据分析

并非所有的玩家都会选择抱怨或者给予反馈，我们也需要建立自己的平衡调整依据——数据收集和数据分析。我们在 4.5 节介绍过数据收集和分析相关的内容，战斗平衡的关键环节之一——平衡调整就是依据战斗相关数据的收集和分析来进行的。

1. 收集战斗数据

在战斗平衡方面，我们需要收集的数据应该是对战斗分析有帮助的。之前我们提到，PVP 战斗模型是建立在两个假想对象进行的 PVP 战斗上的，从而确定属性效用、公式、系数、边界最值；PVE 的数据是以标准战斗属性为参照，进行反推得到的。基于这种考虑，战斗平衡数据的收集显然应该以 PVP 的数据为收集基础。所以，游戏内的竞技场、1 对 1 的对战、某些玩法系统中爆发的小规模冲突等都是我们战斗数据的可靠来源。PVE 数值的收集更多的是验证实际结果是否和反推预期一致。

一般来说我们会记录以下关键数据。

❏ 参战双方的基本信息，包括等级、各个能力获得系统的情况。
❏ 参战规模，如 1 对 1、多对多、混战等。
❏ 参战技能策略构成及其等级。
❏ 战斗中使用策略的顺序记录。
❏ 战斗结果，如胜负以及参与单位的残存状态。
❏ 如果是 AI，记录 AI 行为的触发原因及结果，用来验证是否符合设计预期。

当然，还有很多单机游戏是以玩家和环境的对抗为主的，当我们通过战斗属性反推得到怪物数据、加上怪物技能策略后，也是需要反复进行对抗测试的。所以，不管是以 PVP 对抗为基础还是以 PVE 对抗为基础，都可以按照上述思路进行数据收集，它涵盖了战斗准备、战斗过程和战斗结果多个维度。

2. 战斗相关数据表

根据期望的平衡标准，我们可以将有关的数据都罗列起来，如胜负、占比、收益等，在这里我们主要列举频次表和收益表，它们比起其他内容更直观显示结果。

策略的频次表是指每个技能使用的频率，其中包括主动技能、被动技能、物品技能等一切策略、机制。这个表往往是以职业为类型收集的。在表 10-1 中，我们可以看出战士技能在玩家实际使用时的策略倾向。次数越多，意味着在该水平阶段玩家更喜欢或者更倾向于用这种技能，如果有某些技能使用频率过低（和冷却时间或者限制条件不成正比），就意味着这个技能的策略是有问题的，需要做出针对性的调整。同时，我们可以通过比较不同月份之间的数据情况有效地观察版本更迭带来的变化，通过预期分析、对比分析等方式来帮助我们继续完善内容。

表 10-1　　　　　　　　　　　　技能数据统计

技能	等级 20	等级 40	等级 60	竞技水平初级	竞技水平高级	……
普通攻击	1 341 912	941 785	771 219	741 213	813 212	……
致残打击	143 101	108 642	87 691	832 357	91 356	……
破甲一击	121 192	85 618	70 110	67 383	73 926	……
英勇打击	224 652	126 960	148 531	137 535	139 321	……

（5 月份第二周战士数据统计）

收益表是玩家在使用了某个技能策略后实际获得的收益，不同类型的技能可能需要有不同的收益计算方式。通常，战斗策略的收益以对方实际的减少血量或者自己实际恢复的血量来作为标准，状态类技能以持续时间内增长的收益来衡量。根据不同的技能效果，具体收益衡量的方式不同。

- 伤害类型：释放技能后造成的伤害。
- 控制类型：释放技能后造成的伤害，以及加上控制时间内我们所减少的伤害（减少的伤害标准根据该对抗水平下每秒平均所造成的伤害来计算）。需要指出的是，控制类型包括硬控制、强控制、弱控制等。
- 增益类型：增益持续时间内获得的额外收益，通过比较有无增益状态时的伤害差值来获得增益状态的收益。
- 其他类型：例如削减对手的能量/法力，我们可以按照属性价值比、数量来获得等价的伤害收益。

我们可以构建一个收益表，如表 10-2 所示。

表 10-2　　　　　　　　　　　　收益表

战士初级竞技场战斗收益数据（对战标准单位）

| 技能 | 次数 1 | | 次数 2 | | 次数 3 | | …… |
	使用次数	总收益	使用次数	总收益	使用次数	总收益	……
普通攻击	23	2 990	26	3 380	23	2 990	……
致残打击	3	480	2	320	3	480	……
破甲一击	2	440	2	440	3	660	……
英勇打击	5	950	4	760	4	760	……
……	……	……	……	……	……	……	……

表 10-2 中的核心数据是技能的使用次数和获得的总收益，更详细一点，记录的数据可以是每一次的技能使用流程，即战斗序列收益表，如表 10-3 所示。

表 10-3　　　　　　　　　　　　战斗序列收益表

战士初级竞技场战斗序列（对战标准单位）

| 使用序号 | 次数 1 | | 次数 2 | | 次数 3 | | …… |
	技能使用顺序	收益	技能使用顺序	收益	技能使用顺序	收益	……
1	普通攻击	121	普通攻击	127	普通攻击	128	……

使用序号	战士初级竞技场战斗序列（对战标准单位）						
	次数 1		次数 2		次数 3		……
	技能使用顺序	收益	技能使用顺序	收益	技能使用顺序	收益	
2	致残打击	145	英勇打击	110	破甲一击	222	……
3	破甲一击	220	致残打击	156	致残打击	163	……
4	英勇打击	189	普通攻击	201	英勇打击	200	……
5	普通攻击	125	普通攻击	132	普通攻击	128	……
6	普通攻击	123	破甲一击	122	普通攻击	139	……
7	普通攻击	124	普通攻击	131	普通攻击	134	……
8	英勇打击	199	英勇打击	192	英勇打击	188	……
……	……	……	……	……	……	……	……

通过战斗序列收益表，我们可以更清楚地看到技能使用带来的变化。我们也可以用这个表发现和筛选那些不具有参考性的数据，然后针对经过筛选后的数据进行收益表的制作和分析，使其更具可靠性。在表 10-3 中，当我们调整了致残打击和破甲一击的顺序后，致残打击的收益提高了。

对照表 10-2 和表 10-3，可以直观地反馈出模型建立阶段我们设定的系数是否合适，也可以有效地帮助我们进一步锁定需要调整优化的问题所在。

10.4.4　调整策略

通过分析数据上的异常，我们可以发现那些在策略上受到玩家喜爱或者抛弃的策略，一些过于被倚重的策略和玩家不愿意选择的策略都是需要调整的。我们有时需要削弱处于优势的策略，有时需要强化那些劣势策略。特别是一些通用类的机制涉及平衡问题的时候，可能是牵一发而动全身的调整，所以类似机制平衡、模型参数调整等应尽可能在研发期间、早期测试时进行较为彻底的测试。

总的来说，通过平衡模型所计算的策略数据并不会出现特别大的偏差，除非我们在建立模型的时候出现了一些价值设定上的错误。当出现异常的技能时，我们需要分析是哪部分价值（伤害大小、状态时长、机制的价值比例、消耗冷却等）的问题，如果需要调整机制价值，那么可能需要调整所有使用了这种机制的技能。这时我们需要进行模型里的参数调整，以保证后续的技能设计遵循正确的模型。

此外，由于设定的技能强度不同，我们在调整强度标准的时候可能会涉及较多同强度技能的调整。例如，在 MOBA 类游戏中每个技能的强度都不一样，如果更倾向于战略平衡，我们就会注重整体单位技能总强度的平衡；对于策略战术层面的平衡，我们则会更多地关注同等技能效用下的权重强弱。进行单位整体平衡调整的时候，我们可以更灵活地调整角色策略强弱，削弱某个技能而增强另一个技能，以达到整体调整。需要注意的是，设计师的经验较为丰富才能找准修改点。个体策略技能平衡需要更慎重地对比每一个技能层面的价值收益，根据收益表反馈得到收益结果偏低的部分，从而找到调整目标。

10.4.5　小结

平衡的调优对游戏来说是一个长期的过程。在不同时期，不同玩家之间收集的数据可能会导致不同的分析结果。我们在分析时也需要考虑非数据的环境因素，如玩家的诉求、新老玩家的态度等。设计游戏是灵活而多变的，调整同样如此。

10.5　思考与练习

1.　思考

认真回顾战斗平衡的两个维度——机制策略平衡和对抗节奏平衡，它们在不同的战斗方式中有不同的侧重，但二者都不可忽视，都需要仔细打磨和推敲。

2.　练习

按照 10.4 节的流程设计一套自己喜欢或者擅长的战斗权重体系模型，细节越多越好，注意结合系统设计来保证内容的完整性。

第 11 章　游戏价值体系设计实践

在很多游戏中都有金币的设定，金币可以让玩家在游戏中购买很多东西，包括道具、服务、特权等。游戏中也会有各种途径给玩家奖励，其中包括金币，也包括其他的道具，这些道具在某些情况下可以出售，换成金币或者其他资源。

除了金币，游戏里的其他资源，如道具、积分、点数等都是具有价值的。没有价值的东西就不会引起玩家的注意，那些能帮助玩家在游戏中产生收集欲望、能让玩家变得有竞争力、能让玩家产生炫耀情感的都具有"价值"，这种"价值"是通过规则、产出方式多方面建立起来的，这个建立的过程就是本章将要讨论的内容。

在现实生活中，大多数情况是以时间为单位来支付报酬，它对所有人都公平，在游戏世界中也是一样。在第 6 章已经讨论过游戏和经济的各种关联，但我们并没有进行任何量化的分析。对于大部分设计严谨的游戏，我们都会用时间来衡量和设定游戏内的价值。

11.1　价值的统一

导读

价值平衡是游戏合理运行的基础，从供求平衡到产出平衡，最后到价值平衡，它们包容前者并对经济平衡提出更高的要求。我们在设计上可以通过统一的思路来实现这些内容的平衡。

我们讨论的价值有两种：其一，关于产物，产物里包含了价值大小所需的时间成本；其二，关于可利用的能力属性，该能力属性的价值量可以产生积极作用。本节我们围绕经济讨论的价值都是以时间成本为基础，衡量和计算行为、道具、货币的价值。换句话说，所有的经济价值基础都是以时间为基准的。可以这么去想象：玩家做这件事情应该需要多少时间、我们基于这个时间给予的奖励程度是否令玩家"满足"。

11.1.1　设定游戏的产出效率

游戏里规则的支持数据都是被预设的，产出效率也不例外。我们可以这样去拟定游戏的基础获得感受：

$$金币产出效率 = 15 价值/时间$$

$$装备产出效率 = 18 价值/时间$$

$$材料、杂物产出效率 = 17 价值/时间$$

$$玩家总收益获得效率 = 15 价值/时间 + 18 价值/时间 + 17 价值/时间 = 50 价值/时间$$

如果玩家有多条产出线，可以同时获得金币、装备、材料，那么玩家每时间的总收益为 50 价值（这里的时间单位可以是秒、分钟、小时或者年，需要注意的是在整个后续的价值设计里，保证统一的时间单位即可），也就是金币、装备、材料、杂物的价值总和。在这里面我们将价值作为一种单位来表示只是为了更方便地表述，并且可以更清楚地表示金币或者任何货币都只是价值的一种体现方式而已。如果我们决定使用价值体系来统一规划游戏内的经济内容，就需要将所有的非行为内容完全价值化。

需要注意的是，我们这里设定的都是产出价值，而非市场价值。产出价值是一视同仁而不带有稀缺的市场需求属性的。例如，一件极品装备的价值显然比普通装备要高出不少，但对产出系统来说是一视同仁的，产出系统以同类物品的平均价值来衡量。材料、杂物也是这样，系统永远不会因为某个材料稀缺或价值较高而降低产出数量以平衡产出效率。

11.1.2 数值与度量单位换算

明白了价值的产出效率，我们可以通过简单的公式来进行换算，这样便可以将游戏中玩家实际接触到的数字大小调整成我们想要的大小。

还是以金币为例，金币的产出效率是每时间 15 价值，而实际我们设定金币每小时产出 3 000，那么我们可以得到：

$$每时间金币价值 = 15/3\,000 价值$$

对于装备，我们设定每时间实际产出 1 件好装备和 5 件普通装备，其中好装备和普通装备的品质系数比是 5∶1，那么差不多每时间产出 10 件普通装备，所以：

$$每件普通装备 = 18/10 价值$$

$$每件好装备 = 18/10 × (5/1) 价值$$

细心的读者会发现，装备的金币售价是不是已经出来了：

$$每件普通装备 = (18/10)/(15/3\,000) 金币$$

游戏中装备的价格是随意设定的吗？在有些游戏里可能是，但在价值体系中通过简单的推算关系便可以得到任意二者的价值换算关系。需要注意的是，这些换算关系都是基于产出效率而设定的，换句话说，这里得到的只是系统产出的价值关系。我们上面提到过，市场价值并没有体现在里面。不过，如果我们没有开放玩家交易，或者我们不过分干涉玩家的交换，那么市场价值可以不用过多考虑，稀缺性会让市场自己调节（大部分时候我们不会放任这种容易造成玩家控制市场的行为，见 11.5 节）。正常情况下，我们并不会直接让装备和金币之间的转换如此平滑，毫无损耗，任何能量的转移都是需要一定代价的。所以，往往设定装备出售的时候价值打 5 折才能换成通用性更好的金币,而金币换成具体的装备时,支付的购买价值往往比实际价值更高。

注意

价值中的"能量"转移需要付出额外代价,就好像能量从一种形态转移到另外一种形态是有损耗的,这一点需要牢记。

通过单位的换算,可以任意改变价值体系里产出的数值和度量单位,从而将价值隐藏在游戏中看不见的位置。

11.2 基于时间的消耗与养成

11.2.1 消耗行为与养成行为

在游戏中,消耗并非指金币的消失和转移。例如,在商店里购买或者将金币兑换成其他资源时,并非消耗资源,除非这种消失和转移无法再次回收为金币。基于这种理解,游戏中的完全消耗是指资源使用后,无法以任何方式赎回,变为玩家实力的一部分,或者成为不可追回的"消耗"。其他情况则是不完全消耗,我们需要计算出损耗的部分,扣除资源折损的价值。

此外,大部分时候,我们提到的"养成"均指非可赎回、重置的资源投入,这种投入往往需要玩家花费较大的时间成本去获取资源,并使其变为角色的实力。

11.2.2 养成与时间关系

在能力获得系统中持续不断地投入资源,获得能力的提升,这种养成所需的时长基本决定了游戏的生命周期。从理论上来说,当你扮演的角色成为游戏中实力最强的存在时,也就接近游戏结束的时刻了,所以养成所需的资源并不是关键,而是为了达到最强所需要的时间。获取资源都是为了变强,而任何资源的获取都需要时间。

在 7.2 节中,玩家等级的养成就是基于时间节奏设计的,对于其他养成,我们的思路是大同小异的,其核心都是以时间为衡量单位。

我们以一个养成和时间相关性极具代表性的游戏《英雄联盟》来解释养成与时间节奏的强相关性。《英雄联盟》是一个多人即时战术竞技游戏,一局游戏所需的战斗能力是十分关键的,每一分钟的经济都会影响游戏的进程。2018 年 11 月 3 日,英雄联盟中国赛区战队 IG 3:0 战胜来自欧洲赛区的 FNC 战队获得了全球总决赛冠军,这是全球总决赛历史上首个由中国赛区战队获得的冠军。图 11-1 所示为 IG 战队和 FNC 战队爆发的一次团战,时间为游戏开始后的第 14 分钟,此刻双方的经济处于相差无几的状态。

▲图 11-1　《英雄联盟》对抗实况截图

在这样一个分秒必争的对抗游戏中，时间对双方来说都是公平而稀有的"资源"。世界上所有竞技项目的胜负都离不开时间，要么以时间分胜负，要么以时间决定分胜负的时间。在 MOBA 类游戏中，设计者以时间来构建所有的能力变化节奏。

在《英雄联盟》中，玩家的主要实力由两方面构成：英雄的等级，以及购买的装备。

英雄等级的提升通过经验值的获取来进行，按 7.2 节的设计思路，我们首先确定相关边界。

- ❑　最大等级——有。
- ❑　是否有等级变化的拐点——没有。整个游戏过程是紧张而连贯的，我们需要的升级节奏也是连续平滑的。
- ❑　满级是否有其他消耗经验的途径——没有。满级基本意味着游戏结束，角色此时的实力接近游戏规定的上限。

然后确定经验的主要来源——击杀敌对小兵、击杀野怪、击杀敌方英雄、摧毁敌方建筑。最后确定升级时间期望，如正常单人对线，第 90 秒升级到 2 级，第 1 800 秒到达 15 级，第 2 400 秒满级。

由于 MOBA 类游戏对战形式的特殊性，玩家可以获得的资源都是按照一个固定的规律进行刷新的，因此我们设定的升级时间将直接影响资源刷新的频率以及每次刷新的资源大小。换句话说，我们"刷小兵"的节奏、"刷野怪"的节奏都是按照升级时间节奏来制定的。另外，击杀英雄需设定一个合理的期望，如每 5 分钟产生 1 次击杀，击杀目标提供的经验为当前时间标准经验的 $n\%$。对于拆毁建筑，我们也需要设定一个预期，这样我们可以得到玩家达到实力上限所需的各种行为数量总和（类似 7.2.2 节中的经验行为价值表，也可以理解为 11.3 节中的行为-时间表）。由于击杀野怪经验和击杀小兵经验是无法同时享有的（至少在前期是这样），因此每个小兵的经验基于时间的价值关系为：

每个小兵蕴含时间价值=升级所需的总时间×小兵死亡经验预期占比/小兵死亡总数预期

　　就经验转化为等级实力而言，每次击杀小兵便是一种实力价值的投入，它的产出与时间息息相关，是我们保证玩家等级实力和时间关联的关键所在。对于其他行为（击杀野怪、英雄、拆毁建筑），我们也可以进行类似的计算。

　　此时我们再来分析装备的价值，就变得容易多了。在游戏中只有等级和装备两个实力构成系统，我们可以设定其实力占比为 4：6，即满实力状态下等级占 40% 的实力、装备占 60% 的实力，这个比值可以根据实际情况设定。从大部分情况来看，获取等级经验相对来说容易，而获取装备所需的资源需要更高的技术——击杀或拆毁单位才能有金币回报，所以为了奖励这种技术差距，装备的实力占比更高。

　　我们这里不去一一设定整个战斗属性、相对标准战斗属性的价值比以及总属性投放，假设这些工作已经完成，那么设定一个合理的等级实力增长曲线便能得到任意等级的零装备实力（大部分是为了方便玩家学习和理解，会采用线性增长公式）。基于二者的实力比，可以得到每个等级装备提供的标准属性。分析到这里，也就可以确定游戏中标准的每分钟增加的实力期望。由于金币（装备的来源）的投放和经验是一致的——击杀小兵、击杀野怪、击杀对方英雄、拆毁对方建筑等，因此我们可以认为：

$$每个小兵蕴含的金币价值 = 每个小兵蕴含经验价值×6/4$$
$$每分钟蕴含的装备价值 = 满级时总实力期望/升级总时间×60\%$$

　　在这里我们简单地认为玩家在装备、等级上的实力分布都是线性的，实际设定上由于这类游戏的等级数并不多，而且资源（小兵、野怪）的生成是有时间间隔的，所以最佳处理方式是详细地将每个等级的实力期望通过列表（见表 11-1）的方式一一罗列出来。在 MOBA 类游戏中，我们都可以采取这种方式来逐一处理，也适用于那些等级不多但数值变化对战斗影响敏感的游戏。

表 11-1　　　　　　　　　　　　　实力–时间预期表

英雄等级	时间代价（秒）	实力构成		
		综合实力	等级实力	装备实力
1	90	40	30	10
2	180	52	40	12
3	240	65	50	15
……	……	……	……	……

　　这里分析得到的结果都是价值关系，我们可以通过设定常数将玩家看到的数值大小调整为期望的数值。每件装备应该蕴含多少金币价值（并不直接等于装备定价）是另外的设计内容，我们需要将装备格子上限、回程购买时间成本、装备本身的合成上限、装备价值跨度等一一考虑进来，然后按照玩家可购买装备的时间预期将装备在该时间点能赋予的属性价值换算出来，最终制作成一件件可供搭配的装备。

11.2.3　小结

　　本节主要阐述了时间和成长的密切关系，我们需要建立起这种一切成长变化围绕时间来计算的关系，只有牢牢把握这个点才能在任何数值设计中掌握主动，清晰梳理不同资源之间的转换关系。

11.3　行为的分布预期

对于任何游戏，玩家投入的时间总是有限的，即使玩家拥有无限的时间投入游戏，我们也需要给玩家一个有限的时间投入规划，同时时间单位是我们衡量玩家行为投入的重要标准。

在 11.2 节中，我们提到的《英雄联盟》的实力-时间预期表（见表 11-1）对应的一个重要数据表就是游戏行为-时间预期表（见表 11-2）。设定了 MOBA 类游戏的游戏行为-时间预期，才能让游戏的能力获得系统和能力释放系统产生不可动摇的关联。

表 11-2　　　　　　　　　　　　　　　游戏行为-时间预期表

英雄等级	时间代价（秒）	资源获取（击杀、破坏数）			
		小兵	英雄	建筑	野怪
1	90	6	0	0	0
2	180	15	0	0	0
3	240	26	0	0	0
……	……	……	……	……	……

实力-时间预期表针对的是能力获得系统，游戏行为-时间预期表针对的是能力释放系统，也就是游戏中的各种玩法产出系统。当游戏变得更复杂（见表 11-3）时，我们需要将游戏内所有玩法耗时都统一规划管理，从而对玩家在任意阶段花费时间的占比分布都有一个较为清晰的思路。

游戏行为-时间预期表是游戏设计者对玩家各个时间阶段的完整估计，如果是单机关卡类游戏，以关卡进度作为等级的标准、以分钟或者秒的时间预估玩家的行为，在没有重复内容可供玩家进行闯关的设定下，只要关注玩家完成关卡内容的时间是否在合理的时间预期内即可。对于那些不可控的沙盒类游戏，行为预期的核心标准需要转变成区域探索范围，探索范围的大小决定了所需要的时间（不考虑玩家漫无目的的闲逛）。所以，游戏行为-时间预期表的参照可能是等级、关卡、各种能力释放系统、探索范围的大小，应根据不同的游戏类型灵活去应对。

有了游戏行为-时间预期表，我们便可以进一步将行为和成长关联起来。在其他更复杂、内容更多的游戏里，也可以有游戏行为-时间预期表。表 11-3 中的时间期望和玩法的复杂度、玩法所需要的流程时间都息息相关，我们设定的时间期望应该以自己实际体验的结果为参考对象，并通过测试反复调整优化，然后确定整体玩法时间的占比和玩法本身对游戏的重要度是否一致，否则就需要"减负"或者强调某些玩法。

表 11-3　　　　　　　　　某在线网络游戏 50 级后玩法系统时间规划表

玩法	次数估计	单次玩法 （分钟）	每日时间 （分钟）	每周时间 （分钟）	每月时间 （分钟）
战场	1～2 次/日	30	60	420	1 680
资源争夺	2～3 次/日	30	75	525	2 100
大型战争	1～3 次/月	120	—	—	240
势力战争	3～5 次/周	45	—	180	720
公会据点	1～5 次/周	75	—	225	900
铭刻玩法	—	30	—	—	120
资源日常	15 次/日	15	105	735	2 940
社交玩法	1 次/日	30	30	210	840
高级副本	1～5 次/周	100	—	300	1 200
首领争夺	1～5 次/天	15	45	315	1 260

11.4　供需数据关联

确定了玩家的时间分配（能力释放系统）以及玩家成长所需时长（能力获得系统），也就确定了玩家可以在游戏里投入多少时间以及需要多少时间来获得成长。以上述《英雄联盟》的例子来说，我们可以将两个表合并去观察，如表 11-4 所示。

表 11-4　　　　　　　　　MOBA 类游戏时间–实力行为预期表

英雄等级	所需时间 （秒）	实力构成			资源获取（击杀、破坏数）			
		综合实力	等级实力	装备实力	小兵	英雄	建筑	野怪
1	90	40	30	10	6	0	0	0
2	180	52	40	12	15	0	0	0
3	240	65	50	15	26	0	0	0
……	……	……	……	……	……	……	……	……

之所以可以将两个表合并起来观察，主要是因为两个表的观察轴都是时间，产出途径和成长关联紧密。通过这个表我们知道，在英雄等级为 1 级时需要击杀 6 个小兵来获取经验升级。从装备实力中扣除初始金币带来的装备价值，额外的期望装备价值（即通过小兵获得的金币）也能计算出来。

> **能力释放系统和产出系统的异同。** 能力释放系统是产出系统，但不是所有的产出系统都是能力释放系统，具有玩法过程的产出系统才能是能力释放系统。请思考，消耗系统和能力获得系统的差别是什么？

在系统比较简单、构成关系也比较简单的情况下，我们可以直接以时间轴来关联能力释放系统和能力获得系统。对于那些玩法系统丰富、产出途径相对较多的游戏，我们需要做更多的工作来保证供求关系的平衡。

11.4.1　确定能力获得系统的消耗

当我们设定了能力系统的时间养成节奏时，也就等于确定了玩家在某个时间预期可以提升的能力，剩下的问题是应该让玩家付出什么样的代价来提升能力。注意这里说的是什么样的代价，而不是多大的代价，因为代价的大小已经确定了（通过表 11-4 确定所需的时间预期）：

$$某阶段能力增长的代价总值 = 时间成本 \times 单位能力时间价值$$

我们总是可以通过属性间的价值比（参考 9.2.3 节）来确定每个系统投入的总能力包含的总值，上述等式中提到的单位能力也可以理解为标准属性的时间价值。在通常的做法中，随着游戏内容的增多，阶段能力的变化时间成本会提高，就好像大部分游戏的等级系统，前期容易获得提升，后续等级较高后升级的速度会越来越慢。

我们提到的让玩家付出什么样的代价是指在时间成本确定的情况下应该给予玩家什么样的资源收集目标，如等级是通过收集经验提高，或者 SLG 类游戏中基地升级需要矿石和木材。通常我们会有如下考虑。

- ❏ 单一的资源：单一的资源对应单一的成长线，玩家追求目标直接，并且有很强的提升时间预期——知道该资源的单位时间产出就能估计出多久时间可以成长，如经验值和等级就有强烈的捆绑关系。
- ❏ 多核心资源：每种资源都很关键，且产出相对来说具有差异性，就如同 SLG 类游戏中升级建筑所需的资源，这需要玩家关注自身资源的获取是否平衡以及更多的资源获取情况。
- ❏ 核心资源加通用货币（游戏币）：这种搭配十分常见，当游戏中有通用货币的设定时，大部分的成长养成类游戏都会进行这种搭配。这样能更好地避免通用货币贬值，方便货币的价值调整。

我们以《皇室战争》中白色卡牌升级预期来举例，如表 11-5 所示（为了方便讲解，并不会完全去复盘《皇室战争》的数据），看看怎么通过核心资源还原时间预期。

表 11-5　　　　卡牌升级所需的资源表（接近但不完全是《皇室战争》数据）

等级	白色卡牌升级费用		
	时间预期（天）	金币需求	所需同名卡牌数
1	1	5	1
2	2	20	16
3	3	50	24
4	4	150	32
5	5	400	40
6	8	1 000	64
7	15	2 000	120
8	30	4 000	240
9	50	8 000	400
10	70	20 000	560

等级	白色卡牌升级费用		
	时间预期（天）	金币需求	所需同名卡牌数
11	130	50 000	1 040
12	260	120 000	2 080
13	550	300 000	4 400
总计	1 128	505 625	9 017

在表 11-5 中，白色卡牌设定约 3 年（1 100 天左右）能满级，我们根据时间设定每天极限情况需要投放出 8 张特定的同名白色卡牌，那么所需同名卡就能通过预期时间乘以掉落卡牌数计算出来（升到 2 级需要的卡牌比较多，所以需要有其他的规则来弱化新手阶段的卡牌获得途径，并降低前期的升级需求，给予玩家更好的数值感受）。

我们可以看到《皇室战争》的卡牌升级设定中卡牌需求是核心资源。所有核心资源就是用来复原时间预期的资源。因为核心资源的获取比其他资源的获取更难，所以以卡牌的产出作为卡牌成长的关键因素。

11.4.2 分配核心资源的产出

当确定游戏里需要的成长"代价"后，我们需要给予玩家获取这些"代价"的途径，也就是将我们设定的核心资源按照时间划分给产出系统，即通过升级所需的时间来拟合核心资源的产出，从而达到控制升级节奏的目的。

在上述例子中，我们已经知道《皇室战争》中的卡牌是升级卡牌本身的关键资源，而游戏中卡牌的获取方式有 3 个：通过奖励的宝箱，通过商店购买，在"公会"中通过募捐。我们先不考虑付费的因素，仅通过游戏内的途径来获取，考虑到募捐来源的不稳定性，我们主要复盘奖励的宝箱。

按照上述例子，我们拟定玩家 3 年左右可以将自己的白色卡牌提升到满级，每天掉落同名卡牌 8 张（这个数字需要考虑商店（游戏内的虚拟商店）金币的价格、玩家的获取感受来综合决定），那么在《皇室战争》中白色卡牌有 15 张不同名的情况下，拟定白色卡牌的出现概率平均为 1/15，每天需要产出 8×15＝120 张白色卡牌。进一步，我们投放的银宝箱、金宝箱、皇冠宝箱、神奇宝箱总计需要产出 120 张白色卡牌。

我们需要继续将橙色卡牌、紫色卡牌、传奇卡牌的升级预期设定好，并将它们的数据加入宝箱中应该每日投放的卡牌里，这样宝箱中有多少白色卡牌、多少橙色卡牌、多少紫色卡牌就大致确定了。至于不同宝箱的获取、掉落修正，就需要额外思考了（高级宝箱产出高品质卡牌，这是为了鼓励玩家追求更好的箱子；玩家的竞技场等级越高，宝箱开出来的卡牌数会越多、卡牌品质也会越高，同时奖励那些技巧变得更好的玩家……）。读者可以尝试将《皇室战争》的宝箱掉落数据进行复盘式设计，注意首先得完成白色卡牌、橙色卡牌、紫色卡牌、传奇卡牌之间价值比的确定。

11.4.3　修正和调整资源数据

核心资源的控制可以保证设计的时间价值成本得以有效执行，从最终结果上来说，时间价值的执行结果有一定的偏差是在允许范围内的。除了核心资源，对于和其他成长一起消耗的资源，主要采用和货币的产出分配方式相似的方法整体分配和设计。核心资源控制主要的养成节奏，其他辅助消耗资源则是用于价值体系的搭建，我们在 11.5 节中再详细讨论。

11.4.4　小结

价值平衡等于游戏的经济平衡，看起来较为宏大，实则是有思路可循的。我们依托价值统一、时间为基础参照，从需求出发可以保证产出不过剩，从产出价值出发可以让价值系统开放而具有投入感。任何时候，无论多么复杂的结构，记住我们的出发点——时间成本，便总能整理出一条合理、灵活且统一的设计思路。

11.5　游戏币的价值设计

导读

货币（游戏币）是任何游戏都难以避免的设计内容。货币以各种形式出现在游戏的方方面面（金币、矿石、粮食、竞技积分、元宝、水晶等），这些内容支撑着玩家最基础的获取感受，也给了玩家最基础的游戏分配策略。一个货币体系稳定的游戏是使玩家长期投入时间的基础所在。

我们已经在第 6 章中提到货币和游戏的关系，对于游戏来说，当需要增加货币时，我们往往会从货币价值的体现途径和使用范围来分析。货币价值的体现途径分为专用价值途径和泛用价值途径。当货币的某个消耗途径可以容纳该货币 40%以上的消耗量时，我们称这个货币的使用途径体现的是货币的专用价值途径；反之，则是泛用价值途径。40%的标准并不是绝对的，当泛用价值途径数量很多时，这个值在 30%～40%也是可以的。

下面依据货币使用途径的范围不同来分别分析通用货币、积分货币的设计异同。

11.5.1　通用游戏币

通用货币是指有 3 种及以上使用途径的货币，同时可以将货币转移为其他形式存储后再转移回来。通用货币往往在游戏中有诸多产出途径，同时很多资源可通过出售、转换等方式变为通用货币。通用货币是支撑玩家获取感的基础，在很多不可重复的获取行为中，我们可以灵活地使用它们来平衡玩家的获取价值，但也有需要我们在设计上注意的事情。

1. 设计难点

通用货币的设计难点之一是通用货币的流动性，它会有很多非完全消耗的情况。例如，当玩家购买装备时，货币并没完全被消耗，而是变为另外一种道具资源——装备，装备本身可能可以继续卖出，也可以继续交易被置换成其他资源。

　　通用货币设计的难点之二是使用的自主性。游戏中会有多个地方同时用到货币，而货币在不同地方、不同阶段拥有不同的使用价值。金币的囤积和自由规划使用特性使得设计者无法准确预估玩家的货币使用情况。

　　因为这两个难点，在货币拥有多个使用途径的时候，我们并不会制作货币专有或者大量的消耗行为，而是将其作为辅助消耗来树立玩家对货币的价值追求意识。当游戏中后期养成行为的核心消耗相对来说稳定后再加大货币的消耗，或者此时才开放货币的主要或者其他使用途径，帮助玩家度过可能的价值混乱阶段。

2.　价值建立

　　对于通用货币（游戏币），由于产出和消耗途径的不确定，我们如果要建立玩家的货币价值观，就需要像现实货币一样，将货币的使用环境建设得足够宽广。当我们有足够多的出口时，玩家对货币的需求会让他们产生获取货币的渴望，货币价值观便是从这个过程中建立起来的。

　　大部分情况下，一个游戏只会有一种通用货币，我们在尽可能多的情况下使用核心资源加通用货币的消耗方式，使得金币在足够多的途径下得以出现，这部分所能起到的作用称为通用货币的泛用途径。除此之外，我们还需要给予货币专用价值。

　　货币的专用价值就是虽然以货币的形式存储，但是只能进行少量的用途。在通用货币中，我们也会设定 1～2 个专用价值的消耗途径，这种设定能较为稳定地将玩家存储的大额货币进行有效的回收。

3.　供求平衡

　　将货币的价值建立起来的同时，我们应该会得到一张关于货币消耗的表，如表 11-6 所示。

表 11-6　　　　　　　　　　　　　　　货币消耗表

等级预期	强化系统		建筑升级		商店购买		……
	总占比	22%	总占比	40%	总占比	10%	……
	消耗量	等级占比	消耗量	等级占比	消耗量	等级占比	……
1	500	20%	1 200	47%	300	12%	……
2	600	20%	1 300	43%	325	11%	……
3	700	21%	1 400	41%	350	10%	……
4	800	21%	1 500	40%	375	10%	……
5	900	23%	1 600	40%	400	10%	……
6	1 000	23%	1 700	39%	425	10%	……
7	1 100	24%	1 800	39%	450	10%	……
8	1 200	23%	1 900	37%	475	9%	……
……	……	……	……	……	……	……	……

　　在表 11-6 中，我们列出每个阶段的消耗，并统计每个系统的完整消耗。在我们设计各个

系统的消耗数量时可以独立考虑每个系统在不同等级阶段的需要，设计出符合需求的数值（可能需要按照系统给予的实力价值并扣除其他消耗的影响来计算出所需的货币），只需要汇总最终的消耗值到消耗总表即可。

所有通用货币都应该有这种消耗表，包括每个阶段（可以是等级，也可能是某个时期）的消耗数值和比例，也包括各个系统总的消耗。这就意味着，通用货币的所有消耗都有了详细设定，可以分别计算出某个阶段的货币总需求，然后根据上述我们提到的行为分布预期表将每个系统的产量在总需求中进行划分，完成货币产出的分配。货币的交易与否对产出分配有一定的影响。

4. 非交易通用游戏币

对于非交易性通用游戏币产出计算，完全是以游戏中各个时间阶段所需要的消耗来进行的。我们首先要确定那些需要游戏币消耗的地方，然后划分各个成长阶段游戏币的占比，再按照时间阶段来进行总和统计。得到总和统计后，便可以如同分配其他资源一样对产出游戏币的系统逐一确定游戏币产出占比，通过总和与占比确定各个系统产出的游戏币量。

商店类型的购买行为是购买对象和游戏币的一个封闭关系，保证购买对象之间的相对价值一致，除去完全消耗的游戏币部分，其他价值就是用于购买对象。通过设定每个阶段预期的玩家购买次数来估算应该有多少游戏币消耗在商店中，然后在产出上给予一定的预留即可。

5. 可交易通用游戏币

游戏中的可交易通用游戏币大多数的价值承载在交易上，通过交易将游戏币消耗和转移，正常的交易游戏币的价值转换流程如图 11-2 所示。

▲图 11-2　交易游戏币的价值转换流程

这和常见的直接自己使用货币"购买"实力或者服务的过程很不一样。所以，关于可交易游戏币的产出需要更具有价值衡量性。

首先确定产出标准，这个产出的标准不是别的，而是时间，即游戏中单位游戏币等于多少价值。然后根据养成系统进行统一的价值换算，将实力投入中的核心资源价值部分扣除，剩余部分就是所需的游戏币价值投入。这样在所有的能力获得系统里都能知道游戏币的需求量，这一部分是玩家的硬需求。对于这部分硬需求，我们需要有硬的产出点来满足玩家——将这部分需求的总量分配给能力释放系统，保证其对应的游戏币供给量。额外的游戏币积累来自玩家额外的时间投入，而且这部分产出是不占玩家硬需求名额的，就好像现实中的产能富余，富余产生交易价值，当然也包括其他自己用不到的道具资源，把自己多出来的东西换成更具有交换灵活性的游戏币，整个市场便会流转起来。

在可交易的游戏币设计体系中，我们对资源的控制需要更加严格，往往从以下方面来维持市场的正常运作。

❑　个人每日的可交易游戏币收益上限。

❑　类似真实税收体系的针对纯"商人"进行的额外税收。

❑　市场交易行为应该出于需求而不是获利，所以可以限制二手转卖的行为，如交易后物品冻结 7～30 天才能再次交易。

❑　交易价值区间限定。对于稀有道具，控制其交易金额的上下限，保护市场的价值体系。

❑　供给保底设定。对于那些需求量大、产出容易受到影响的道具，可以提供官方渠道来购买使用，相对来说会比市场定价略高，等于是另外一种交易上限的设定。

作为开放的游戏币设计，多一份谨慎总是更令人放心的。不过，为了简化设计，很多社交游戏会将交易游戏币独立设计，以便更好地控制市场流通的游戏币总量，也方便进行商业化的控制。

6. 通用的硬性产出控制

在游戏中，不管游戏币是否可以交易，其使用价值毋庸置疑。由于玩家对价值的渴望容易让他们陷入疯狂追求的状态，攫取一切可以获取的利益，这会极大透支游戏热情，所以我们对任何资源都应该有节制地投放。如今游戏中没有节制的多劳多得式的内容设计越来越少，更多的是鼓励玩家每日、每周完成一部分任务，细水长流。例如，在《炉石传说》中完成任务会获得奖励，但每天任务有限，需要更多，可以等明天的新任务，或者是每天通过胜利获得的金币有数量上限。

11.5.2　积分游戏币

积分游戏币是指那些用途较少，通常只有 1～2 种使用范围的游戏币。使用途径大多是在商店（游戏中的虚拟商店）里兑换，或者在特定环境里作为方案配置的消耗，如常见的天赋点配置。除了主要的使用途径外，可能还会附带一个积分游戏币的回收途径，保证溢出积分游戏币的消耗。

1. 增加积分游戏币的必要性

我们往往会在平衡玩家的收益获得时增加积分游戏币，以便帮助玩家在那些不稳定投放的系统中也能稳定通过积分游戏币进行最低效率的提升。例如，在《魔兽世界》中完成高级副本的挑战后会获得勇士勋章，并可以在勇士勋章商店兑换较为优质的装备，用来安抚那些屡屡无法获得理想装备的玩家，也能通过不断地积累勋章获得装备的合理提升。

另外，我们会在那些具有一定封闭自洽的行为中增加积分游戏币，使得资源的内部流动更碎片化、记录方式更简洁，如加点系统、公会资金等，虽然有多个获取途径，但是消耗途径往往只有少数的几个。

2. 近似积分游戏币的设定

除了那些看起来就是积分游戏币的设计，还有一些相对来说比较隐蔽的类积分游戏币，即近似积分游戏币。

- 经验。我们常见的经验值作为等级的专供资源是最常见的积分游戏币之一，有些游戏会出现在满级后将经验通过其他设定进行回收，当然更多的是拉高等级成长的需求，使其不容易溢出。
- 回收系统。在一些游戏中除了可以将装备穿戴，还可以将装备作为素材，用于强化升级其他装备，通常是直接作为素材或者"熔炼"后变成特定道具来消耗。类似这种系统用道具内部消耗的方式解决过量产出物品的设定也可以看作是积分游戏币。

3. 用游戏币思维去平衡积分游戏币

虽然积分游戏币的消耗途径少，但是并不妨碍我们用严格的游戏币设计步骤去设计它。设计积分游戏币的时候更多的是控制产出途径，保证产出途径稳定而没有纰漏，这样基本不会有太大的设计风险。

11.5.3　小结

并不是所有的游戏都需要游戏币，如果我们给游戏增加游戏币的设定，就需要建立其价值体系并维护其价值的稳定性，否则不如没有这个设定。

11.6　思考与练习

1. 思考

结合第 6 章的内容，思考一下市场的自我调节是否适合社交性强的网络游戏。

2. 练习

选择一款自己熟悉的多人在线角色扮演类游戏，如《魔兽世界》《最终幻想 14》《梦幻西游》等，对能力获得系统、能力释放系统、产出和消耗系统的数值进行复盘式设计。

第四篇

拓展篇

第12章　游戏引擎和开发工具

"工欲善其事，必先利其器。"如何提高开发效率永远是每一个参与者关心的问题，游戏的开发也伴随着为了提高效率而产生的工具和方法。

虽然工具本身是为提高效率而生的，但是工具的使用有很多技巧，本书篇幅有限，并不深入介绍工具的使用技巧，这些方面的内容需要大家自行尝试和摸索，积累经验。

12.1　游戏引擎

📖导读

游戏引擎是一个具有一定开发效率的工具合集。

12.1.1　游戏引擎的诞生

在电子游戏刚诞生的时候，游戏的制作方式十分原始，我们需要用代码准确地控制屏幕上每一个像素的显示颜色，从而呈现出需要的画面、显示必要的游戏信息，那时计算机图形技术刚起步，计算机还无法处理过于复杂的图像信息，不管是色彩输出的丰富度，还是画面计算、刷新的频率，游戏看起来都只是编程爱好者制作的小玩意。

当计算机的性能提高后，画面表现和计算能力都有了飞跃，越来越多更具乐趣和表现力的游戏出现后，开始有人将很多游戏开发常用的显示图像的方法封装为更容易调用的接口，各种绘制方式变得容易而高效，不再需要进行像素的控制，而需要进行显示对象的管理。随着游戏开发所需要的内容越来越明确，设计者将游戏开发的各个模块分为图形、场景、交互、数据等，可以在不同的工具里制作好这些内容，然后导入游戏工程，再通过简单的代码调用，极大地提高了各个模块之间的独立性。此处我们提到的整合资源的游戏工程就可以视为一个游戏引擎。

游戏引擎就像汽车引擎（提供动力，使汽车成为一台可以飞速行驶的机器）一样，能够帮助设计者用最小的代价整合游戏资源并运行游戏逻辑规则。任何能整合游戏各类开发资源并能将其打包运行的工程都可以称为游戏引擎。有很多人会自己开发游戏引擎，也有很多人选择使用现成的游戏引擎，以节省工作量。

12.1.2 游戏引擎模块简介

游戏引擎包含各种工具模块，基本都是必不可少的。

1. 图形模块

图形模块是游戏引擎处理图像的工具，决定了画面表现对机器性能利用的效率，包括客户端程序常说的图像渲染工作。这个模块是游戏引擎的核心，决定了游戏能达到何种表现程度——2D、3D 还是大型 3A 游戏。

2. 场景模块

场景是承载游戏活动的地方。背景故事、剧情展示、战斗行为、探索行为等都是依托场景而存在的，一切行为都发生在游戏场景内。在有些游戏引擎中，为了帮助工作人员更方便地制作关卡，会将关卡所需的触发器、单位、基本判断逻辑等结合场景配置组合成关卡编辑器，专门配置和制作游戏所需的大量关卡。

3. 交互模块

交互模块大多指 UI 交互，即界面交互，是帮助玩家准确传达自己操作目的的媒介。好的 UI 制作模块能帮助程序逻辑更准确地实现复杂的交互，也能让美术人员设计的交互表现更好地展示出来。

4. 数据模块

数据模块大多是用来帮助策划人员进行数据录入和管理的工具，如常见的技能编辑器、剧情编辑器、任务编辑器等。这些模块大多根据游戏的不同，由专门的程序人员进行针对性的开发，以帮助相关的人员更高效地制作内容。

12.1.3 游戏引擎简介

在游戏发展短短几十年时间里已经涌现了不少优秀的游戏引擎，有些是伴随游戏公司制作某款游戏的时候一起诞生的，有些是出于商业化考虑专门开发制作的。这里我们简单介绍一些在实际项目中常用的游戏引擎。

1. 综合商业游戏引擎

这种类型的游戏引擎适用于各种项目和各种团队：从 2D 到 3D，从独立开发到团队合作。目前以 Unity、Unreal 为代表的大型商业游戏引擎在游戏开发应用上表现得较为突出，它们在各个渠道宣传自己的技术，并保持了不断维护、更新的专业态度。在市面上随处可见以它们发布的软件作为游戏引擎研发的游戏。想尝试开发一个 3D 独立游戏时，可以试试这两个引擎。

用 Unity 进行制作游戏需要一定的编程知识。对游戏画面有较高追求时,可以选择用 Unreal 引擎。二者都有很好的资源库、插件支持功能,对多平台的开发支持也不错,可极大地缩短研发的时间。

2. 工作室用游戏引擎

伴随《战地》系列研发诞生的 3D 游戏引擎 Frostbite,伴随《DOTA2》《半条命 2》诞生的游戏引擎 Source,《上古卷轴 5:天际》和《辐射 4》的制作引擎 Creation,还有大名鼎鼎的《使命召唤》系列研发的引擎 IW 等,每一个我们玩的 3A 大作背后都有一个强大的游戏引擎在默默支撑着游戏的研发。

工作室用游戏引擎大多为自研,是由实力强大的自研团队从零开始搭建的,这个过程复杂且耗时长久,往往需要有极为优秀的程序人员才能做好底层架构,此外还需要较长的时间来进行游戏引擎的测试和调优。

3. 轻量游戏引擎

轻量游戏引擎适用于轻量级的游戏,特别是 RPG Maker,可以帮助编程基础弱的游戏制作者快速了解游戏制作过程,通过触发器配置就能实现一些游戏常见的功能。以 Cocos2d 和 RPG Maker 为代表的游戏引擎适合 2D 游戏的制作和研发,白鹭、LayaAird 等游戏引擎可以很好地支持 H5 类游戏的研发,它们都是专注某个类型的游戏引擎。其他的轻量游戏引擎在移动浏览器平台、小游戏的表现上十分突出。

12.2 游戏开发工具

如果说游戏引擎是为了提高游戏研发的整体效率,那么各种开发工具就是为了提升某件事情的处理效率,这些工作大多是借助第三方成熟的工具来完成的。除了选择能帮助我们处理事务的工具外,还需要不断地积累使用经验、提高熟练度来真正提高我们运用工具的效率。

12.2.1 文档撰写工具

1. 思路类工具

思路类工具可以帮助我们随时随地记录想法、设定的工具,如有道云笔记、印象笔记等都是不错的记录工具。要系统地表述自己的设计思路和内容结构,MindManager 是比较好的工具,它可以快速整理思路,形成条理分明的系统结构。

2. 文档类工具

Word 排版、PPT 制作是我们需要熟练掌握的。也许有人会问,掌握到什么程度为好?其实运用层面的技术没有止境,并且需要不断积累、不断提高效率。

3.　协作演示类工具

为了能够将交互流程表达得更清楚，我们可以使用 Axure，它可以快速而方便地制作 UI 交互结构，并还原步骤流程。此外，Microsoft Visio 也是十分强大、便捷的交互制作工具。

12.2.2　数据处理工具

1.　Excel

作为数据处理工具，Excel 有着强大的功能，在数据设计和模拟方面可以起到巨大的辅助作用，并有极高的事务处理能力。Excel 的功能函数、数据透视以及 VBA 是 Excel 的三大利器，其中各种各样的功能函数和 VBA 宏编程是十分有必要掌握的。

VBA 是基于 Visual Basic 的一种宏语言，以 VB 的语法编程，可以和 Excel 数据进行深度结合。如果要用程序逻辑处理大量的表格数据，那么 VBA 是最佳选择。VBA 还可以帮助我们快速建立基于数据表的程序处理逻辑，实现最原始的数据演变逻辑。

2.　文本处理工具

虽然 Excel 可以提供我们处理数据设计所需要的便捷方法，但是程序使用的数据往往是二进制文本，所以我们还需要一些便于进行二进制文本处理的工具。在 Windows 操作系统下推荐 EmEditor，在 Mac 操作系统下推荐 Sublime Text，它们都可以熟练地处理各种文本、二进制文件，并可以进行编码的任意转换。

3.　数据配置工具

数据配置是指游戏的数据如何被程序读取，通常有数据库、XML、CSV 等各种能静态存储预设数据的工具。其中，数据库又分关系型数据库和非关系型数据库，二者各有优劣；XML、CSV 等代表了二进制的文件结构。它们会在游戏程序运行之初加载在内存中，使得游戏逻辑能及时读取所需的数据。通常来说，我们以 Excel 完成数据的计算配置后，可以用 VBA 或者其他程序制作导出工具，将数据变为游戏程序所需要的格式。

12.2.3　小结

工具的选择和自己的工作习惯、团队协作习惯都有关系，不论使用哪种工具，都需要大量练习和实践才能真正形成有效率的内容产出。

12.3　思考与练习

1.　思考

总结一下自己使用工具的能力，比如哪些是精通的、哪些是期望学习和掌握的。

2．练习

（1）将 Excel 里常用的公式都总结出来，在平时处理数据的时候尽量用公式填充，而不是手动录入。

（2）用 Excel VBA 做一个简单的基于随机数猜大小的游戏，需要有下注、摇奖、开奖、结算等过程。

（3）用 VBA 或者其他程序语言（如 Python）制作一个可以导出 Excel 数据的小工具。

第 13 章　完整的游戏应具备的要素

　　无论是大型 3A 游戏，还是以 H5 技术运行的小游戏，我们都无法忽视游戏的完整性问题。虽然断臂的维纳斯一直为大家所赞颂，但是如果游戏有缺陷，往往会很快被玩家抛弃。

　　那么，我们如何来审视自己制作的游戏的完整性？我们在游戏制作到什么程度开始面向玩家测试最好？游戏最佳的发布时机是何时？围绕这些问题，下面来讨论、分析完整的游戏需具备的要素。

13.1　游戏的完整性论述

　　游戏并不是由单一的规则来构成的，不同的流程、不同的系统都有自己的规则、限制，和其他内容存在必要的联系。我们可以从局部和整体分别了解游戏的完整性，它们体现在系统结构的完整性和过程体验的完整性上。

13.1.1　系统结构的完整性

　　在第 2 章我们讲过能力释放类系统的六要素设计法则，这个法则可以帮助大家去完成一个具有良好完整性的系统。我们这里提及的系统结构的完整性不单单是对单个系统而言，而是包括整个游戏的所有系统，彼此紧密地合作，形成有机的整体。我们可以按照以下思路来设计和分析系统结构的完整性。

1. 系统自身完整

　　当我们单独去设计、制作各个系统的时候，它自身是有始有终的，可以融入故事背景，而不是突兀地出现，可以让玩家参与过程体验并在任务完成后收获满足感。这种完整性就是前面提到过的系统完整性。

2. 系统定位不重复

　　系统的定位是指这个系统对玩家具有何种帮助或意义，也就是我们设计这个系统的原因，不同的系统应该使玩家产生不同的感受。各个系统之间没有重复定位的内容，特别是对那些产出系统来说，如果两个系统都产出 A 类资源，那么在不做出大改变的情况下，我们需要保证两个系统在产出频率以及效率上有所区分，否则我们就需要调整或者移除某个系统的产出内容。

系统的定位可以因为以下这些方面的区分而不同。

- 玩法的不同。玩法过程不同意味着我们通过简单地调整频率、产出就能形成独有的系统定位。
- 参与单位的区分。例如，一对一的自由选择职业和限定参与职业就不同。
- 频率控制方式。限制累计进入次数或者使用门票，或者采用倒计时的进入方式，都会产生不同的频率节奏，同时需要和时间相关的行为进行统一搭配设计。
- 获得内容、效率的不同。内容以及效率不一样都可以是系统维度的不同，高效而短促的产出，与持久而缓慢的产出给人的期待感完全不同。需要指出的是，这里获得内容、效率可以是指资产类的资源，也可以是属性和成长的积累。
- 持续时长。例如，单次进入计算胜负的挑战副本，或者是累计一周挑战积分的排名，或者是持续一个月的拉锯战，带给人的感受是完全不一样的。

3. 系统间联结清晰

对单机游戏来说，游戏本身系统较少，大多不会超过 5 个，游戏本身大多依据场景构成关卡串联游戏前、中、后期内容，所有的产出、玩家的获得都依据场景内不可再生的怪物、宝箱、可破坏物件决定，所以场景内容的有限性决定了玩家能利用的资源、分配的资源以及可以辐射影响的其他系统都有限而直接。

当系统的复杂度提高、很多可重复的行为增多（如重复获取某个产出的资源副本、可以每天参与一次的活动等）时，系统产出的关系变得复杂，我们需要通过产出 / 消耗表来规划、严格地设计行为的分布预期，以便让系统之间的关系清晰而易于理解。

4. 资源流动完整

对于任何游戏中出现的资源，可以追踪它在游戏中是否有完整的生命周期（从资源的产生到资源的消亡）。例如金币，我们产出金币后必须给予玩家使用金币的途径，如果没有就是很明显的系统缺失。当然现实中基本不会出现这种低级失误，但有可能会出现资源过量产出，随着资源的积累会无法快速消耗，这在某种程度上也是一种资源流动性不强的表现。例如，很多游戏的装备可以出售或者被炼化成其他资源，某种程度上因为装备的需求数量是很少的，同一时间玩家只能装备一套装备，而产出势必比这个数量多，多余的用不上的装备就需要让玩家能"利用"起来，让玩家获取装备的感受更加好。

5. 辅助类系统完善

辅助类系统包括以下方面。

- 游戏的基本设置。例如设置游戏的背景音效、字体等类似的功能系统。

- ❑ 社交类系统。如果是一个在线并有组队玩法的游戏，那么社交类系统是必须要具备的。
- ❑ 账号或存档。当我们越来越依赖互联网时，拥有联网存储数据的辅助内容会给予玩家更多帮助。
- ❑ 基础的运营活动。例如简单地提高玩家活跃行为的奖励投放系统，或者是激励玩家投入积极性的奖励内容。

以上几点关于系统完整性的检查，需要我们在设计和制作的时候逐一考量，然后决定是否需要进行这些系统的制作，或者是找出其中需要调整和修改的内容，只有经过这些取舍才能让游戏的完整性有最基本的保障。

13.1.2　体验的完整性

体验的完整性在系统结构完整性的基础上提出了更高的要求。系统结构的完整性可能只是对流程和数据变化的基本要求，而体验则是指流程与流程之间的衔接、数据和数据之间价值变换都能给予玩家流畅而舒适的感受。

对于体验来说，大多是指玩家在某个时间段内获得的一系列自身感受的变化，我们提到的"心流体验"就是一种独特而优秀的体验状态。体验的设计需要对游戏内容进行合理的排布，给予玩家正确的内容接触顺序，避免产生困惑，以逐步完成游戏设计的内容。所以，从最基础的体验来说，我们得保证玩家知道当前状况的起因，明白正在经历或即将到来的发展过程，同时明确玩家获得的奖励以及奖励应该怎么使用，就能够达到基础的完整体验要求。

1. 系统量少的单机游戏的完整性

对单机游戏来说，结局是必不可少的。我们会从游戏的开端经历游戏的发展直至高潮，随即结束。这个过程并不是绝对的，因为故事内容的完整表达并不是只有一种顺序，倒叙、插叙等各种方式都可以运用。我们可以用各种手法来叙述故事，但体验本身应该是有头有尾的。例如独立游戏《雨血》（见图 13-1），玩家刚开始就是满级的角色，拥有所有超厉害的技能和绝招，给人带来耳目一新的体验。

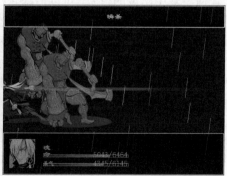

▲图 13-1　单机回合制游戏《雨血》的剧情表现方式十分独特

2. 系统量复杂的社交类游戏

当系统量复杂且设计的游戏生命周期以月为单位计算时，我们需要从 3 个方面来考量体验的完整性。

- ❑ 新手阶段的体验。在进入游戏后的前 30～60 分钟，将游戏核心玩法、核心系统介绍给玩家，并让玩家产生持续玩游戏的欲望，这个过程需要避免让玩家产生混乱和烦琐的感受。
- ❑ 每日的游戏收获体验。在游戏的有效生命周期内，让玩家每天都有可以进行的行为内容、可以获得的收益以及可以获得的成长，每天的这种获取节奏是玩家对游戏的期盼。
- ❑ 阶段性的行为体验。如果游戏的内容体量较大，为了让玩家获得更好的体验，我们应该根据他们本身对游戏的理解、反映出来的实力，让他们和自己状况相近的人一起活动。我们根据玩家所处的阶段给玩家划分行动内容和范围，帮助他们获得更好的体验。

不同类型的游戏在实际设计的过程中需要考量的体验千差万别，唯一不变的方法就是不断地测试、不断地改善，这个过程没有特别的捷径。

13.1.3　自然的设计是更高级的"完整"

有一个这样的故事，一个原始的村庄，因为地处交通隘口，经过不断发展成为富裕的小镇，村庄的道路变得宽敞而整洁，河流上架设了一座座高桥，越来越多的人被吸引过来，更多的生活资料被生产出来，缺失的资源也因为便利的交通补充进来，但生活垃圾不可避免地越积越多，青山、绿水、蓝天似乎逐渐变少，意识到这种变化的人们开始集中处理这些垃圾，同时人们发现经过和停留此地的人也越来越少，原本很有希望发展得更好的小镇就这样逐渐沉寂。这个关于小镇的故事，给我们留下了一个疑问，就是小镇的沉寂究竟是不是由生活垃圾造成的，这个故事隐隐给人一种不完整的感觉，这种不完整是小镇由盛转衰的理由似乎不那么"自然"，或者说没有足够充分的理由。

在设计游戏的过程中，我们很容易碰到这种情况，我们知道兴起和结束，但中间过程要做到"自然"地从兴起到结束却并不容易。自然是不忽略任何转折、不省略任何过程，自然的设计是更高级的完整。当垃圾出现的时候蚊子、苍蝇也会增多，当潮起潮落的时候海滩上会有被冲上岸的蟹。更高级的完整是遵循自然的设计来过渡，来推动发展和变化，即使有时候有的细节会很容易被忽略甚至不值一提。但是这里面体现的设计哲学和设计态度是我们每一个设计者都应该去追求的，这种高级需要我们不断积累设计经验和能力，才能做到更好、更自然、更完整地表达。

13.1.4　小结

对于玩家来说，只有那些拥有完整体验的游戏才能给他们留下深刻的印象。从玩法机制、物品产出、资源流动、玩法流程，到剧情设定、世界观背景等，都关系着体验的完整性，而更高层面上，只有这些内容相互之间自然而和谐地结合在一起，才能创造出令人深刻的体验。

13.2 游戏制作的关键节点

不论是何种复杂程度的项目，都需要经历下面这些过程，可能有些过程并不明显，但其实不经意间这个过程已经被经历并完成。

13.2.1 立项及核心玩法

立项的过程其实是初步实现游戏想法的阶段，即确立我们想做一个什么样的游戏的目标：可能是一句话能描述的；可能是模糊的想法；可能是我们在制作某个游戏过程中突然萌发的一个点子；可能是通过严谨的分析、大量的市场调查决定参考某个竞品完成一个类似的产品……不管是出于何种初衷，总之我们产生了制作一个新游戏的强烈意愿。

意愿需要实际的工作才能变为现实，我们需要将自己的意愿不断地丰富和充实，这个过程大概会有以下阶段。

- ❑ 将核心玩法从想法中提炼出来，形成可执行的规则。这个过程虽然只有一句话，但前期 90%的工作都是围绕这句话进行，我们需要不断地尝试和努力才能总结出可执行的规则，特别是还要在保证乐趣的情况下。
- ❑ 分析核心玩法所需要的美术表现方式以及所需要的技术支持。例如，如果是武侠游戏，那么我们的美术风格应该选择古风；如果是在线游戏，那么我们需要有服务端和客户端技术。在需求分析的过程中我们会选定所需的游戏引擎，可以是自研的，也可以是用现有的我们提到过的商业/免费引擎，能满足需求即可。
- ❑ 完成核心玩法的操作演示内容。这个过程我们更多的是用临时的资源，快速实现核心玩法所需功能，参与者可以通过这个核心功能体会我们所表达的玩法的乐趣。
- ❑ 反复优化和完善核心玩法。不断改进核心玩法，使其规则更强健，程序漏洞更少，使乐趣体现更为完整。

立项的过程其实也包含第一个可以玩的核心玩法演示版本，想法永远很美好，但想法终究需要落地，亲眼所见、亲手操作才能体会到这个玩法是不是真的具有极大的魅力，这对于创新的游戏玩法来说是最难的阶段也是风险最大的阶段。所以会有很多研发商选择其他成熟的核心玩法，只是在周边的系统包装、剧情故事的表达上进行改变。这无可厚非，但推敲创新的玩法值得每一个游戏设计师去体验，这是一个充满探险感受的过程。

13.2.2 技术测试版本

技术测试版本是核心玩法功能制作完毕，并将部分能力释放系统、能力获得系统制作完毕的版本。这个版本的游戏仍有缺失，但已经大致能看到游戏完成后可能的样子了。技术测试版本根据开发的技术不同、面向的平台不同需要做不同的准备，下面说明不同平台的游戏在技术测试版本中应注意的问题。

1. PC/主机单机游戏

单机游戏主要针对平台启动的兼容、运行帧率进行测试和优化。对于不同的主机版本以及不同的 PC 系统、PC 显卡都需要进行专门的测试和优化，以保证最佳的运行效果。

2. 手机游戏

手机游戏的测试环境更加复杂，因为手机的制作厂商使用的系统不同以及同一系统还有不同版本等情况。除了通过较多用户参与测试，从中获取对应的测试结果，我们还可以选择一些专门的测试公司来针对某型号手机进行兼容测试，他们会从机型分布到安装时长、启动成功率、内容、帧率、温度等各个玩家关心的方面来帮助游戏开发方分析和定位问题。图 13-2 所示为某测试公司提供的通过率、问题定位、机型分布、性能数据等各方面的测试结果报告。

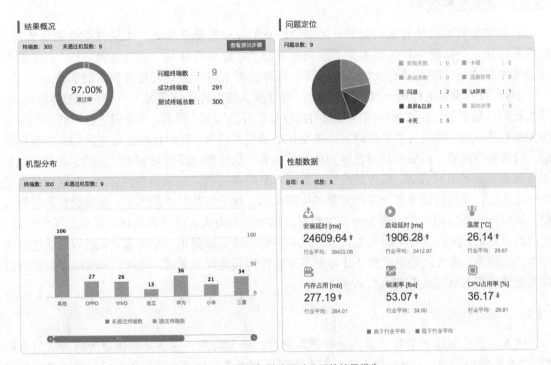

▲图 13-2 某手机游戏测试公司的结果报告

3. 联网游戏

除了客户端的兼容性，网络性能是联网游戏需要特别注意的。我们需要注意联网的并发访问性能，也就是我们俗称的"压力测试"。对于压力测试的指标，并不一定是简单的越大越好，这需要我们根据选取的服务器性能，以及运营的节奏、市场宣传的影响，预估可能的玩家峰值，满足这个需求即可。

联网游戏的压力测试除了采用实际上线版本测试，更多的时候是采用压力机器人的测试方式，即通过使用指令模拟大量玩家请求同步的情况，来观察和检查服务器的运行状态。这种测试方式能大致反映出游戏并发性能上的弊端，但因为模拟的压力机器人运行的脚本指令都是同样的执行逻辑，并没有玩家参与时的那种行为的随机性，所以除了并发性能的检测并不能发现任何其他问题。

注意

　　联网游戏的数据是互相影响的，游戏测试期间大部分时候并不是因为并发的问题导致服务器发生状况，而可能是游戏服务端代码逻辑的健壮性问题导致的。当玩家数量变多，微小的问题不断累积最终变成影响服务器正常运行的大问题，这方面的隐患是我们在研发期间，开发服务端的逻辑时需要特别慎重对待的。

13.2.3　功能完整版本

　　功能完整版本意味着我们能够开始谈论游戏的完整性是否良好，不论是系统还是体验。我们要构建一个功能完整的版本并不意味着我们已经将所有计划中的功能都完成，只需要保证开放的系统是完整而具有良好体验即可，这样的版本可以满足功能性测试的需求。

　　例如，我们需要进行第一次技术测试时，进行测试的内容往往需要 1 小时左右的体验时间，那么我们只需要保证在这段时间内开放的内容是良好的即可。同理，当我们进行一些中间版本的发布和测试时，我们需要事先确定该次测试的目的是什么，针对目的去设定我们开启哪些功能、投放多少内容，然后有针对性地完成这些内容，保证测试所需内容的完整性。当然，我们无法逃避规划的所有内容，因为最终发布的版本是需要提供完整的游戏内容的，在这个最终版本完成之前，我们可以有多个功能完整的中间版本。对于那些开放的系统、能接触到的过程体验，我们同样要以极高的标准去要求完整性，这样才能最大可能排除测试时发现的某些问题，完成测试目的。我们绝对不能因为只进行技术测试而给玩家提供一个下载、安装后无法进行实际游戏的版本，或者只是测试核心战斗而不开放任何其他周边系统，这对于玩家的参与积极性以及反馈感受的真实性都将大打折扣。

13.2.4　商业化版本

　　进入商业化版本就意味着游戏已经进入最后的研发阶段，也就是应该要考虑游戏怎么收费、怎么赚钱的阶段。大部分情况下我们在立项之初或者后续开发的过程中已经锚定游戏的收费策略，不同的收费策略在系统架构上会有很大不同，特别是道具收费类游戏。

1. 收费模式

一般来说我们有以下几种收费模式。

- ❑ 购买模式。在下载或者进入游戏前需要购买游戏才能开始游戏的销售模式。这种模式在单机游戏中最为常见，游戏素质过硬、对于受众有充分信心的厂商往往会采取这种收费方式，例如《侠盗猎车手 5》通过购买的方式出售游戏，累计销售额接近 100 亿美元。

- 道具收费模式。也就是我们常说的免费游戏，玩家可以免费获得游戏安装程序并进行游戏绝大多数的内容体验，但玩家在某些方面的成长效率十分低下，除非付费购买某些道具或者某些服务后才能获得良好的体验。这种游戏模式在国内十分常见，国外也有越来越多的厂商采取这种方式来作为商业化的手段。这种模式兴起的主要原因是游戏作为泛娱乐方式的一种，潜在用户数量十分庞大，通过免费玩的方式，可以尽可能地将更多的潜在用户变为玩家，而不是像传统的购买模式，必须先支付一定的金钱才能体验。

- 付费解锁模式。这个模式有点像购买和道具收费的折中方案，玩家可以免费体验一小部分的游戏内容，如果喜欢则需要付费解锁后续的内容。这种部分内容免费、部分内容需要付费才能获得的方式，在宣传费用不够或无法做充足的市场预算时可以考虑采用。一方面可以尽可能让潜在用户来体验并转化为付费用户，另一方面不需要对游戏内容进行过多的商业化调整。

- 时间付费模式。在网络游戏刚刚兴起的时候，大部分厂商采取的是这种商业模式，玩家登入游戏前需要购买游戏时间。在游戏时间内，可以体验所有游戏内容，当时间到期后则需要再次购买游戏时间。随着游戏行业的竞争逐渐激烈，玩家拥有更多的选择时，这种付费模式的竞争力已经大不如前，除非游戏本身具有极高的体验价值，否则玩家大多会选择免费游戏。

- 广告模式。游戏本身没有任何付费或者极少的付费点，而是通过在游戏中植入广告来获利，这种商业模式大多出现在休闲游戏中，游戏节奏快而短促，从而有充分的时间进行广告的展示或插播，而不会引起玩家过于强烈的反感。

2. 商业化的浅析

从 2000 年到 2019 年，互联网世界已经发生了很大的变化，游戏玩家也因为互联网的发展得到了巨大的增长，玩家对游戏是要付费获取的概念也越来清晰，即使是那些免费游戏，玩家也懂得并认可只有付费才会获得更好的体验的道理。这传递给游戏制作者的信号是：玩家会为游戏买单，就像买书、买电影票一样，会成为普遍而理所当然的事情。这对游戏设计者来说是利好，设计者可以专注游戏本身的素质、创造新的玩法，而不用过度考虑商业化的内容对游戏本身的影响，设计时可以选择合理的收费方式，而不是将所有游戏都制作成免费游戏。

另外，游戏不同于其他娱乐方式，它对玩家时间和精力的侵占是非常强的，要让一个投入某个游戏内的玩家轻易离开并不是一件容易的事情，所以不管是商业化的促销手段或者是策略性的免费试玩，都可以在适当的时候考虑。就像游戏设计本身并没有完全的公式可遵循一样，商业化本身也应该是灵活并审时度势的。

所以，除非是一个道具收费为主的游戏，否则不应让商业化的东西过多侵占游戏内容，专注设计出更好的游戏内容和游戏体验、灵活地调整商业化策略才是明智的选择。

13.2.5　小结

游戏制作的流程罗列起来十分简单，但从一个阶段跨到另一个阶段，总会让人有种脱胎换骨的感觉，付出的辛苦自然也不少。这个过程并不是线性的，我们在研发过程中总会不断地调整、重做，这是常态，游戏设计者应该端正心态，时刻明白每次的调整是为了用户能得到更好的游戏体验，这也是对自己的设计负责任的态度。

13.3　游戏测试的相关介绍

本节我们将讨论游戏研发过程中内部进行的功能验收测试、bug 管理等相关的内容，对外的性质测试我们会简单梳理其流程和注意事项。

> **提示**
>
> bug 是指程序、逻辑等运行过程中出现的错误、差错以及明显的逻辑问题、平衡问题等。

13.3.1　测试方法相关

当完成一个游戏规则或者一种玩法后，需要进行完整的体验来保证执行的过程和结果是符合设计期望的，这个过程就是游戏内容的测试。为了保证内容的准备和开发效率，测试时往往需要注意以下方面的内容。

1. 研发自测

这里的自测是指完成功能的参与者自己进行的测试，这些待测试的内容可能是策划填写的数据表格正确性的测试，也可能是增加了一个新的技能逻辑后，对其生效、准确性的测试。任何游戏代码逻辑、游戏数据改动后，改动人都应该立即进行相关内容的自测，包括被改动内容的测试以及直接关联逻辑的相关测试。例如，我们增加了一个新的技能释放逻辑，需要立即测试该逻辑是否正确生效，同时还需要检查其他释放逻辑是否正确不受影响，这二者都检查无误，便是一次合格的自测过程。良好的自测习惯会及时排除很多隐患，避免累积过多的 bug。

2. 系统测试

系统测试是指针对一个完整的游戏内容或系统，进行全面而仔细的内容测试。系统测试往往交由游戏开发的测试团队专门进行，熟练而经验丰富的测试人员会拥有自己的测试习惯和方法，以保证发现任何潜在的问题。一般来说我们可以特别注意以下这些测试点。

- ❑ 流程完整性的检查。
- ❑ 边界数据的生效测试。
- ❑ 状态变化的正确性测试。
- ❑ 针对历史错误高发点测试。

这里所讲的是一些注意点,针对系统的测试往往需要进行专门的测试用例来保证测试的完整可靠。

13.3.2 测试管理

测试的管理分为两个部分,一个是测试用例的管理,另一个是 bug 的追踪管理。

1. 测试用例

对系统的测试往往需要在测试之前根据游戏系统撰写针对功能内容的测试流程,这个流程的清单便可以称为一个"测试用例"。一份合格的测试用例应该包括测试人员、测试时间、测试版本、测试步骤的详细流程、测试采用的数据及来源、测试次数、测试结果、测试反馈等。这个测试用例对那些参与人数众多的大型项目来说尤为重要,是我们追踪系统内容完成性的重要依据。

2. bug 管理

bug 管理主要用来追踪问题修复进度。很多开源的 bug 管理后台(如禅道、JIRA、Gitee等)可以让研发人员十分方便地增加 bug 管理记录,并通知相关的人员,而相关人员进行修复后可以快速知会提出 bug 的人员或者其他专业验收的人员进行检查和验收,验收完成后执行关闭操作。关闭记录也就意味着游戏内一个可能的隐患被解决了。

13.3.3 对外测试

1. 明确测试目的

每一次筹备对外测试需要的时间和精力成本都不低,所以测试的目的显得尤为重要。测试核心目标、开放哪些功能、投入哪些内容、需要多少时间来完成测试验证,这些都是需要明确的。同时,我们需要将这些内容在测试开启的时候明确地告诉参与测试的玩家,使得他们能更好地理解游戏当前所处的状态,帮助完成测试目的。

2. 玩家的沟通和维护

对于那些参与玩家有限的测试版本,应尽量将玩家纳入一个沟通群或者社区里,方便玩家更及时地反馈问题,同时也方便将官方信息及时同步给玩家。测试期间的不稳定性使得问题出现的可能性极高,玩家流失的风险也就变得极大,只有良好的沟通才能更好地安抚玩家,避免因为 bug 过多造成玩家大量流失的情况,导致后期没有玩家参与测试,达不到测试目的。

13.3.4 小结

测试技能是研发人员应该掌握的素质,这是一种善于发现问题的能力,是对内容质量要求的直接体现。对于任何内容的产出,研发人员都应该是第一个测试并发现问题的。

13.4 思考与练习

1. 思考

对游戏进行商业化是在提升还是在破坏游戏体验？为什么？结合上下文的常见商业模式进行思考。

2. 练习

找一些自己喜欢的游戏，分析你觉得不错且具有一定复杂度的系统，并为其编写足够详细的测试用例。

第 14 章　游戏的运营、维护与更新

　　随着游戏行业变得愈发商业化，游戏中涉及的很多过程也变得愈发专业化、系统化，游戏行业的分工已经包括研发、市场、发行、运营等诸多环节。从游戏数据的收集和分析，到提出游戏改进和优化的意见，从而为后续版本的更新提供参考意见，这个连续的过程就是游戏运营的意义所在。

14.1　游戏的运营与维护

　　游戏的运营与维护主要体现在游戏发布后，相关人员对游戏运行状态持续关注、对游戏生态持续建设、对玩家反馈持续跟进以及对后续游戏内容持续推进。

14.1.1　运营的准备

　　当我们认为游戏已经趋于"完整"（见第 13 章）后，便可以开始准备运营相关的内容。在最终上线前我们需要确保以下内容处于完备的状态。

- ❏ 技术版本测试、功能完整版本测试。
- ❏ 明确而简洁的游戏发布流程、更新流程，即游戏程序打包并上传到资源服务器的过程。
- ❏ 游戏日志相关：用于游戏的数据分析。
- ❏ 统计与管理后台：用于展示、检测玩家数据，并进行管理的操作后台。
- ❏ 邮件与奖励：可以通过邮件或者兑换码等方式给予玩家奖励、激活特殊内容等。

　　这些大多是指联网游戏，单机游戏则可以在玩家允许的情况下在联网状态下更新和上传最新的数据。需要指出的是，随着互联网的普及以及上网成本的降低，联网越来越容易达成。或许有一天，上网费用进一步降低，联网将不再是一种状态而是一种常态，就好像手机的通信一样。

　　我们要求的这些运营所需的准备工作，也是因为在开发节奏越来越快的情况下，这些内容能保证更快地发现和锁定问题。通过数据分析和用户数据管理，结合后台控制工具，能有效控制问题的影响，最终通过邮件、奖励来安抚玩家的负面情绪。

14.1.2　运营的职责

一旦游戏正式发布，就意味着箭已离弦。作者也遇到不少发布后又"回炉重造"的游戏，这种情况下其损失是难以计算的，如果真出现这种问题，正常来说是游戏本身的硬伤导致的，运营需要明白自己应该将主要精力集中在什么地方才能更有效地帮助游戏成功走向市场。

1．发布准备阶段

这个时候应该是测试力度最大并且最全面、最彻底的时候，应确保此刻的游戏满足以下方面。

- ❑　不会遇到任何游戏卡顿的问题。
- ❑　流畅而精彩的前 30～90 分钟内容。
- ❑　拥有优秀的游戏核心玩法体验。
- ❑　系统架构不存在自相矛盾的地方。
- ❑　游戏运营所需的工具支持完备。
- ❑　数据的备份以及数据回滚操作的支持完备。
- ❑　清晰而分工明确的游戏发布、更新流程。

2．发布游戏之初

在这个阶段往往需要市场的配合，通过市场的宣传工作，需要在发布之初明白或者做到以下内容。

- ❑　玩家会从哪些渠道下载游戏。
- ❑　哪些渠道是玩家集中反馈问题的地方。
- ❑　如何联系玩家或者告知玩家联系方式。
- ❑　帮助和引导玩家进入社群或者讨论组。
- ❑　收集和统计第一波玩家的数据及可能的反馈。
- ❑　及时同步短期的更新日志和更新计划。

3．数据分析

数据分析包括日、周、月、季度以及年度数据统计分析，分析玩家在每日、每周、每月等各个时间维度下的新增、流失、日常活跃、系统活跃等数据，这可能取决于游戏的类型以及当前游戏运营的节奏。例如，一个免费试玩、后续章节需要购买解锁的单机游戏，试玩转化为章节购买的数据尤为重要，可以帮助分析是否需要改进免费内容的吸引力从而提高转化率。或者一个完全免费的游戏，玩家的日常活跃以及游戏参与时间数据就显得更加重要——对完全免费的游戏来说，拥有一定的用户基数是维持游戏生命的保证，如何提高玩家的活跃度和参与时间也就显得尤其重要。如何从游戏收集的数据中获取我们想要的信息也是非常考验经验和能力的。正常来说应该关注以下方面的数据。

- ❑ 新增数据。付费下载游戏关注游戏展示量和付费下载玩家的每日、每周、每月的转化数据，免费游戏则主要关注展示量和注册新增的转化数据。这块数据主要受宣传方式、宣传资料（海报、视频）等方面的影响，若出现过低的转化数据则需要考虑如何调整宣传策略和宣传资料。

- ❑ 留存数据。每日、每周、每月的玩家留存比例，过低的留存比例则提醒我们需要重新审视前 30～90 分钟的内容呈现是否有问题。

- ❑ 活跃数据。日、周、月活跃玩家数，具体日、周、月的参考程度视游戏的预估生命周期而定，例如游戏生命周期差不多就 7 天，那么我们着重关注 3～7 天的活跃会更有帮助。过低的日活跃比例意味着核心玩法以及生命周期的预期出现一定的问题。

- ❑ 付费转化。对于有内购的游戏来说这个指标是必须要关注的，因为游戏类型的不同，调整付费转化的方式也不尽相同，过低的付费转化意味着游戏在营收能力方面需要改进。

- ❑ 付费深度。对于有内购的游戏来说，付费玩家的平均充值额度、基于游戏注册数的平均付费数是两个比较重要的数据。前者体现游戏吸金能力的大小，反馈出游戏付费深度设计预期是否达到；后者体现游戏整体付费生态的情况，是一个可以决定游戏是否应该持续进行市场推广的关键数值。

4. 改进和更新建议报告

收集并分析数据可以得出很多对研发有指导意义的内容。对于这些分析结果，游戏运营人员应该有自己的理解和对策，毕竟游戏运营人员是最了解游戏的那一部分人，如何将数据上呈现的弊端加以改进也是游戏运营人员应该去思考的。

当然，对于这些改进内容，运营人员的态度应该是大胆而认真地建议，宽容而虚心地接受研发人员的反馈结果。作为研发人员，需要博采众长，用更开放的态度去接受可能的优秀方案，并依据每次的分析报告不断地给予运营人员积极的反馈，帮助他们提出更优秀的方案。

14.1.3　运营活动

要理解游戏内运营活动对玩家的意义，我们可以参考节日对人们的意义。每个民族或地区都会有自己的节日，那些人们为了调节生产和生活而定义的特殊活动就好像是人们给予自己一段时间的放松奖励（身体或者心理上的），去歌唱、去舞蹈，一定程度上也是一种对在生产和生活中累积的压力的释放。游戏中的活动差不多也起到这样的作用，可以称之为"放松中的放松"。

简单定义游戏中的运营活动具有开启或激活周期，并且限时或者限次提供超额价值回报的游戏内容。我们在游戏中主要是通过更丰富的奖励或者更特殊的玩法让玩家形成持续而稳定的游戏期待，相比游戏核心玩法以及系统框架在发布后无法进行大的改动，游戏运营活动可以很好地通过奖励、玩法形式来协调和改变玩家的感受。同时需要注意，运营活动是在游戏发布后不断增加或者修改原来的设计，一定程度上会破坏游戏设计期间制定的投产比例。过多、过于丰富的运营活动附带的奖励会加速玩家透支游戏内容,所以也有很多设计者在游戏发布之前就已经制订了一些活动计划,将这些活动的产出计算到完整的产出中来,避免游戏生命周期被运营活动影响,同时也会提前和运营团队沟通,了解需要哪些可能的运营活动,提前制作和准备。

在实际的运营活动的设计上,我们可以根据完成目标将其分为以下类型。

- ❑ 运气类:通过收集特殊的掉落道具或者满足特殊条件的玩家获得奖励。
- ❑ 积累类:通过完成某个数量的收集或者达成某个数字的积累条件(如等级条件)发放奖励。
- ❑ 过程类:在某些能力释放系统上获得胜利或者获得多次胜利,可能是游戏中已经拥有的能力释放系统,也可能是活动制作的独特内容模式。
- ❑ 统计类:全体玩家或者某个团队(小队)完成指定的条件,可能是频次目标也可能是收集目标。
- ❑ 状态类:在某个活动时间内,产出战斗效果等有额外的提升。
- ❑ 收取类:每隔一段时间玩家便免费获得系统赠送的礼物,如每日签到、在线奖励。

这些只是一些通用的方式,运营活动的包装和呈现需要契合游戏本身的玩法、背景,才能给予玩家最大程度的"节日"感受。

14.1.4 小结

运营数据分析占据了绝大部分运营工作的时间,我们发现问题、改进问题的依据都离不开数据。游戏没有发布的时候,个人感受、个人对游戏的理解是占绝对主导的,在游戏发布后,必须重视数据反馈出来的问题。

在第 4 章和第 10 章中都涉及数据收集和数据分析的内容,所以游戏数据分析并不完全是运营的工作和责任,研发阶段需要将必要的准备工作都做好才能有利于后续运营工作的开展。

14.2 游戏的更新

游戏的更新主要应关注游戏更新的流程,以及游戏版本更新的节奏。

14.2.1 游戏更新流程

在上一节中提到,游戏发布前的准备工作包括明确而简洁的游戏发布、更新流程。这是指一旦游戏发布后,我们将面对一个固定的游戏更新发布节奏,每一次更新,都会暂停运行服务器,发布新版本游戏客户端资源,更新服务端版本,开放新版本下载渠道,然后开放服务器,最终完成更新。不同的技术方式可能有些环节会更精简或者更烦琐,无论如何,我们需要有一个明确的发布流程来指导工作,详细如下。

(1)确定版本更新内容,制订详细的更新计划和说明。

(2)逐一制作和测试每一条更新内容。

(3)修复所有测试遇到的 bug,着重关注更新内容及其牵扯到的系统。

（4）版本内容锁定，升级服务端、客户端版本号。

（5）内部网络整体测试游戏，如同第一次发布游戏一样去测试各个流程。

（6）将版本发布至外网测试环节，如同第一次发布游戏一样去测试各个流程。

（7）提前至少 1 小时发布更新公告通知玩家。

（8）关闭服务器，上传新版客户端和服务端资源。

（9）开放客户端资源更新，启动服务端，并开启白名单（特定网络 IP 允许登录）测试。

（10）上述任一环节出现 bug 则回滚至第三点。

（11）完成更新，取消玩家登录限制。

这个流程对运营中的游戏来说，每次都应该如同第一次发布一样去对待，否则出现运营事故，带来的损失是无法估计的。

14.2.2　更新节奏与长期计划

当游戏发布后，除了持续修复出现的问题，还需要给予玩家对后续版本的期待，新内容的更新计划是给予忠实玩家最好的期待和奖励。在这个过程中，可以在吸收和接纳玩家的建议和意见后合理调整，让玩家获得最大程度的参与感和满足感。

1. 更新节奏

游戏发布后，需要将接收到的反馈进行分级，大致可以分为十分紧急、紧急、普通、建议 4 个级别。十分紧急的问题需要在最短的时间内解决；紧急的问题需要 1~2 天解决（这里的解决都是指修复并更新）；普通的问题则放到每周例行维护的内容中，按照固定的更新节奏进行修复；玩家提供的建议和意见则整合到较大的版本或者根据开发所需时间按计划进行。

所以，正常的维护节奏是每周能持续进行版本问题的修复更新，每个月至少进行两次内容优化更新，以及 3~6 个月进行较大的内容更新。

2. 游戏内容的储备

正常来说，我们研发的项目并不会在所有内容完成后才发布。换句话说，在立项阶段就应该储备过量的内容。一方面我们会制订第一个正式版本的游戏生命周期的时间预期，按照这个时间预期来完成第一个游戏版本所需的内容；另一方面我们也需要考虑，在游戏取得预期结果或者超出预期的时候，应该如何丰富游戏内容、扩大玩家群体的影响，也就是延长游戏生命周期。

14.2.3　小结

游戏的更新是玩家可以感知的开发者对游戏的态度的内容，是开发者传递给玩家的一种信号——游戏将变得越来越好。对很多游戏来说，通过更新、版本迭代，可以收获越来越多的玩家的认可和好评，更新的过程应该如同开发阶段一样，认真而慎重。

14.3　思考与练习

1. 思考

总结并分析单机游戏和联网游戏在市场分析数据、游戏内日志数据上需求的异同。

2. 练习

收集各种游戏的更新日志，从中学习和总结更新内容的技巧。

第15章　对未来游戏的展望

当我们谈论未来的时候，我们总会带着科学的幻想去美化它、赞美它，在无所不能的科技加持下，未来没有理由不令人向往。对于本来就处在幻想设定中的游戏，它会有怎样的未来？

在传统意义上，游戏是一定规则下参与人利用自身条件、环境因素获得竞争优势的过程。例如，我们熟悉的扑克牌，不同的地域有不同的玩法，但我们总能很快学会并尝试利用策略来取得优势、争取胜利。有些游戏会有胜利和结果，有些游戏并不会特别强调结果。对于游戏来说，结果很重要；对于玩游戏的人来说，过程也很重要。

我们从小到大会接触很多游戏，课堂穿插的小游戏、课间休息的游戏、体育竞技、和朋友的小竞猜等，都是我们经历过的游戏，这些体验丰富了我们的成长经历。随着科技的发展，游戏规则和环境都被装进那个小小的游戏主机或个人计算机中后，游戏是不是发生了什么变化？

当我们通过科技提高生产力，用更短的时间生产出生活必需的资料后，便决定了我们需要从其他地方消耗掉这些节省出来的时间，从某种程度上来说，游戏是为此而诞生的，我们在完成工作后找三五好友，一起对弈、打篮球、玩扑克等。电子设备的出现让游戏变得更加个人化，从参与形式和时间来说，游戏变得更加自由而稳定，参与成本变得更低，同时也变得更加可控了——可以随时开始，也可以随时结束。我们的休闲时光有了更多选择，看书、看电视或者玩游戏。问题随之而来，廉价而易于获取的快乐会让人放弃其他选择，甚至对于某些人来说，很多重要的事情会被游戏耽误。这个问题对于那些无法做出正确判断的人来说尤为致命，未来的游戏是否能消除这种致命问题？

我们常常听见类似的消息，新闻报道中关于电子游戏的负面信息，甚至有人将其和酗酒、吸烟等易成瘾的东西相提并论。作为游戏行业的设计者之一，笔者在此只想指出一点，游戏的魅力并不是简单的接触性被动成瘾，任何游戏都需要动脑子。参与任何游戏都需要经历"认知→学习→成长→掌握→争取优势"的过程，这里面没有任何一个过程是简单的，能够通过放弃自我而达成，对于那些没有这个过程的游戏，那不是未来游戏所展现出来的面貌。

基于以上几个问题，本章将一起来探讨，在未来将怎样完成信息虚拟时代的游戏使命。

15.1 技术前景

科技对现代社会的影响毋庸置疑，现在的生活放在 18 世纪以前大概就是科幻世界，数十年后呈现在我们眼前的很可能是另外一种"科幻世界"。在可以预见的未来，游戏在画面、网络以及数据连接上会有巨大的进步和变化。

15.1.1 游戏的画面呈现

对于游戏的本质来说，画面并不是最主要的，但当我们越来越注重"玩"游戏的过程体验时，画面的重要性便体现出来了。这种感受就好比，长期生活在某个地方就会忽略这个地方的好与坏，而游客就会特别注意这个地方是不是好看、是不是值得花时间去经历。游戏的画面正是这样一种环境的体现，在早期电子设备的性能不够强大时，我们通过各种抽象的方式来帮助玩家建立合理的想象环境，如文字描述、像素画、平面静态图等。未来，不论游戏的风格如何，至少画面应该是"精致"的。这种精致表达的是对画面呈现出来的细节的肯定，是程序运行和美术制作共同努力的结果。图 15-1 所示为 Unity 3D 游戏引擎的渲染效果。

▲图 15-1 Unity 3D 游戏引擎的渲染效果

对画面的极致表现无疑就是对现实如照片般的还原，但这对于游戏环境的表达并不全是有利的。任何类型的游戏在设计过程中总是需要留有一定的幻想空间，画面在这一代的机器上能呈现的结果已经能满足绝大多数想象了。符合游戏的表达需求会更重要，这就好比拍摄电影前需确定如何化妆、如何搭设场景、如何挑选服饰等，呈现的画面符合内容需要，形成互利互补的结果是理想的。

画面的呈现方式是游戏表达的重要一环，比如故事怎么表达、操作如何反馈、策略如何实现等，都是由画面表现衔接的。我们根据题材期望的表达方式、策略呈现的样子去决定何种画面风格最适合。例如，《塞尔达传说：荒野之息》采用的是卡通渲染的风格（见图 15-2），并非完全的写实，但其画面风格和游戏内容的表达契合度为 100%，甚至从一定程度上让人觉得没有比这种画风更适合的了。

▲图 15-2 《塞尔达传说:荒野之息》战斗截图

15.1.2 网络性能与个人云服务器

在网络方面,我们会关注下载速度、信号延迟。对比网速的增长,从原来的 1kbit/s 甚至更小,到如今的光纤,可以达到 20~50Mbit/s 的下载速度。当网络速度继续提高到硬盘读写速度时,便可以抛弃本地硬盘,将游戏做成"云游戏",即一切游戏数据、资料从网络服务器上拉取即可。这在 5G 时代已经变得可能,也有很多厂商开始布局云游戏。

网络访问速度突破后的第一步,个人云服务器将会像手机一样普遍。我们使用联网终端,通过账号和个人秘钥便可以在任意显示设备上随时打开自己的个人云服务器,就像现在的个人计算机一样。我们可以通过个人云服务器使用各种应用,操作各种软件。例如,玩家打开喜欢的游戏,游戏开始运行后,通过高速的传输将云服务器上运行的数据结果传输给终端,就好像在线观看电影一样。不同的是,玩家是可以进行输入控制的,玩家的输入控制信号会上传给服务器并经服务器执行后将结果呈现出来。

简单来说,未来游戏无处不在,高品质游戏将随着网络性能的突破而变得随手可得。

15.1.3 增强现实

增强现实是建立在现实物体、建筑之上的,通过计算机实时演算,绘制和模拟全新的视觉甚至触觉、味觉呈现,使得参与者能获得超越当前环境的视听体验。将真实的环境和虚拟的物体实时地叠加到同一个画面或空间,使其同时存在是当前增强现实已经做到并卓有成效的内容。进一步,增强现实将会在"影响"现实、"改造"现实,甚至"破坏"现实上继续发展,这种影响、改造、破坏都建立在部分现实和部分虚拟的现实结合之上。图 15-3 所示为通过计算机技术复原的巴比伦空中花园,或许有一天我们到巴比伦空中花园遗址时就可以通过 AR 技术生动地看到空中花园的盛况。

▲图 15-3　巴比伦空中花园遗址及其计算机复原图

　　增强现实充分利用现实环境来满足我们对游戏真实性的渴望,可以说是最直接的去电子化的电子游戏。任天堂出品的《精灵宝可梦 Go》(见图 15-4)是目前 AR 游戏的佼佼者,使用基于现实地理的游戏地图,并将对战舞台实时地置于真实的环境之中,让大人小孩无一不为之着迷。日本官方已经承认,《精灵宝可梦 Go》是一款运动游戏,玩家在基于现实的地图上发现可以捕捉精灵的地方,前往并使用精灵球捕捉精灵,然后培养精灵和其他玩家进行战斗。

▲图 15-4　《精灵宝可梦 Go》的游戏截图

　　随着 AR 设备性能和便携性的提升,我们可以更自然地去理解镜头中的物体以及更完美的虚拟物体和现实物体的融合,并且随时随地都可以去“改变”和“重塑”现实世界。

15.1.4　虚拟现实

　　虚拟现实是仿真技术的一个重要方向,主要包括模拟环境、感知、自然运动和传感设备的联动交互，在视觉、味觉、嗅觉、神经刺激等方面可以达到以假乱真的地步。当图形显示技术能达到和现实水平一致的时候，我们只需要将自己完全置入虚拟世界，配合感知设备抬头或者伸手，便能同在现实世界中一样和周围的虚拟环境进行交互。如今在一定程度上已经实现了以视觉为主导的虚拟沉浸式体验。

> **3D 眩晕：** 当视觉接受的环境变化信号频繁而剧烈时，会导致身体各种运动感受器官的反应不协调、传送至神经中枢的运动信号有差异，严重时神经中枢会发出眩晕、恶心的指令，达到减缓、中止运动的目的。

虚拟现实最终能达到的程度大概是可以帮助我们"穿越时空"、足不出户地去我们想去的任何地方。只要有厂商提供这样的虚拟环境，我们就可以"回到"罗马时代，"亲眼"看到那些角斗士们拼杀的过程，或者"亲临实境"地体验哈利·波特的魔法世界，这会极大地刺激人类对特殊体验的极致追求。

由于技术的问题，目前 VR 的 3D 刷新频率必须达到 90Hz，避免过多加速运动的行为，避免过于频繁的镜头变化，才能避免玩家出现 3D 眩晕。VR 游戏《Beat Saber》（见图 15-5）是一款双手持光剑切割方块的节奏类游戏，这个游戏很好地规避了 VR 技术不成熟的地方，将 VR 体验和游戏体验很好地结合在一起。

▲图 15-5　《Beat Saber》第一视角截图

随着技术的发展，VR 的问题势必会被解决，随之而来的是越来越复杂、越来越多的 VR 游戏。除此之外，感知方面的设备、操控交互方面的设计都需要有长足的进步才能真正实现我们理想中的虚拟现实。

虚拟现实的技术对于未来前沿游戏的意义就如同航天器之于太空航行：我们如果无法完成航行速度的进化，那么太空航行距离只能限制在 100 光年以内；虚拟技术如果无法解决 3D 眩晕、感知和操控方面的难题，那么虚拟现实也将被限制在有限的使用范围内。

15.1.5　人工智能

现在的游戏中或多或少都有非玩家控制的角色（NPC），这种角色是由程序逻辑根据一定的输入条件控制行为的程序集合，我们也常说这种角色是由 AI（也就是人工智能）控制的。简单来说，人工智能是指通过非真人干预进行分析逻辑需求的计算机程序，而往复杂了说，它指具有自我意识并能围绕具体或者抽象的目的进行自我改进和提高的电子设备或者计算机程序。想象一下，你下达一个"将家里打扫干净"的指令，机器便完成相关任务，这里面从执行到结果都是充满"人性的模糊"，"家里""打扫""干净"这些词都需要被程序理解并揣度。可以说，"人性的模糊"是机器 AI 最大的难点。我们可以很容易地编写一个基于某个体单位家庭的打扫程序，一旦转移到其他家庭，例如更豪宅或者更简陋的住房，机器就不一定能完全理解"家"所指代的范围了。此外，对于任何程序来说，在不同的机器上，输入一致的情况下，输出必然具有关联的一致性（排除程序故意的随机），而对于人性来说，输入和输出在两个人身上必然存在着某种未知的过程性差异，结果则可能一致，也可能不一致。所以，机器的确定性在 AI 上则成了一种缺陷。例如，两个正常的人类，即使接受完全一样的教育、看同样的风景、吃相同的食物，最终也可能成为两个兴趣、爱好等完全不同的个体。

想象一下，在 MOBA 类游戏中，玩家再也分不清对战的单位是人还是 AI，这是好事还是坏事？再或者，当角色扮演类游戏中的 AI 有自己的真实"人性"，玩家会将他当作 NPC 来对待还是视为真实的生命？不过，相信那时的人工智能将不仅仅是用来"陪玩"这么简单了。

15.2 思考与练习

思考

对于一个拥有可以直接具有现实使用价值货币体系的游戏，哪些系统是必不可少的？哪些系统是具有较高设计难度和风险系数的？结合第 6 章和第 11 章谈谈自己的理解。

结束语：创新的秘密

2017 年 10 月，当我结束了一段工作时，恰好遇到几个数值相关的问题，便趁着有时间，试着将自己入行以来的一些经验总结成一些短篇文章，进而萌生了将这些短篇汇编成一个阐述游戏数值设计思路的图书的念头。开始动笔后，发现很多内容虽然三言两语可以讲完，却不一定能保证看的人都能理解，因为数值设计从来都不是一个孤立的工作，于是我列出了一个知识大纲，将一切自己认为有用的内容都罗列了出来，最终变成了你们看到的这本书。

整本书从开始到完稿花费了差不多一年半的时间，里面不少章节是在第二次甚至第三次修改的时候增加的，也重写过不少章节，这从侧面证明这一年多的时间里，我对于游戏设计的理解和认知在不断提高，实在算是一种幸运。学习和进步不一定是线性关系，但在有些人身上可能是累积关系，遇到对的经历或者书本时就能发生质变。发生质变的过程，可能有某些外因的推动，但必须有内因的改变，内因的改变是源自自我认知的提高和思维方式的调整，这种改变一定离不开大量的思考和实践，其中实践更为重要。

作为游戏的制作人员，做出更具有新意的内容是我们不断追求的目标。创新的关键是什么？是灵感迸发、模仿学习、技巧运用，还是并无定律？作家格拉德威尔在《异类》一书中提到"一万小时定律"，即要成为精通某个领域的人，至少需要有一万小时的精力投入，技巧练习是这样，创新的想法也是这样，优秀的游戏成品更是这样。

创新也是个体力活，特别是对于不能靠天赋和灵感吃饭的普通大众来说。以音乐为例，用 7个音调的排列组合，加上音度、节拍、变奏，便能成为完整的曲子，如果你没有任何技巧、没有任何音乐知识，只有辨别作品优美与否的能力，那么凭借足够的耐心和基本的排列组合便可以"创作"（穷举）出一些可能的优秀作品。这种"创新"方式只能算是单纯的体力活，在这种方式中，不断尝试是关键所在。如果能有更多音乐知识、吸收更多的创作技巧就可能会缩短"创作"优秀作品的时间。

灵光一现的瞬间并不应该成为我们创新设计的主要追求，只能算是创新过程中的一种惊喜和奖励，或者像是我们不经意间发现的游戏彩蛋。可是时间是如此珍贵，它不允许我们无休止地去穷举，我们也不应该真的去穷举。我们可以模仿、学习、总结经验，更重要的是要更进一步——在模仿之后进行一种可能的探索性尝试，采集他人之所长去构建自己创作的基石、眺望更远的美丽风景。如果本书的知识对读者"穷举"游戏的创意有所帮助，便深慰我心了。

谢谢阅读。

参 考 文 献

[1]　约翰·赫伊津哈. 游戏的人[M]. 杭州：中国美术学院出版社，1996.

[2]　马丁 J 奥斯本，阿里尔·鲁宾斯坦. 博弈论教程[M]. 魏玉根，译. 北京：中国社会科学出版社，2000.

[3]　凯文·凯利. 失控：全人类的最终命运和结局[M]. 东西文库，译. 北京：新星出版社，2010.

[4]　曼昆. 经济学原理：宏观经济学分册[M]. 4 版. 梁小民，译. 北京：北京大学出版社，2006.

[5]　亚伯拉罕·马斯洛. 动机与人格[M]. 3 版. 许金声，等，译. 北京：中国人民大学出版社，2013.

[6]　卡比尔·塞加尔. 货币简史：从花粉到美元，货币的下一站[M]. 栾力夫，译. 北京：中信出版集团，2016.

[7]　约翰·梅纳德·史密斯. 演化与博弈论[M]. 潘春阳，译. 上海：复旦大学出版社，2008.

[8]　陈殿友，术洪亮. 线性代数[M]. 北京：清华大学出版社，2006.

[9]　江海峰，庄健，刘竹林. 概率论与数理统计[M]. 合肥：中国科学技术大学出版社，2013.

[10]　蒋金山，何春雄，潘少华. 最优化计算方法[M]. 广州：华南理工大学出版社，2007.

[11]　孙吉贵，杨凤杰，欧阳丹彤，等. 离散数学[M]. 北京：高等教育出版社，2002.

[12]　薛志纯，余慎之，袁洁英. 高等数学[M]. 北京：清华大学出版社，2008.

本书缩略词含义

- 3A：研发耗时长、开发成本高、参与人员多的游戏作品。
- ACT：动作类游戏。
- AI：具有一定自主运行逻辑的程序，也是"人工智能"的简称。
- APM：每分钟有效操作次数。
- AR：增强现实技术。
- ARPG：动作类角色扮演游戏。
- bug：程序漏洞、逻辑问题的总称。
- CD：使用冷却时间。
- D&D：《龙与地下城》，TSR 开发的一款桌上角色扮演游戏。
- FC：任天堂公司发行的第一代游戏机。
- FPS：第一视角射击游戏。
- H5："第五代网页技术标准规范"的简称。
- IO："网页休闲轻度竞技游戏"的简称。这类游戏大多发布在以.io 为域名结尾的网站上，形成了以 IO 代称这类游戏的传统。
- LOL：《英雄联盟》。
- MMORPG：大型多人在线角色扮演游戏。
- MOBA：多人战术竞技游戏。
- MVP：游戏中表现最佳的玩家。
- NPC：非玩家控制角色。
- PC：个人计算机，多指运行 Windows 系统的个人计算机。
- PS：索尼旗下的游戏主机平台。
- PVE：游戏中玩家与游戏预设程序对抗内容。
- PVP：游戏中玩家和玩家对抗。
- Roguelike：角色扮演游戏的一个子类，具有高随机性、高危险性、高复杂性并且死亡损失具有不可挽回性。
- RPG：角色扮演类游戏。
- RTS：即时战略类游戏。
- SLG：战争策略类游戏。
- TPS：第三视角射击游戏。
- UI：用户操作使用界面。

- VBA：Visual Basic（VB）的一种宏语言，以 VB 的语法编程，可以和 Excel 数据进行深度结合。
- VR：虚拟现实技术。
- WCG：世界电子竞技大赛。

本书涉及游戏作品

- 《BeatSaber》：BeatGames 2018 年发布于 Steam。
- 《DOTA2》：Valve 2013 年发布于 PC 平台。
- 《Limbo》：PlayDead 2011 年发布于 PS3、Xbox360、PC 平台。
- 《Pong》：Atari 1972 年发布于 Atari 第一款游戏机。
- 《Starship1》：AtariIncorporated‐duplicate 1976 年发布于 Atari 平台。
- 《暗黑破坏神 2》：Blizzard 2000 年发布于 PC 平台。
- 《部落冲突》：Supercell 2012 年发布于手机平台。
- 《超级马里奥：奥德赛》：Nintendo 2017 年发布于 Switch 平台。
- 《地下城与勇士》：Neople 2005 年发布于 PC 平台。
- 《俄罗斯方块》：Nintendo 1989 年发布于 GB 游戏机。
- 《愤怒的小鸟》：Rovio 2009 年发布于 PC 平台。
- 《古剑奇谭 3》：上海烛龙 2018 年发布于 PC 平台。
- 《鬼泣 3》：CAPCOM 2008 年发布于 PS2、PC 平台。
- 《荒野大镖客 2》：RockstarSanDiego 2018 年发布于 PS4 平台。
- 《皇室战争》：SuperCell 2016 年发布于手机平台。
- 《激战 2》：Arenanet 2012 年发布于 PC 平台。
- 《纪念碑谷》：ustwogames 2014 年发布于手机平台。
- 《尖塔奇兵》：MegaCritGames 2019 年发布于 PC 平台。
- 《精灵宝可梦 Go》：由 Nintendo、ThePokemonCompany 和谷歌 NianticLabs 公司联合制作，2016 年发布于移动手机平台。
- 《绝地求生》：BlueholeStudio 2017 年发布于 PC 平台。
- 《克鲁苏的呼唤》：FocusHome 2018 年发布于 PS4、PC 平台。
- 《龙与地下城》：TSR，威世智 1974 年发布第一版规则，是经典的桌面角色扮演游戏。
- 《炉石传说》：Blizzard 2014 年发布于 PC 平台。
- 《梦幻西游》：网易 2003 年发布于 PC 平台。
- 《魔兽世界》：Blizzard 2004 年发布于 PC 平台。
- 《魔兽争霸 3》：Blizzard 2002 年发布于 PC 平台。
- 《拳皇》：SNK 1994 年发布于街机。
- 《塞尔达传说：荒野之息》：Nintendo 2017 年发布于 Switch 平台。
- 《神界：原罪 2》：LarianStudios 2017 年发布于 PC 平台。
- 《神秘海域 4》：NaughtyDog 2016 年发布于 PS4 平台。

- 《神庙逃亡》：ImangiStudios 2012 年发布于手机平台。
- 《守望先锋》：Blizzard 2016 年发布于 PC 平台。
- 《王者荣耀》：腾讯天美工作室 2015 年发布于手机平台。
- 《我的世界》：MojangAB 2009 年发布于 PC 平台。
- 《侠盗猎车手 5》：RockstarSanDiego 2013 年发布于 PS3、Xbox360 平台。
- 《阴阳师》：网易 2016 年发布于手机平台。
- 《英雄联盟》：RiotGames 2009 年发布于 PC 平台。
- 《雨血》：SoulframE 2008 年发布于 PC 平台。
- 《战神 4》：SantaMonicaStudio 2018 年发布于 PS4 平台。
- 《智龙迷城》：GungHoOnlineEntertainment 2012 年发布于手机平台。
- 《最终幻想 14》：Square Enix 2013 年发布于 PC、PS3、PS4 平台。
- 《最终幻想 7》：Square Enix 1997 年发布于 PS 平台。

读书笔记

读书笔记